水体污染控制与治理科技重大专项"十三五"成果系列丛书

重点行业水污染全过程控制技术系统与应用（京津冀区域水污染控制与治理成套技术综合调控示范标志性成果）

北方季节性河流水质水量协同保障技术研究与实践：以北京妫水河为例

刘培斌　王利军　高晓薇　等　著

科学出版社

北　京

内 容 简 介

本书在总结国内外河流水质水量协同保障技术研究进展的基础上，结合北方气候特征和山区河流特点，选择妫水河流域为典型研究对象，系统研究适合流域水质目标的水污染治理与生态修复技术，并选择条件相对成熟的区域开展技术应用示范，为 2019 年中国北京世界园艺博览会、2022 年北京冬季奥运会等重大活动的举办提供了有力保障，为全面治理妫水河流域提供了水生态环境领域的技术支撑，实现了妫水河枯水变清水的转变，对于引领和推动京津冀生态文明建设意义重大。

本书可为其他重点流域（区域）的水污染控制治理和生态修复工作提供借鉴，同时可供从事水环境和水生态系统管理的科研人员、相关政府管理部门工作人员及水环境、生态学等专业的本科生和研究生参考。

图书在版编目(CIP)数据

北方季节性河流水质水量协同保障技术研究与实践：以北京妫水河为例／刘培斌等著 . —北京：科学出版社，2021.9
ISBN 978-7-03-064914-0

Ⅰ.①北⋯　Ⅱ.①刘⋯　Ⅲ.①永定河-分叉型河段-水资源管理-研究　Ⅳ.①TV213.4

中国版本图书馆 CIP 数据核字（2020）第 066800 号

责任编辑：杨逢渤／责任校对：樊雅琼
责任印制：吴兆东／封面设计：无极书装

科 学 出 版 社　出版
北京东黄城根北街 16 号
邮政编码：100717
http://www.sciencep.com

北京捷迅佳彩印刷有限公司 印刷
科学出版社发行　各地新华书店经销
*
2021 年 9 月第 一 版　开本：787×1092　1/16
2021 年 9 月第一次印刷　印张：20
字数：500 000
定价：288.00 元
（如有印装质量问题，我社负责调换）

撰写委员会

主　　　编　　刘培斌　王利军　高晓薇　沈来新

执 行 主 编　　高晓薇

编写组成员　（按姓氏拼音排序）

程金花　程　娜　崔晓晖　丁　洋　董　飞　杜彦良

高春泥　高路博　宫晓明　胡加林　胡莹莹　黄炳彬

姜群鸥　阚晓晴　李　冰　李　铮　林　海　刘来胜

刘学燕　龙元源　卢金伟　卢金忠　罗明科　马　冰

马广玉　尚彩霞　邵雅琪　托　娅　王电龙　王思元

王文冬　王艳梅　魏　征　吴　琼　武少伟　谢建枝

殷淑华　战楠　朱慧鑫

前　　言

加强环渤海及京津冀地区经济协作，实现京津冀协同发展是一项重大国家战略。永定河是京津冀生态发展的主轴，恢复永定河生态廊道建设已纳入国家战略部署。妫水河是永定河的一级支流，流域水资源短缺严重，水质总体呈恶化趋势，亟须开展水质水量协同保障技术研究，为河流生态系统修复提供保障。

本书是"十三五"水体污染控制与治理国家科技重大专项"妫水河世园会及冬奥会水质保障与流域生态修复技术和示范"独立课题（2017ZX07101-004）研究成果的重要内容之一。课题研究立足水污染控制和治理关键技术问题的解决与突破，遵循集中力量解决主要矛盾的原则，以"技术指导示范工程建设，以工程运行支撑技术研发"为导向，选择妫水河流域开展水质保障与流域生态修复的理论和技术探究。课题结合北方山区河流的特点，针对妫水河流域水污染现状与功能定位极不匹配、水资源极度短缺、农业面源污染严重、生态基流得不到保障、水生态系统脆弱等一系列问题，重点开展了径流变化与人工调控影响下妫水河流域水质目标管理、生态基流保障多水源配置和调度、农村面源污染综合控制与精准配置、低温地区仿自然功能型湿地，以及河流–湿地群生态连通及微污染水体净化理论和技术研究及集成。妫水河水质保障及流域生态修复技术的研发和实践为2019年中国北京世界园艺博览会、2022年北京冬季奥运会等重大活动举办提供了水生态环境领域的科学技术支撑，也为经济高速发展地区水资源严重匮乏流域的水质保障和生态修复工作提供了有益借鉴。

本书编写工作由刘培斌、王利军、高晓薇负责统筹和策划。全书共计8章，第1章由刘培斌、王利军、高晓薇、高路博等撰写；第2章由王利军、高晓薇、王文冬撰写；第3章由董飞、马冰、丁洋撰写；第4章由林海、魏征、李冰、王电龙、罗明科等撰写；第5章由姜群鸥、程金花、王思元、崔晓晖、高春泥、邵雅琪、阚晓晴、朱慧鑫等撰写；第6章由战楠、黄炳彬撰写；第7章由殷淑华、刘来胜、胡莹莹、杜彦良等撰写；第8章由沈来新、王利军、高晓薇、高路博等撰写。

本书撰写过程中借鉴的成果均作为参考文献列出。由于作者知识水平有限及对该领域的研究水平尚浅，书中不足之处在所难免，敬请广大读者批评指正。

作者

目　　录

|第1章| 绪　　论

1.1　概　　述

改革开放几十年来，我国经济得到了飞速发展，极大地提升了人民的生活水平，但是我国的水环境污染问题也日益突出。根据相关统计数据，我国地表水体在20世纪60年代以前基本不存在严重污染现象，境内重要大中型河流、湖泊的水体污染现象主要出现在20世纪70年代以后。随着我国对水体污染问题的重视，国家和地方政府在水环境质量提升上做出了诸多努力，治理投入日益增大，生活污水、工业废水在内的点源污染在一定程度上得到了有效的控制。根据《2017中国生态环境状况公报》，在全国地表水1940个水质断面（点位）中，有67.9%的水质断面水质已经能够满足地表水Ⅲ类水质标准，但是仍有32.1%的水质断面水质处于地表水Ⅳ类水质标准以下，我国地表水环境质量状况依然不容乐观。

流域水污染是流域社会经济发展、污染排放、气候及水资源循环系统变化等多因素共同作用的结果。李克强在第七次全国环境保护大会上的讲话中强调"坚持在发展中保护，在保护中发展，就是要把经济发展与节约环保紧密结合起来，推动发展进入转型的轨道，把环境容量和资源承载力作为发展的基本前提，同时充分发挥环境保护对经济增长的优化和保障作用、对经济转型的倒逼作用，把节约环保融入经济社会发展的各个方面，加快构建资源节约、环境友好的国民经济体系"。对流域水环境保护与经济社会优化发展而言，实行流域容量总量控制制度，是对我国环境保护总体方针的具体响应。2015年中共中央、国务院发布的《中共中央 国务院关于加快推进生态文明建设的意见》也明确指出，我国生态文明建设水平仍滞后于经济社会发展，资源约束趋紧，环境污染严重，生态系统退化，发展与人口资源环境之间的矛盾日益突出，已成为经济社会可持续发展的重大瓶颈制约。

加强环渤海及京津冀地区经济协作，实现京津冀协同发展是一项重大国家战略，其中区域环保水务协同发展显得尤为重要。从经济合作转向经济发展与生态环境的双赢共享，污染排放治理、水质改善、生态建设是京津冀合作的新亮点。永定河作为京津冀生态发展的主轴，不仅是重要的水源涵养区、生态屏障和生态廊道，更是区域协同发展、可持续发展不可替代的生态文明载体，因此永定河被列为水利部京津冀协同发展专项规划生态修复治理重点河流之首，恢复永定河生态廊道建设已纳入京津冀协同发展国家战略部署，需要加快统筹推进。

妫水河古称沧河、清夷水、清水河，属永定河一级支流，是延庆区的母亲河，也是北京市重要的供水水源河道和水源保护区。妫水河发源于延庆区城东北，自东向西横贯延庆盆地，在大营村北入官厅水库，沿途有古城河、佛峪口河、三里河、蔡家河和季节性河西二道河、小张家口河、西拨子河、帮水峪河和养鹅池河等支流汇入，是官厅水库的三大入库河系之一。

妫水河流域是北京市延庆区的主要社会经济活动发生地，2019年中国北京世界园艺博览会、2022年北京冬季奥运会等国际重大活动均在妫水河流域举办。因此，对妫水河流域进行综合治理，打造清洁优美水环境已成为延庆区生态文明建设活动的重中之重。当前，妫水河流域的水环境问题表现突出，妫水河主河道和支流中，只有妫水河、三里河处于常年有水状态，其余支流基本无水。根据延庆区环境保护局（现延庆区生态环境局）近年来的监测数据，妫水河水质总体上呈现恶化趋势，特别是妫水河新城段水质常年为地表水Ⅳ类到劣Ⅴ类，官厅水库入口断面水质已处于地表水劣Ⅴ类，严重危害了水库周边生产生活用水安全，制约该区域社会经济整体发展。

流域水体修复的目标不仅仅是特定水体的修复，更是流域水环境质量的整体提升。国家"十三五"规划中指出，要加强水生态保护，系统整治江河流域，连通江河湖库水系。国务院2015年发布实施的《水污染防治行动计划》（简称"水十条"）也提出了水环境保护的指标要求：到2020年，要求地级及以上城市建成区黑臭水体均控制在10%以内。县城、城市污水处理率分别达到85%、95%左右。京津冀、长三角、珠三角等区域提前一年完成。对北京市延庆区来说，达到这个目标任务十分艰巨。而且，2019年中国北京世界园艺博览会和2022年北京冬季奥运会的举办，更加要求延庆区充分发挥其功能，向世界人民展示最好的环境和风景。

《北京城市总体规划（2004年—2020年)》中指出：延庆区是国际交往中心的重要组成部分，联系西北地区的交通枢纽，国际化旅游休闲区，具备旅游、休闲度假、物流等功能。依据《水污染防治行动计划》《国务院关于实行最严格水资源管理制度的意见》相关重要部署，按照新时期"节水优先、空间均衡、系统治理、两手发力"的治水方针，延庆区是北京市西北部重要的生态屏障，应以水源保护和生态保育为前提，做好水源保护和生态涵养工作。进一步加强河湖、水系、湿地生态治理和风沙区植树造林工作，涵养水土、改善环境，构筑京西北的绿色生态屏障。加大力度控制城市和企业污染排放，加强农村居民点的整合，改善郊区生态环境，提高公共设施和基础设施的服务水平，推动郊区产业向规模经营集中、工业向园区集中、农民向城镇集中，发展旅游休闲、会议培训和生态农业，调整优化产业布局，构筑"工业一轴、农业一川、休闲业一环、生态涵养一山"的产业发展格局。积极参与京津冀都市圈生产要素的大范围流动和资源的重新配置，建设为首都国际交往服务的重要外事活动基地。

妫水河为延庆区的母亲河，其下游官厅水库为重要的水源地，对水污染治理与生态修复技术提出了更高的要求。因此，针对妫水河流域水情和北方气候特征，研究适合妫水河流域水质目标的水污染治理与生态修复技术，并选择条件相对成熟的区域开展工程示范，将为全面治理妫水河流域提供技术保障，同时为北京市重点流域的水污染控制治理和生态修复提供技术支撑和示范作用。

1.2 妫水河流域概况及主要生态环境问题

1.2.1 自然地理

1.2.1.1 地理位置

妫水河流域位于北京市延庆区,东经 115°44′11″ ~ 116°21′9″,北纬 40°15′12″ ~ 40°38′50″。妫水河是永定河一级支流,起自延庆区城东北,自东向西横贯延庆盆地,经过四海镇、刘斌堡乡、香营乡、永宁镇、井庄镇、大榆树镇、沈家营镇、延庆镇,在大营村北入官厅水库。妫水河干流全长 74.34km,流域面积为 1062.9km²,占延庆区面积的 53.3%。妫水河流域地理位置见图 1-1。

图 1-1 妫水河流域地理位置示意图

延庆区位于北京市西北部,距北京市市区 74km,是首都北京市的北大门。东邻怀柔区,南邻昌平区,西、北分别与河北省的怀来、赤城两县接壤。东西最长处为 65km,南北最宽处为 45.5km,呈东北向西南延伸的长方形。全区总面积 1994.88km²。其中,平原面积 522.66km²,占全区总面积的 26.20%;山区面积 1452.27km²,占全区总面积的 72.80%。截至 2021 年,全区有 15 个乡镇,大部分位于区域西南部的平原上或浅山地区。

1.2.1.2 地形地貌

延庆区北、东、南三面环山,西邻官厅水库,中部凹陷形成山间盆地。流域内山脉统称军都山,属燕山山脉,海拔一般为 700 ~ 1000m。山脉大致走向为北东向与东西向,由中部北起佛爷顶,经九里梁形成一自然分水岭,分水岭以西为山前平原区,以东为山后区。境内海拔 1000m 以上高峰 80 余座，其中海坨山为北京市第二高峰，海拔 2241m。大庄科乡旺泉沟东南大庄科河（怀九河）出境处为境内最低点，海拔约 300m。

东北部山地地势西高东低，平均海拔约 1000m，南部山地地势较低，属低山区，岩石以花岗岩岩类为主，山势缓和，谷地较宽，但干旱缺水，植被稀疏，水土流失严重。

山前盆地边缘地带海拔一般为 600 ~ 700m，地面坡度较陡，自然坡降 1/50，冲沟发育。盆地为一缓倾斜洪冲积平原，海拔 500m 左右，盆地长 35km，宽 15km，全部为第四系堆积所覆盖，中部地势平坦开阔，局部有丘陵点缀。

1.2.1.3　气候、气象

延庆区属大陆季风气候区，是温带与中温带、半干旱与半湿润的过渡地带。海拔较高，地形呈口袋形向西南开口，故大陆季风气候较强，四季分明，冬季干冷，夏季多雨，春秋两季冷暖气团接触频繁，对流异常活跃，天气与气候要素波动大，多风少雨。全区多年平均降水量 452mm；多年平均气温 8.7℃，7 月平均气温 23.2℃，1 月平均气温 -8.8℃，最高气温 39℃，最低气温 -27.3℃。平原区年无霜期 180 ~ 190 天，山区年无霜期 150 ~ 160 天。冻土深 1m 左右。

延庆区多年地表水水量极不稳定，降水量年际、年内变化大且地域分布不均衡。年内降水主要集中在汛期 6 ~ 9 月，汛期 4 个月降水量占全年降水量的 70%~80%，春季降水量只占全年降水量的 10%~15%，可谓十年九春旱。据延庆站降水资料，1959 ~ 2017 年延庆区多年平均降水量 452mm。东部山区降水多于西部川区，山区多年平均降水量为 557mm，是全区多年平均降水量的 1.23 倍。

1.2.1.4　河流水系

妫水河流域内有 18 条河流（含妫水河干流）。妫水河干流沿途有古城河、佛峪口河、三里河、蔡家河和季节性河西二道河、小张家口河、西拨子河、帮水峪河和养鹅池河等支流汇入。妫水河流域各级河流信息见表 1-1。

表 1-1　妫水河流域水系信息

序号	河流名称	河流级别	流域面积/km²	河流长度/km
1	妫水河	1	1062.9	74.34
2	古城河	2	224.9	36.28
3	三里河	2	37.2	10.63
4	蔡家河	2	63.6	15.45
5	佛峪口河	2	70.5	18.00
6	养鹅池河	2	8.0	6.87
7	帮水峪河	2	77.1	20.79
8	西拨子河	2	48.1	18.76

序号	河流名称	河流级别	流域面积/km²	河流长度/km
9	小张家口河	2	33.2	12.85
10	西二道河	2	49.5	15.12
11	五里波沟	3	43.1	13.85
12	五里波西沟	4	10.6	4.72
13	西龙湾河	3	88.1	17.34
14	西龙湾河右支一河	4	46.6	10.13
15	宝林寺河	2	41.7	14.04
16	三里墩沟	2	129.3	22.09
17	孔化营沟	3	44.5	14.56
18	周家坟沟	3	19.6	8.14

1.2.1.5　土壤植被

（1）土壤

延庆盆地整体的土壤环境质量优良。土壤含氟、含砷量少，平原95%区域的土壤质量达到国家一级土壤环境质量标准。目前，平原的土壤环境质量适合建设无公害、绿色和有机食品生产基地。延庆盆地土地资源的利用，受其所处的地形影响，有着明显的空间分布特征。盆地面积大、地势平坦，土层深厚、土质好，水源条件好，种植业发展条件优越；山麓地带的洪积扇土层质地、灌排条件良好，是各种果树的优良种植区；面积广阔的低山区、中山区、深山区山清水秀，人口密度相对较低，耕地资源分散，为林业发展，林产品、干果产品和马铃薯、玉米等多种作物良种繁育，以及优质中药材种植，提供了优越的资源环境条件，也为休闲旅游农业提供了丰富的景点选择余地。

（2）森林植被

妫水河流域盆地、河川、沟谷部分台地的植被为栽培植物，其余山区大部分为针叶林、阔叶林、针阔混交林、杂灌及草本群落。全区林木绿化率为74.5%，森林覆盖率为56.63%，城市绿化覆盖率为68%。

1.2.2　土地利用状况

基于妫水河流域土地利用遥感数据分析可知，妫水河流域土地利用类型主要为耕地、林地等，流域内耕地面积为374.76km²，占全流域土地面积的35.26%；林地面积457.56km²，占全流域土地面积的42.84%；其余类型土地利用占比分别为草地11.2%、城乡建设用地8.25%、水域2.61%、未利用土地0.004%。土地利用类型分布见图1-2。

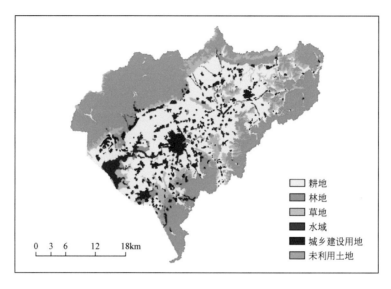

图1-2　妫水河流域土地类型分布图

1.2.3　社会经济状况

根据《北京市延庆区统计年鉴2018》，2017年延庆区共有15个乡镇（11个镇、4个乡）、3个街道办事处、376个行政村、46个社区居民委员会。户籍总人口28.5万人，常住人口34万人，城镇人口19.2万人，占常住人口的56.5%，其中常住外来人口4.3万人，占常住人口的12.6%。

2017年全年全区实现地区GDP 1 375 591万元，按不变价计算比上年增长8.4%。其中，第一产业实现增加值68 295万元，比上年下降5.8%；第二产业实现增加值430 754万元，比上年增长13.8%；第三产业实现增加值876 542万元，比上年增长7.3%。

2017年全年全区居民人均可支配收入31 555元，比上年增长8.2%；人均生活消费性支出21 449元，比上年增长8.7%；城镇居民人均可支配收入41 599元，比上年增长8.2%；人均生活消费性支出27 109元，比上年增长9.3%；农村居民人均可支配收入21 248元，比上年增长8.5%；人均生活消费性支出15 641元，比上年增长7.9%。城乡居民居住条件进一步改善，城镇居民人均住房建筑面积36.93m^2，农村居民人均住房建筑面积41.71m^2。

2017年全年规模以上工业企业完成工业总产值808 856万元，比上年增长11.8%。其中，非金属矿物制品业实现产值399 775.7万元，增长7.7%；纺织服装、服饰业实现产值107 280.9万元，下降3.1%；电气机械和器材制造业实现产值69 278.6万元，增长28.2%；农副食品加工业实现产值51 063.1万元，增长2.1%；有色金属冶炼和压延加工业实现产值53 063.1万元，增长97.9%。

1.2.4　水资源及其开发利用状况

1.2.4.1　水资源

（1）水资源量

2016 年延庆区地表水资源量为 1.63 亿 m^3（其中自产地表水资源量为 0.3 亿 m^3，入境水资源量 1.33 亿 m^3），地下水资源量为 0.65 亿 m^3，全区水资源总量为 2.28 亿 m^3。人均（不含入境水）水资源量为 301 m^3，人均（含入境水）水资源量为 721 m^3。

（2）水库蓄水动态

2016 年白河堡水库、古城水库、佛峪口水库可利用来水总量为 11 949.47 万 m^3，比上年的 7369.71 万 m^3 增加了 4579.76 万 m^3；出库水量为 12 776.33 万 m^3，比上年的 8668.62 万 m^3 增加了 4107.71 万 m^3。

截至 2016 年末，白河堡水库、古城水库、佛峪口水库蓄水总量为 5231.98 万 m^3，比 2015 年末的 4179.13 万 m^3 增加了 1052.85 万 m^3。

（3）地下水

2016 年，延庆区共有水位观测井 26 眼，专用出水量观测井 2 眼，五日观测井 26 眼，分布在 11 个乡镇，26 个村。除山区千家店 1 眼观测井外，其余均分布在川区。2016 年全区地下水平均埋深 18.72m，与 2015 年地下水埋深 18.68m 相比，地下水位下降了 0.04m。

全年延庆区水位上升的观测井有 12 眼，上升幅度最大的是西拨子观测井，水位上升 1.68m；水位下降的观测井有 14 眼，其中下降幅度最大的是旧县 2 号观测井，水位下降 1.15m。全年水位变幅最大的观测井是西拨子观测井，变幅为 15.26m；水位变幅最小的观测井是柳沟观测井，变幅为 0.2m。

1.2.4.2　水资源开发利用

（1）供水量

2016 年全区总供水量 5588.45 万 m^3，比 2015 年减少 281.95 万 m^3。其中，地表水供水量为 235.95 万 m^3，占供水总量的 4.2%；地下水供水量为 4427.92 万 m^3，占供水总量 79.3%；再生水供水量为 924.58 万 m^3，占供水总量的 16.5%。用再生水代替常规水资源，用于园林绿化和河湖生态补水，可有效降低常规水资源的开采数量。2016 年延庆区供水量分类图见图 1-3。

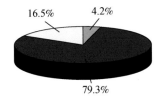

16.5%　　4.2%

79.3%

■地表水供水量　■地下水供水量　□再生水供水量

图 1-3　2016 年延庆区供水量分类图

（2）用水量

2016 年全区总用水量 5588.45 万 m³，比 2015 年减少 281.95 万 m³。全区用水总量呈现下降趋势，其中生活用水、城镇环境用水比例呈上升趋势，农业用水比例呈下降趋势。

2016 年全区生活用水量 1195.86 万 m³（城镇生活用水量 532.57 万 m³，农村生活用水量 663.29 万 m³），占总用水量的 21.4%；公共服务用水量 609.01 万 m³，占总用水量的 10.9%；工业用水量 222.48 万 m³，占总用水量的 4.0%；农业用水量 2358.80 万 m³（水浇地 1.00 万 m³，菜田 1026.15 万 m³，设施农业 675.00 万 m³，林果业 185.70 万 m³，养殖业 470.95 万 m³），占总用水量的 42.2%；城镇环境用水量 1202.30 万 m³，占总用水量的 21.5%。2016 年延庆区用水量分类图见图 1-4。

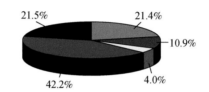

图 1-4　2016 年延庆区用水量分类图

随着用水结构和产业结构调整，农业用水量得到有效控制，同时由于气候影响加之社会经济的快速发展和城镇化进程的加快，生活用水量呈逐年上升趋势。

（3）废污水总量和处理量

随着延庆新城发展，城区规模逐步扩大，污水排放量逐年上升，2016 年全区污水排放总量为 1635 万 m³，与上一年度污水排放总量 1610 万 m³ 相比，增加 25 万 m³，增幅 1.55%。

全区共拥有 100 座规模不等的污水处理设施，设计总处理能力为 6.2 万 m³/d，年实际处理量为 1346 万 m³。全区污水集中处理率为 82.3%，城区生活污水集中处理率为 97.6%，村镇生活污水集中处理率为 55.3%。

1.2.5 生态环境状况及存在问题

1.2.5.1 生态环境状况

（1）妫水河流域生态环境污染状况

延庆区的主要社会经济活动均在妫水河流域，该区最为突出的水环境问题集中在妫水河及周边，水体主要污染物指标包括 BOD、COD、NH_4^+-N、TP 等。在妫水河主河道和支流中，目前只有妫水河、三里河常年有水，其余支流基本无水。根据延庆区环境保护局的监测数据，妫水河水质总体呈恶化趋势，特别是妫水河新城段水质常年在Ⅳ类到劣Ⅴ类，官厅水库入口断面水质已处于地表水劣Ⅴ类，严重危害了水库周边生产、生活用水。

从 1999 年开始，北京市持续干旱，年均降水量仅为 449mm。延庆区受妫川盆地的地形影响，妫水河流域的多年平均降水量一直较全市偏低，延庆县（现延庆区）水务局 2009 年公布多年平均降水量仅为 315.4mm。由于降水减少，妫水河的来水量锐减，人畜饮水、农业用水都出现问题。并且上游清洁水源补充不足，妫水河非雨季主要补水来源为城西污水处理厂再生水补给，补给量约 3 万 m³/d，妫水河农场橡胶坝至南关桥段水体流动性差，水体几乎处于静止状态，河岸及浅滩区水生植物稀少且分布不均，水体富营养化问题极为严重，水质较差，为官厅水库水环境改善带来了沉重的负担，也极大地影响了延庆城区周边的生态环境。同时，降雨期间河岸两侧城市道路雨水漫流等面源污染的汇入，特别是初期雨水中含有大量的污染物，加剧了妫水河水体的富营养化。由于妫水河农场橡胶坝至南关桥段水体整体流动性较差，河湾处存在大量死水区，水体自然净化能力较差。河岸及浅滩区种植的芦苇等挺水植物秋季未能及时收割打捞，腐烂后的腐殖质堆积在水体内，造成水体有机物含量增加，加大了水体富营养化和发生水华的可能性。

（2）妫水河流域生态环境污染态势分析

妫水河两侧集中分布着村镇、机关、学校和旅游景点，同时也是延庆城区所在地，生产生活活动引起的垃圾和面源污染问题突出，尤其是生活垃圾、污水的产生量较高，而无害化处理和回用率都处于较低水平，严重污染了妫水河河水，影响了水源水质安全。根据北京市环境保护局（现北京市生态环境局）河流水质的监测结果，妫水河上段水质呈恶化趋势，2006 年为 Ⅱ 类水，但到了 2016 年已经变成 Ⅳ 类水；而妫水河下段由于周边人口密集，人类活动集中，其水质在 2006 年已经是 Ⅴ 类。2006～2016 年开展的多项妫水河流域治理工作虽然取得了一定的成效，但到 2016 年其水质仍然为 Ⅳ 类。

在水量方面，从 2003 年开始，为了保障北京市饮用水的需要，将延庆区境内的白河堡水库的优质水调往密云水库，官厅水库重要的水源补充通道——妫水河从此失去水源补充。2003 年以前，妫水河平均基流为 0.75m³/s，但到了 2014 年，其平均基流只有 0.14m³/s，汛期出现断流达 30 次。根据 2000～2015 年妫水河东大桥水文站径流量变化记录，妫水河的径流量呈逐年下降趋势，2000 年为 0.1932 亿 m³，到 2015 年下降到 0.0308 亿 m³，相比 2000 年下降了 84%。由此看来，白河堡水库的补水对于妫水河的水量保障发挥着至关重要的作用。

由以上情况可以看出，如果不采取良好的措施对妫水河流域污染进行治理，其流域水质及生态环境将会进一步恶化，严重影响人们的生产生活，制约延庆区的社会经济发展。

1.2.5.2　存在的主要问题

流域水污染是流域社会经济发展、污染排放、气候及水资源循环系统变化等多因素共同作用的结果。随着社会经济的快速发展，水土资源的过度开发，流域生态状况加剧恶化，从而形成了主要污染物负荷远超流域水环境承载能力的不利局面，加之延庆区用水量、排水量的逐年攀升，水生态压力及水环境不断恶化，这一情况在妫水河流域尤为明显。妫水河流域内存在的主要问题如下。

（1）污水处理率不高

据统计，2016 年妫水河流域内有入河污水口 30 个、雨污合流口 52 个、污水处理设施退水口 8 个、污水处理设施溢流口 5 个。延庆城区内大部分地区尚未实现雨污分流，夏季大量雨水与污水混杂后未经处理直接涌入河湖，造成污染。妫水河沿线未经处理的村庄生活污水、污染物通过地下渗漏或随雨水进入河道，对河湖水质造成污染。

（2）河道周边存在生活垃圾、违建及畜牧养殖等污染源

经过摸底调查，2016 年妫水河流域存有生活及建筑垃圾 64 处、河道内违建 20 处。妫水河沿线存在养殖小区 41 处，其养殖饲料及鱼类粪便直接进入河道，造成河道水体严重污染，富营养化加剧。

（3）上游清洁水源补充严重不足

2003 年以前，白河堡水库每年向官厅水库补水平均约 9000 万 m³。自 2003 年起，为保北京市城区用水，白河堡水库开始向密云水库补水，加上连续干旱，致妫水河基流越来越少，甚至出现了干涸断流现象。

（4）水系连通性差

妫水河流域部分河道多年处于无水状态，部分区段被道路、建筑物侵占，河型已无法辨认，不能与妫水河主河道相互连通，水系连通性差，无法有效发挥水生生态系统的净化作用。

（5）河道水生生态系统严重退化，生态服务功能下降，湿地自净功能降低

妫水河流域内仅妫水河新城段和三里河进行过河道治理，但由于治理理念落后、管理不善等原因，2 处治理河段均存在着植被配置单一、湿地水质净化功能低下和景观功能退化等问题。流域剩余河道植被杂乱，且存在违建、垃圾侵占等现象，导致形成循环不畅、不健康的生态系统。

（6）水生植物残体清理不彻底，新城段水体富营养化严重

在江水泉公园和东、西湖等水域中，为改善水体水质，种植了大量芦苇等净水植物，但由于管理措施滞后，没有进行收割清理，植物腐败后回到水体中，造成水中污染物长期积聚，水流缓慢，在较高的温度和充足的光照下，藻类繁殖速度大大增加，水体富营养化加重。

（7）妫水河流域周边农业面源污染

妫水河流域周边有大面积农田，农业种植时施用的化肥、农药在河道水位到达种植区域及下雨时随沿河村落生活污水等水流大量进入河道，造成污染。

（8）水环境监控平台和水资源管理平台有待完善

妫水河流域地表水、地下水水质和水量监测点较少，布置不尽合理，需要进一步建设和优化布设，重要水质监控断面和水功能区的监测能力需要加强，监测手段自动化水平也有待提高。

由此可见，妫水河流域存在着诸多水环境及水生态问题，并且没有监管平台，亟须开展流域的整治及管理工作，以提高其水质和生态流量，保障 2019 年中国北京世界园艺博览会和 2022 年北京冬季奥运会的顺利开展，为延庆区的社会发展奠定良好的环境基础。

1.3　主要研究内容

根据京津冀西北区水源生态涵养的发展战略，以妫水河流域典型北方季节性河流为主要研究对象，针对目前妫水河流域存在的水环境及水生态问题，以水源涵养和水质保障为目标，根据妫水河水质提升及生态基流保障的要求，从流域水质目标管理、生态基流保障、面源污染控制与水土保持、低温地区仿自然大型湿地水质保障、河流–湿地连通性修复与微污染水体水质强化处理五大环节着手进行技术研究和开发，构建流域水质保障与生态修复技术体系，并开展工程示范，通过提升区域水源涵养和水质保障功能，实现谷家营考核断面水质达到"水十条"要求，保障 2019 年中国北京世界园艺博览会及 2022 北京冬季奥运会水质水量安全，推动实现区域产业结构调整的目标。

1.3.1　面向妫水河流域特征的流域水质目标管理技术

1.3.1.1　妫水河流域水环境过程特征调查与试验

基于国际及我国流域水质目标管理技术和相关研究最新成果，结合国家"排污许可制""河长制""水环境承载力"等对水环境管理的新要求，针对妫水河近年径流减少、河道上建有闸坝等控制性工程的特征，以妫水河流域水文循环、化学循环、水动力循环为调查对象，系统收集相关资料并开展现场调查。结合现场调查结果，整理分析妫水河流域水环境过程资料，识别妫水河流域径流变化与人工影响特征，分析妫水河流域水质时空变化特征、点源及面源排放与入河负荷变化特征及两者的相关性。围绕妫水河流域水环境系统模型研发及精细化模拟需求，补充测量河道断面，补充监测关键水环境过程因子，明晰妫水河流域产汇流过程、污染物迁移转化过程、河流水文变化与水质响应过程等方面的水环境过程机理，分析各个过程的影响要素及其影响方式、强度，识别流域水污染特征时空分异状况（上游山地丘陵、中游盆地平原村镇、下游平原城区），研究典型过程的重要参数的物理、化学和生态机理，为妫水河流域水环境系统模型各类参数率定提供依据。

通过以流域污染负荷估算和"污染负荷输入–水质响应"为核心的流域模型与水体模型耦合的妫水河流域水环境系统模型，研究妫水河干流，尤其是谷家营考核断面、2019 年中国北京世界园艺博览会所在妫水湖、其他重要节点对流域内农业面源、城市面源、入河排污口（含支流口）点源等污染负荷输入的响应关系，计算各考核断面对各污染源的水质响应系数矩阵，识别不同时空条件下不同污染源对妫水河干流水体的影响程度，为妫水河流域容量总量控制方案制定奠定基础。

1.3.1.2　妫水河流域限制入河总量方案研究

妫水河流域限制入河总量方案研究基于妫水河流域行政区划、水资源分区、河流水系、水利工程分布、流域功能区划、污染源和其他流域下垫面等信息，以建立"污染源–

入河排污口–水体水质"响应关系和识别排污责任主体为导向，进行妫水河流域控制单元划分。以谷家营考核断面水质全面达到"水十条"要求和保障 2022 年北京冬季奥运会水质达标为约束，结合妫水河流域有关功能区划，确定妫水河干流不同功能分区在不同水文频率、不同年度、年内不同月份的水质目标。在合理确定设计水文条件和安全余量（margin of safety，MOS）基础上，结合美国最大日负荷总量（total maximum daily loads，TMDL）常规的"试算法"和水环境容量计算的最优化方法，形成主要入河排污口及支流口的限制入河总量方案，并分解到各排污控制责任主体，提出适用于妫水河流域山区季节性、环境容量相对不足特征的各排污控制责任主体限制入河总量方案。

1.3.1.3 基于工程措施优化布局的妫水河流域容量总量控制技术

结合不同时空条件下不同污染源对妫水河干流水体的影响程度研究结果，对各类工程措施（多水源配置与调度、流域水土保持生态修复、仿自然复合功能湿地、河流–湿地群生态连通水体净化修复）做情景分析，基于各排污控制责任主体的污染物削减方案，提出工程措施优化布局方案，制定工程措施和管理措施相结合的妫水河流域的容量总量控制方案，全面贯彻流域水质目标管理思想，为后续研究提供导向与基础，为妫水河流域水质达标和水环境管理提供科学依据。

1.3.2 季节性河流多水源生态调度及水质水量保障技术

1.3.2.1 妫水河调水水源水生态环境研究

在支流（三里河、古城河、蔡家河）及其与妫水河的汇入口、再生水排放口、地下水井设置监测点位，分年度于不同时期对调水水源的水质、水量开展调查研究，研究不同时期调水水源（包括地表水、再生水、外调水、地下水）的水质水量时空分异特征；在支流（三里河、古城河、蔡家河）、再生水排放口设置生物调查的监测断面，对妫水河及调水水源的浮游植物、浮游动物等进行现场取样，研究妫水河及调水水源浮游生物的存在状况和时空分布，对生物的种类、数量、生物量与多样性指数的相关性进行分析，研究妫水河及调水水源浮游生物群落结构的变化特点，并对浮游生物群落结构及其与环境因子相关性进行分析研究；基于不同时期水质变化特征及生物多样性调查分析结果，并结合实验研究，建立妫水河及调水水源水质与浮游生物的响应关系，为妫水河流域调水方案设计提供技术支撑。

1.3.2.2 妫水河生态需水量和基流阈值研究

基于东大桥水文站和谷家营国控断面近 30 年径流量、降水量等水文数据，统计分析河水流量频率分布规律，获取妫水河不同时期的河道流量演变规律；针对妫水河河道的实际情况，采用国际上通用的水文学方法（改进 Tennant 法、基流比例法、90% 保证率最枯月平均流量法）对妫水河河道生态基流进行计算，并对所选水文学方法进行调整和改进，优化建立适合妫水河的生态基流计算方法；基于保障妫水河水体功能的需水量阈值的目标，研究和判定其阈值的边界，结合多水源的可调度利用水资源量和不同时期不同断面区域生态基流的计算结果，研究确定适用于妫水河山区季节性河道特征的生态基流阈值，设计适合妫水河不同时期的生态需水量方案。在此基础上，提出妫水河水质水量联合调度需求目标。

1.3.2.3 多水源配置和水质水量调度技术研究

多水源配置和水质水量调度技术研究是以提升妫水河生态流量10%为目标，以水平衡方程为基础，以调水净效益最大、损失水量最小及生态保护为目标，建立妫水河流域多种水资源的配置方案，研究不同的配置方案对可利用多种水资源的水质水量的要求，提升生态流量的多种水资源优化配置方案。以不同时期的水源配置方案为基础，考虑枯水期、平水期和丰水期等不同情境下的水质水量变化，耦合模拟水质水量，建立基于妫水河流域可利用调水水源的水质水量调度模型。根据妫水河流域水文、水资源环境特征，统筹考虑地表水（三里河、古城河、蔡家河）、外调水（白河堡水库）和再生水（城西再生水厂）等多种水资源配置，以生态流量的保障提升和节约水资源为前提，分别考虑不同时期的控制指标，制定以生态流量提升为目标的妫水河流域水质水量联合调度准则，优先使用再生水，加强利用地表水，合理利用外调水及地下水。根据多种水资源配置方案，严格遵循水质水量联合调度准则，设计在不同工况条件下的水质水量联合调度方案，包括不同水源调水的水量、持续时间、所占比例，实现妫水河生态流量的提升。

1.3.3 妫水河流域农村面源污染综合控制措施与精准配置技术

1.3.3.1 妫水河流域面源污染关键源区识别

在调查流域面源污染情况的基础上，根据多期遥感影像数据，提取流域土地利用方式、植被覆盖度、土壤水分等信息，采用 PhosFate 模型进行面源污染关键源区特征分析；利用妫水河流域多期土地利用空间数据，构建山水林田湖草空间信息图谱，综合解析妫水河流域山水林田湖草时空格局的演变过程和特征。

1.3.3.2 妫水河流域农村面源污染控制关键技术研究

基于妫水河流域水质水量管理措施的低碳、美观和高效等多个目标，针对农村面源污染控制、坡面与沟道的水源涵养、2022 年北京冬季奥运会与 2019 年中国北京世界园艺博览会周边观光旅游等多个层面的需求，研发低碳型农村面源污染生态控制技术、污染迁移路径截流能力提升技术和面源污染控制措施景观功能提升技术等多项关键技术，综合控制妫水河流域农村面源污染。

1.3.3.3 妫水河流域空间格局分析及配置优化

在妫水河流域面源污染关键源区特征及关键控制技术研究的基础上，构建基于空间格局的优化技术，研制流域面源污染综合控制的决策支持技术，构建目标匹配、格局合理、位置精确、面积准确的流域面源污染控制措施与精准配置技术，形成针对农村面源污染控制、水源涵养和景观提升等不同目标的生态修复模式。

1.3.4 低温地区仿自然功能型湿地构建关键技术

1.3.4.1 高效脱氮除磷净化技术研究

针对项目区近年来水水质主要存在氮、磷等污染物浓度超出地表水 III 类标准的问题，结合人工湿地工艺特征、低能耗要求、低碳氮比值等来水特点，开展人工湿地短程硝化反硝化脱氮、高效稳定除磷等技术研究。

研究短程硝化反硝化脱氮技术，探索不同工艺下的人工湿地复氧效率，优化复氧工艺；研究湿地内有机物和 NH_4^+-N 对 DO 的竞争利用关系，探索促进有机物和 NH_4^+-N 降解的低耗高效工艺优化组合；通过微生物菌剂优化筛选，考察其对水体污染物的强化净化效果，最终探索提出低耗高效脱氮工艺方案。

研究高效稳定除磷技术，优选高效除磷填料；基于天然基质材料，进行新型高效除磷填料的研发，并进行不同填料组合配置、运行工况优化等试验研究，提升人工湿地系统除磷效率；将 Fe/C 微电解技术与人工湿地工艺结合，开展 Fe/C 湿地床根际微电解强化净化技术研究，以铁、焦炭颗粒填料为电极组成 Fe/C 微电解体系，通过电化学作用对氮、磷及有机物实现去除，最终优化提出湿地高效稳定除磷技术方案及技术参数。

1.3.4.2 湿地长效稳定运行关键技术研究

为满足项目区高标准出水水质要求，以保障湿地系统稳定、高效运行为目标，开展仿自然湿地优化调控技术和低温期稳定运行技术研究。仿自然湿地优化调控技术，包括水位/流量调控、水生植物优化配置和立体生态浮岛构建等技术。通过对湿地系统进出水方式、进出水水量调节、出水水位控制等技术措施进行研究，优化湿地布水方式和运行参数，促进湿地系统内溶氧环境的调节，提升净水效率；探索以仿真根须为核心、以水生动植物优化配置为基础的模块式生境构建，强化仿自然湿地净水效果。

同时，针对北方地区冬季低温特点，开展湿地冬季保温技术研究，进行陶粒等多种材料的保温效果及适用性研究，优化、筛选适宜的保温材料；探索深水区取水、常温地热能等对水体可能的保温增温效能，结合工艺结构形式优化、保温覆盖等措施，提高人工湿地的保温增温效果。结合水生植物配置研究，筛选耐低温性较好的沉水植物、挺水植物，探索其在低温运行期间的净水效果；同时，开展低温微生物菌群优化、筛选等技术研究，结合脱氮除磷研究成果，最终提出低温期稳定运行的人工湿地技术方案，突破低温地区人工湿地处理效率低的瓶颈。

1.3.4.3 仿自然功能型湿地技术优化集成

针对永定河来水水质、河道滩地特点，基于单项技术研究成果，进行技术优化与集成，提出适合低温地区的集水质保障、生态修复及景观建设于一体的仿自然功能湿地重建与修复总体技术方案。

1.3.5　河流–湿地生态连通及微污染水体净化技术

1.3.5.1　妫水河生境分异特征与水生植物群落优化配置研究

在系统诊断北方河流季节性缺水、受人类活动干扰强烈、多水源补给等生态胁迫问题的基础上，进行妫水河受损生境修复技术研究。以水生植物为切入点，基于妫水河生境现状调查与评估，进行与水生植物紧密相关的生境要素筛查，识别和筛选水生植物群落形成及发育的限制性生境要素，以及水生植物群落的优势种和先锋种。

1.3.5.2　妫水河受损生境原位修复技术研究

以恢复河流生态完整性，最终实现河流健康为目标，开展受损生境水生植物群落构建关键技术和受损生境水生植物群落水质立体净化技术研究，以水体氮、磷去除效率和水体DO 水平提升为研究目标，人工构建水生植物群落，形成一套抗低温、易维护，同时兼顾生态景观的河流立体原位修复技术，促进妫水河河流–湿地生境修复及河流水质提升。

1.3.5.3　河流–湿地群水体循环净化及微污染水体水质提升技术研究

根据妫水河流域地形特点，为解决干支流污染和生境修复问题，通过水系连通构建循环水系，连通现有河流–湿地，提高水体流动性，激活河流湿地功效和潜能，进一步增强生境修复和水体净化能力。

妫水河支流三里河沿线的三里河湿地，由于季节性缺水，湿地功能基本未正常发挥作用；妫水河干流入河口湿地由于水体流动性差，湿地潜能未完全发挥。通过现有北循环管线和明渠，从妫水河干流农场橡胶坝上游水体向三里河上游和妫水河干流城区段上游输水，构建水系连通体系，以解决妫水河干流城区段和湖区段水体流动性差、支流季节性缺水问题，激活和充分挖掘妫水河干支流沿线湿地潜能，维持湿地高效稳定运行，提升污染物去除效果。

针对妫水河世园段中有机物、氮、磷等污染物质超标的问题，开展水生植物、微生物及其吸附载体联合对微污染水体水质的强化处理研究。筛选长势良好且去除污染物能力强的水生植物（包括挺水、沉水、浮水植物）和微生物群落作为研究对象，研究不同水生植物、微生物群落及其吸附载体联合对微污染水体的净化效果，构建河道特征的水生植物原位修复体系，开发出适应北方河流微污染水体的水质强化处理技术。

第2章 河流水质保障及流域生态修复相关技术研究

2.1 国内外河流治理沿革

2.1.1 河流生态系统及其健康

河流生态系统是指河道的水流区域和与此水域有直接水体交换的生态单元（如湿地生态系统和河岸生态系统），包括陆地河岸生态系统、水生生态系统、相关湿地及沼泽生态系统的一系列子系统，是一个复合生态系统。对于绝大多数河流而言，河流生态系统中不会包括人类。而河流系统，通常是指由河流源头、湿地、通河湖泊及众多不同级别的支流和干流所构成的集合体。从上述概念可以看出，河流系统与河流生态系统是两个不同的概念。河流生态系统以生物群落为主体，河流仅仅作为生物生存的环境出现，而在河流系统中河流才是主体。

河流生态系统是水生生物群落与大气、河水及底泥间环境因子连续进行物质交换和能量传递，形成结构与功能统一的流水生态单元。河流生态系统的复杂性导致生物群落组成和结构变化无法明确地归结于某个特定的环境因子变化，而通常是多个环境因子共同作用的结果。河流生态系统不仅是一个生态（生物）系统，还是一个物理系统、生物地球化学系统和社会经济系统。因此，广义的河流健康，既包括与河流相联系的河流生态系统的健康，也包括与河流相联系的物理系统、生物地球化学系统和社会经济系统的健康。不与人类发生联系的河流，是一个自然系统，只具有自然属性。一旦和人类社会发生联系，河流系统便成为一个自然–社会经济复合系统（或称人–水关系系统），具有自然和社会双重属性。

生态系统健康的概念出现于20世纪80年代，主要研究人类活动、社会组织、自然系统及人类健康之间的相互关系。健康的生态系统具有以下特征：不存在失调症状、具有很好的修复能力和自我维持能力、对邻近的其他生态系统没有危害、对社会经济的发展和人类的健康有支持推动作用，可以涵盖6个方面：自我平衡、没有病症、多样性、有恢复力、有活力和能够保持系统组分间的平衡。河流健康的概念是借鉴生态系统健康的概念提出的。生态系统健康应包含两方面内涵：满足人类社会合理需求的能力和生态系统本身自我维持与更新的能力。Karr（1995）认为即使生态系统的完整性有所破坏，只要其当前与未来的使用价值不退化且不影响其他与之相联系的系统的功能，也可认为此生态系统是健康的。

河流系统的健康是一种特定的系统状态，在该状态下，河流系统在变化着的自然与人文环境中，能够保持结构的稳定和系统各组分间的相对平衡，实现正常的、有活力的系统功能，并具有可持续发展和通过自我调整而趋于完善的能力。作为一个物理系统，河流系统是一个水文系统和地貌系统。从地貌上说，流域分为流域坡面和各级河道两大部分，因此河流地貌系统的健康又可分为流域坡面子系统的健康和河道子系统的健康。广义而言，河道子系统指水系的分支网络体系；狭义而言，则指某一河段的形态、过程（或功能）和物质构成的体系。河道的健康可以定义为某一河道在变化的环境条件中，能够保持自身的稳定状态，实现正常的、有活力的输水行洪和输沙功能，并具有较强的通过自我调整而趋于平衡的能力。

可以说，河流健康概念源于河流生态系统健康，但又不局限于生态系统健康，是一个比较模糊的相对概念，包含着公众对河流的期望，反映了不同背景下的价值取向。因此，其概念也带有一定的主观色彩，不同的社会经济条件对河流有不同的要求，不同的人群有不同的理解，不同的研究视角有不同的健康标准。总的来说，河流健康应该包括的内涵是：河流自身结构完整、功能完备，具有满足自身维持与更新的能力，能发挥其正常的生态环境效益，满足人类社会发展的合理需求。

人-水关系的河流健康，或称为健康的、和谐的人-水关系，其根本要求是实现河流资源的可持续利用。人类在为了自身的福祉而利用河流资源的同时，要维持水循环的可再生性、水生生态的可持续性、水环境的可持续性，同时还要考虑对河流资源利用的公平性，包括地域间的公平和代际的公平。

对河流的开发利用，既要考虑不损害河流的健康，又要能满足人类经济社会的发展对河流资源的需求，要在二者之间找到一个恰当的平衡点，实现两个目标：作为一个自然系统，河流是健康的；作为人-水关系系统，河流是健康的。为了人类经济社会的发展，不考虑河流环境生态保护是不可取的，过分强调保持河流生态系统的"自然"状态而牺牲人类经济社会的必要发展也是不可取的。

河流健康的概念发源于欧美地区和澳大利亚等国家，这些国家（地区）河流状况与我国有很大的不同，不存在像我国这样尖锐的水资源供需矛盾。在河流的人工化方面，北美洲和大洋洲的治河历史仅仅几百年，至今尚存若干未被开发的河流或河段。在污染治理方面，经过几十年的努力，这些国家（地区）的水污染治理已见成效。在这些国家（地区）可以讨论以水域生态保护为重点的河流健康标准，可以讨论"保护原生态河流""以原始、荒蛮的河流为河流健康参照系"等命题。而在我国讨论这些命题对实际工作的指导意义不足。

结合我国国情讨论河流健康问题，就需要对"河流健康"的内涵进行正确的诠释。在我国，需要在社会-经济-自然复合生态系统中考察河流健康问题。在社会经济系统中，淡水是一种重要资源，要满足社会经济发展的需求；在自然生态系统中，河流是众多物种的栖息地，要满足生态系统的健康和可持续需求。在河流健康诊断问题上，单一的标准，如单一的经济社会标准（用水、防洪、发电等）或单一的生态保护标准（生物多样性等），都是片面的。这就需要在两种需求间取得平衡，妥善处理河流的开发与保护的关系。

河流健康可以反映社会经济需求与生态系统需求这两种利益取向。这两种需求不是独立的，而是互相联系的。对于社会经济需求是有限制地满足、自律式地开发，具体措施就是水资源的节约。水资源的节约反过来又促进水域生态系统的良性演进，人类社会又从生态服务功能的提高中受益。

河流健康概念既强调保护和修复河流生态系统的重要性，又考虑人类社会适度开发水资源的合理性；既划清了与主张修复河流到原始自然状态、反对任何工程建设的绝对环保主义的界线，又扭转了"改造自然"、过度开发水资源的盲目行为，力图寻求开发与保护的公平准则。

河流健康概念把在自然系统中讨论保护和修复河流生态系统的理念进一步拓宽，把自然系统与社会系统有机地结合起来。在使河流为人类造福的同时保护和修复河流生态系统；在以河流的可持续利用支持社会经济可持续发展的同时，保障河流生态系统的健康和可持续性。

美国 1972 年的《联邦水污染控制法》修正案规定：本法案的目标是修复与维持水体的化学、物理及生物完整性，通过完整性表明河流的自然结构与生态系统功能得以保持良好的状态。Simpson 等（1999）把河流受扰前的原始状态当作健康状态，认为河流健康是指河流生态系统支持与维持主要生态过程，以及具有一定种类组成、多样性和功能组织的生物群落尽可能接近受扰前状态的能力。澳大利亚学者以此理解为基础，通过研究区与未受人为干扰参考点的比较来判断河流的健康状态。但越来越多的学者认为，理解生态系统的全面性和整体性应把人类作为生态系统的组成部分而不是同其相分离，不考虑社会、经济与文化的生态系统健康讨论是不科学的，生态系统健康问题是人类活动导致的，不可能存在于人类的价值判断之外。

2.1.2 河流治理及生态修复

西方国家工业革命时期对河流进行了大规模的开发建设，特别是在第二次世界大战后，工业生产急剧膨胀，城市规模不断扩大，工业及生活污水在未经处理的情况下大肆排入河道中，而大多河流的河道断面狭窄，长度较短，净水能力有限，造成死鱼事件和饮水源破坏，社会发展和人类生活受到极大影响。20 世纪 40 年代末，政府为恢复河流水质投入了大额资金，美国俄亥俄河、英国泰晤士河的水质恢复工程一直持续至今。

河流的生态修复工作大概经历 3 个发展阶段：①第 1 阶段。20 世纪 50 年代，德国正式创立了近自然河道治理工程学，关注河道的综合治理，强调植物、动物和生态环境的相互制约和协调作用。德国、瑞士、奥地利和日本等国已经在小型溪流的物种恢复方面取得了丰富经验。②第 2 阶段。20 世纪 80 年代后期，国际上的河流生态修复技术开始逐步应用在大型河流上。代表工程是 1987 年保护莱茵河国际委员会提出的以生态系统恢复为目标的"鲑鱼-2000"计划，沿岸各国投入数百亿美元的资金，经过十几年的努力，终于在 2000 年全面实现了预定目标。③第 3 阶段。20 世纪 90 年代，随着技术方法的全面成熟，流域尺度下的河流生态修复工程逐渐增多。美国开始对密西西比河、伊利诺伊河流域进行整体生态修复，并规划了未来 20 年长达 60 万 km 的河流修复计划。

人们对水利工程措施、水体污染等人类活动给河流生态系统带来的胁迫进行反思和总结，意识到有必要缓解对河流生态系统的压力，恢复河流原有面貌，于是出现了河流修复的概念和相应工程技术。不同的学科对河流的生态修复有各自不同的解释和侧重点，其最终目的都是维护和修复河流的自然生态环境，使其发挥正常的生态环境功能。美国土木工程师学会对于河流修复有以下定义：河流修复是这样一种环境保护行动，其目的是促使河流系统修复到较为自然的状态，在这种状态下，河流系统具有可持续特征，并可提高生态系统价值和生物多样性。就河流生态修复的目标而言，学术界也存在着不同的表述，主要包括"完全复原""修复""增强""自然化"等。虽然各类修复的目标都是从河流生态系统的整体性出发，着重于对河流生态系统结构和功能的修复，但是其修复过程、目标及程度存在一定的差异。对于不同的河流，可根据不同的河流现状，设置不同的河流修复目标，并对不同的河流生态修复目标，采取不同的修复方式。

河流生态修复技术是近几十年兴起的一种能有效改善河流水质、充分发挥河流自然功能的技术手段。河流生态修复是指使用综合方法，使河流恢复因人类活动的干扰而丧失或退化的自然功能，它是生态工程学的一个分支。河流生态修复的目标是使河道生态系统恢复到未被破坏前的近似状态，形成各种生物群落配比合理、结构优化、功能强大、系统稳定的河道生态系统，保证河流的动态均衡过程。自 20 世纪 80 年代初期开始，以传统河流水利工程治理与控制为重点的河流整治与开发利用受到了越来越多的质疑。传统水利工程对河流生态系统的改变，不仅破坏了与河流密切相关的生态系统，同时也给人类社会生活带来了大量的负面影响，其主要表现为：一是自然河流的渠道化，河流渠道化可导致河流生境的异质性降低、生物群落多样性遭到破坏；二是自然河流的非连续化，这使得河流从原来流动的状态变得相对静止，河流流速、水深、水温及水流边界条件都随之发生重大变化，水华现象、洄游鱼类大量死亡等环境问题相继产生。鉴于此，当时很多欧美学者提出以将相对静止河流改为流动河流为指导思想的河流生态修复技术体系。同时，很多国家利用生态学理论，采用生态技术修复河道内受污染水体，恢复水体自净能力，该技术具有工程造价少、能耗和运行成本低、净化效果显著等特点，积累了很多实践经验。近年来，我国河流生态修复技术研究正在不断深化，并积累了大量的成功案例，对河道整治和生态环境保护工作的开展起到了积极的指导和推动作用。

河流生态系统的环境现状调查以及修复目标的设定对于河流修复成功与否具有非常重要的影响。河流生态修复应基于对河流两岸土地利用形式、河流形态、河流类型、河流水文信息及生物组成等河流健康特征的全面认识。另外，河流生态修复是受损河道达到健康状况的途径和方式，通过合适的河流生态修复措施和方法，可将河流修复到健康状态。

我国河流生态修复起步较晚，仍处于探索阶段。科研上，人们在水体修复的生态工程方法、河流生态恢复模型的研究、河流生态恢复的评估方法等方面取得了很多创新性成果。生态修复是利用生态工程学或生态平衡、物质循环的原理或技术方法，对受污染或胁迫的生物的生存和发展状态进行改善。近年来，我国在水质净化方法、河流生态系统、景观设计方法和材料应用等研究领域取得了大量成果。目前，我国正在加大对水体污染治理技术等一系列问题的投入，在"十一五""十二五""十三五"国家科技重大专项中专门列入了"水体污染控制与治理"重大专项，这有利于提高我国水污染控制的核心技术水平，促进河流生态修复工作的开展。

我国近十年来开展的河流环境诊断主要是基于水质的物理、化学监测的环境诊断，其不足是忽视了河流的水文、水质条件及河流地貌条件的变化对河流生物群落的影响。目前，西方发达国家的河流保护工作已进入了生态修复阶段，而我国总体仍处于水质修复时期。针对我国的实际情况及河流管理中出现的问题，以黄河治理为重点，水利工作者提出维持河流健康生命、维持河流生命和维持黄河健康生命等概念。李国英（2004）指出维持黄河健康生命就是要维护黄河的生命功能。河流的生命力主要体现在水资源总量、洪水造床能力、水流挟沙能力、水流自净能力、河道生态维护能力等方面。胡春宏等（2005）提出维持黄河健康生命的内涵包括河道的健康、流域生态环境系统的健康和流域社会经济发展与人类活动的健康三方面的内容。这些概念强调的是维持河流自身生命的健康，是从工程角度对河流健康的关注。

2.1.2.1　国外河流治理及生态修复实践

泰晤士河和莱茵河的整治都是以流域为单位，从宏观的科学管理入手，大胆尝试体制改革，实现了工程技术措施和非工程措施的有机结合，才使河流起死回生，创造了奇迹。

泰晤士河水环境的恶化主要是由于人口过度集中，大量的城市生活污水和工业废水未经处理直接排入河内；此外受到潮汐的影响，在潮汐上涨期间废水急剧倒灌造成臭水满街。英国政府从20世纪60年代开始治理该河，采取了一系列行之有效的措施，包括制定相关的防治河流污染的法令法规，控制工业废水和生活污水的排放；建设完整的污水处理系统，运用工程技术手段处理污水，降低排入河流的污染物质；成立专门的管理机构，研究河流污染机理等。经过20多年的不懈努力，泰晤士河的污染得到了有效控制，水质明显改善，泰晤士河终于获得新生。泰晤士河治理成功的关键在于开展了大胆的体制改革和科学的宏观管理，被欧洲称为"水工业管理体制上的一次重大革命"。英国政府对河段实施了综合统一管理，成立了泰晤士河水务管理局。在水处理技术上，运用了传统的截流排污、生物氧化、曝气充氧及微生物活性污泥等常规措施。集中统一管理改变了以往水管理上各环节之间相互牵制和重复劳动的局面，建成了相互协作的统一整体，建立了完整的水工体系，水厂、废水处理、水域生态保护等均得到合理配合，各部门的积极性得到充分调动。

莱茵河是欧洲第三大河，流经瑞士、法国、德国、荷兰、奥地利和比利时等9个国家，是重要的交通大动脉。由于沿岸城市经济人口的迅速发展，20世纪50年代末，莱茵河水质开始恶化，到70年代初，河里鱼虾灭绝。特别是科布伦茨市附近河里DO几乎为零。为了挽救莱茵河，沿岸国家成立了保护莱茵河国际委员会，制定了一系列的莱茵河流域管理行动计划。莱茵河治理中体现了从河流整体的生态系统出发来考虑莱茵河治理的思想，以大马哈鱼的回归作为检验莱茵河环境治理效果的标志，主要目标包括整体恢复莱茵河生态系统；减少莱茵河淤泥污染；全面控制和显著减少工业、农业（特别是水土流失带来的氮磷和农药污染）、交通、城市生活产生的污染物输入；改善莱茵河及其冲积区内动植物栖息地的生态环境。2002 年，莱茵河的水质得到了很大改善，河水已经基本变清，排入莱茵河的水也都达到了相应的标准。莱茵河综合整治的成功经验包括：流域统一管理，污染共同治理；科学制定水质标准，严格执行环保法律法规；完善环保基础设施，控制污染物排放总量；充分调动企业的积极性，实行清洁生产和废物再利用；采用先进的监测手段，统一监控水质变化；制定长远的环境规划，促进流域的可持续发展。

2.1.2.2　国内河流治理及生态修复的实践

苏州河是上海的母亲河。早在 20 世纪的二三十年代，河水开始由清变污。到了 60 年代，苏州河出现严重黑臭现象。改革开放之后，苏州河市区河段更是终年黑臭，水面垃圾大量漂浮，水中的 DO 几乎为零，鱼虾绝迹，河水呈现沥青色，成为一条"臭"名远扬的"死"河。苏州河水质恶化的主要原因是长期以来沿河经济人口快速发展，排污量巨大，苏州河接纳的污染负荷远远超过其自净能力，水质严重污染。此外，潮汐的影响加剧了苏州河的水质恶化。为了实现上海环境与经济的协调发展，上海市制定了详细的苏州河综合整治规划。苏州河污染整治的主要方针是以治水为中心，标本兼治，远近目标相结合，突出重点。苏州河水环境综合整治制定了详细的 1996～2000 年近期目标和 2010 年远期目标，一期工程包括曝气富氧、底泥疏浚、污水截流、污水处理厂建设、水域保洁等工程措施。调活水体和污染治理是苏州河整治的根本性措施。2000 年苏州河干流已经基本消除黑臭，水环境综合整治取得了良好的效果。

府南河是成都的两条主要河流府河和南河的总称，具有灌溉、航运、泄洪、水产、娱乐、防御等功能，是成都历史上社会经济发展、文化繁荣昌盛的重要载体。20 世纪 70 年代后，由于人口的增加和城市的发展，在自然因素和人为因素的共同影响下，府南河的面貌发生了很大的变化。就自然因素而言，府南河属于平原河道，纵坡小，随上游来的水量日趋下降，泥沙淤积严重，流水断面缩小，老河堤日久风化，河岸垮塌。就人为因素而言，工业化和城市化的进程使城市规模扩大，人口过度增长，用水量急剧增加，工业和生活废水大量排入府南河中，严重污染了河水，造成枯水季节河水污浊，沿河水质恶化；暴雨季节，河道泄洪能力小，水患频频。针对这种情况，成都市政府于 1993 年开始全面实施府南河综合整治工程，并在 1997 年完成了成都府南河中心段的综合整治工作。府南河综合整治工程是以治理河流为龙头，带动整个城市基础设施建设、城市小区建设、城市环境建设、城市生态建设的综合性城市建设项目。对河道整治、污水治理、道路建设、管网建设、安居工程、滨河绿化等多项内容的综合整治，解决了城市防洪、水污染、基础设施落后，以及两岸 3 万户居民的安居问题；对扼制岷江流域、长江上游的污染起着举足轻重的作用；对避免城市环境恶化、促进城市人口居住环境的可持续发展也有着深远的影响。府南河综合整治工程历时 5 年，完成了安居工程、防洪工程、绿化工程等六大工程项目，其作为城市段河流治理的典范，在 1998 年获联合国人居奖。

2.2 河流水质保障技术研究

水体污染是指由于人类活动向水体排入的污染物超过了该类污染在水体中的本底浓度和水体的环境容量，导致区域水体的物理、化学及生物性质改变，进而出现其固有生态系统及功能发生变化、社会实用功能和价值降低的现象。自 20 世纪 70 年代末实行改革开放政策以来，我国的社会经济发展取得了突飞猛进的发展，与此同时也产生了较为严重的水环境污染问题。①2016 年全国 23.5 万 km 河流水质现状评价结果表明，受 NH_4^+-N、TP、COD 等主要污染物质影响，全国范围内 Ⅰ~Ⅲ 类水质的河流长度占总河流长度的 76.9%，劣 Ⅴ 类水质的河流长度占总河流长度的 9.8%。②与此同时，根据 2016 年全国 118 个湖泊共 3.1 万 km^2 水面面积的水质现状评价结果，Ⅰ~Ⅲ 类水质的湖泊共有 28 个，占评价湖泊总数的 23.7%；Ⅳ~Ⅴ 类水质的湖泊共有 69 个，占评价湖泊总数的 58.5%；劣 Ⅴ 类水质的湖泊共有 21 个，占评价湖泊总数的 17.8%，湖泊水体的主要污染物指标为 TP、COD、NH_4^+-N；③在水体污染日益严重造成我国水质性缺水问题进一步加剧的同时，国内大小城市更是面临着日益突出的资源性缺水难题，加之水质污染所带来的水生态恶化问题，我国河湖水域所面临的水环境质量改善问题日渐加大。

2012 年 11 月，党的十八大报告提出：我们一定要更加自觉地珍爱自然，更加积极地保护生态，努力走向社会主义生态文明新时代。同时，将生态文明建设列入中国特色社会主义事业"五位一体"总体布局，要求"把生态文明建设放在突出地位，融入经济建设、政治建设、文化建设、社会建设各方面和全过程"。2013 年 1 月，水利部印发了《关于加快推进水生态文明建设工作的意见》，强调"水是生命之源、生产之要、生态之基，水生生态文明是生态文明的重要组成和基础保障"，从保障国家可持续发展和水生态安全的战略角度，要求将水生态文明建设工作放在更加突出的位置，因地制宜地从落实最严格水资源管理制度、优化水资源配置、强化节约用水管理、严格水资源保护、推进水生态系统保护与修复、加强水利建设中的生态保护、提高保障和支撑能力、广泛开展宣传教育八个方面开展水生态文明建设的相关工作，并优先选取一批基础条件好、代表性和典型性较强的城市河湖，开展水生态文明建设试点工作，探索出一套适合我国水资源、水生态条件的水生态文明建设新模式。

近年来，全国各地在贯彻落实国务院引发的《水污染防治行动计划》《关于全面推行河长制的意见》等相关文件的同时，对河湖水环境质量改善适宜性技术进行了积极的探索，并按照"技术可行、经济合理、效果明显"的原则，逐步形成了适宜地方水质特点的水环境综合整治方案，取得了显著的环境效益、社会效益。

常用的河湖水环境综合整治技术按照污染物去除过程，可划分为控源截污、内源治理、化学修复、生态修复和活水循环（清水补给）五大类。控源截污主要是采取措施，严防河道两岸生活污水、工业废水以及初期雨水、灌溉退水等未经治理、直接进入河道污染地表水体，主要包括截污纳管技术、面源污染控制；内源治理主要是对河道内部所涉及漂浮物、悬浮物以及底部淤泥进行部分（全部）清理，甚至进行改良整治处理，主要包括垃圾清理、生物残体及漂浮物清理、底泥改良及清淤疏浚技术；化学修复主要是通过化学药剂与水中污染物质发生化学吸附、氧化还原、离子交换等反应，实现污染物质的无害化；生态修复主要是利用天然河流生态系统内部的物质及能量转换规律，采取人工强化的措施，提高区域水体的自净能力，实现对上游来水污染物的有效削减，主要包括人工湿地、生态浮岛、水域生态构建及曝气富氧技术；活水循环（清水补给）主要是通过水系连通、清水补给以及强制循环措施，提高区域水体的流动性及生态补水量，逐步恢复其自净能力，达到河道水质长效稳定净化的效果，包括水系连通、活水循环、清水补给技术（图 2-1）。

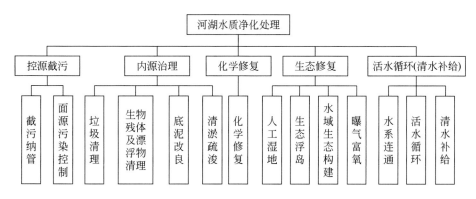

图 2-1 河湖水环境综合整治技术

2.2.1 控源截污技术

2.2.1.1 截污纳管技术

截污纳管技术是指将河道沿线存在的工厂、学校、居民区的污水管道就近接入城市道路下方的二级管网污水管道系统中，将污水合理输送到污水处理厂内。该技术在城镇污水处理中发挥了重要作用，是采取其他技术措施的前提。通过沿河沿湖铺设污水截流管线，并合理设置提升（输运）泵房，将污水截流并纳入城市污水收集和处理系统。对老旧城区的雨污合流制管网，应沿河岸或湖岸布置溢流控制装置。无法沿河沿湖截流污染源的，可考虑采用就地处理等工程措施。严禁将城区截流的污水直接排入城市河流下游。实际应用中，应考虑溢流装置排出口和接纳水体水位的标高，并设置止回装置，防止暴雨时发生倒灌。

杨静琨（2018）针对广州市白云区河涌污染严重的问题，结合白云区某城中村的实际情况，设计并对比选了排水系统方案，将城中村进行污水治理分区，采用截污纳管的工程技术，包括管道布置和水力计算等，实现了村内雨污分流，改善了城中村周边河涌水体环境。沙定定（2015）结合上海市崇明县（现崇明区）东平镇未纳管污染源截污纳管一期工程，分析截污纳管实施工程中的问题，提出雨污分流、拆除化粪池、完善二级管网、改造污水管道等措施，达到建设崇明现代化生态岛的目的。邱奎等（2019）针对老城区老旧排污口将工业、生活污水直接排放入河，造成河道黑臭的问题，以湖北省咸宁市淦河沿线部分排污口改造设计与施工为例，因地制宜，结合管网现状及周边管网情况、城市整体规划改造了排污口，比选了截污管道路线，改善了城区内河流的水体环境。

截污纳管是黑臭水体整治最直接有效的工程措施，但工程量和一次性投资大、实施难度大，管位及截污井设置难度大、实施周期长、需要采取必要的补水措施。截污纳管后，如果污水对现有城市污水系统和污水处理厂造成较大运行压力，则需要设置旁路处理。

2.2.1.2 面源污染控制技术

面源污染，又称非点源污染，是指分散进入城市水体的各种污染源，如降雨、融雪、分散式畜禽养殖废水等通过径流汇入水体带来的污染负荷，具有间歇性及偶然性，对城市水体具有很大的危害。面源污染控制技术主要是结合海绵城市的建设，采取措施控制城市初期雨水、冰雪融水、畜禽养殖废水、地表固体废弃物等污染源进入地表水体，污染控制技术主要包括低影响开发技术、初期雨水控制与净化技术、地表固体废弃物收集技术、生态护岸与隔离技术、土壤与绿化肥分流失控制技术，以及粪尿分类、雨污分离、固体粪便堆肥处理利用等畜禽养殖面源控制技术。

20世纪70年代初期，西方发达国家在点源污染的基础上开展对城市面源污染的研究。1977~1981年，美国环境保护局正式提出了降雨径流造成面源污染的研究课题。德国、日本、澳大利亚等国家也在同时期开始了对面源污染的研究，并根据面源污染的特征采取了针对性的防治措施。国外面源污染控制最具代表性的是美国在1977年颁布的《清洁水法案》中首次提出的针对面源废水和工业排放有毒污染物的"最佳管理措施"（best management practices，BMPs）。1987年，修订后的《清洁水法案》进一步提出针对雨水系统控制面源污染的BMPs。在BMPs的基础上，20世纪90年代美国相继提出了低影响开发技术和绿色基础设施，低影响开发技术措施包括下沉式绿地、绿色屋顶、植草沟、透水铺装等。相较于低影响开发技术，绿色基础设施包含一些大规模的设施，如景观水体、绿色廊道等，注重从系统的角度进行更大区域的生态整治。日本自1976年鹤见川流域台风洪涝灾害后建立了雨洪管理体系，该体系具有蓄水、滞水能力，能抑制城镇化飞速发展对雨水径流系数的影响。相较于发达国家，我国对面源污染控制的研究起步较晚，80年代，北京市、南京市、杭州市、武汉市相继开展了雨水径流污染状况的研究，但缺乏系统性的深入研究。2013年，习近平在中央城镇化工作会议上提出"建设自然存积、自然渗透、自然净化的海绵城市"。自此，海绵城市建设在全国30个试点城市陆续开展，城市发展方向向绿色、自然、生态的方向转变。

王琛等（2018）以望京昆泰公园为例，阐述了面源污染控制技术在城市公园建设中的应用，设置了生态排水沟、生态植草沟，配套设置了雨水花园、下凹式绿地、雨水蓄水池等低影响开发设施，使该公园可在暴雨时承担一部分雨水径流，以减少城市面源污染，提高城市公园的生态效益。曲直等（2020）对河北省迁安市阜安大路进行海绵改造设计，采用了透水铺装、植草沟、下沉式绿地等生物滞留设施，改造后的阜安大路可达到50%以上的道路面源污染物削减效果，实现道路雨水径流和面源污染的控制。陈庆锋（2007）研究了武汉市动物园面源污染的特征，采用在线控制塘-湿地组合系统和离线控制滤渠-塘组合系统两种技术，研究其截流效果及机理，通过周期性监测和基质材料的吸附与解吸模拟实验进一步探究两种技术对污染物的去除机理，为我国旅游区面源污染的研究和控制提供借鉴。

面源污染控制技术可以降低雨水的径流量、减轻城市排水系统的负荷，而且对径流的水质有一定的净化作用，但工程量较大、影响范围广，而且雨水径流量及径流污染控制需要水体汇水区域整体实施源头减排和过程控制等综合措施，系统性强、工期较长。工程在实施过程中会受当地城市交通、用地类型控制、城市市容管理能力等因素限制。

2.2.2 内源治理技术

内源污染物是指城市水体底泥中所含有的污染物，以及水体中各种漂浮物、悬浮物、岸边垃圾、未清理的水生植物或水华藻类等所形成的腐败物。内源治理技术主要包括水体岸边的垃圾清理技术、生物残体及漂浮物清理技术、底泥改良技术等。

2.2.2.1 垃圾清理技术

上游城市或周边居民日常生活产生许多生活垃圾，由于环保意识欠缺，有些居民将水体岸边当成垃圾场，随意乱扔乱倒垃圾，一旦下雨或涨水，岸上的垃圾冲入水中，则导致水域水质与生态平衡遭到破坏，水体环境受到严重污染。需要采取措施对这些临时堆放在岸边的垃圾进行清理，制定一系列相关的法律法规，并对周边居民进行环保宣传。

垃圾清理主要是清理城市水体沿岸垃圾的临时堆放点，这是污染控制的重要措施。垃圾临时堆放点的清理属于一次性工程措施，需要一次清理到位，因为在城市水体沿岸垃圾存放时间较长的地区，垃圾清运不彻底可能会加速水体污染。

2.2.2.2 生物残体及漂浮物清理技术

下雨或涨水后，由于河道水体水位陡升，水流将沿岸垃圾卷入水中，在水体回流处或堤坝附近经常可以看到塑料袋、泡沫、树枝落叶等漂浮物。水面漂浮物主要包括各种水生植物、岸带植物的落叶等季节性水体内源污染物，还包括塑料袋、其他生活垃圾等污染物，不仅影响水体水质，而且一些可降解的有机漂浮物还会随时间推移引起水生植物污染、水华、赤潮等生物污染，对水域环境产生严重危害。因此，长期清理水体漂浮物、维护水体环境至关重要。目前，很多地区还是采用人工打捞漂浮物的方式，这种打捞方式劳动强度大、工作环境恶劣、效率较低。而今，市场上也有机械智能化的水面垃圾收集设备，如水面垃圾收集船，采用巨型折叠引导板、泵吸式、传送带式收集等。

2000 年，韩国海洋水产部委托韩国海洋研究院开发一种能在浅滩和港口进行垃圾清理作业的垃圾打捞船，投资 2.5 亿韩元。该船能容纳 40t 垃圾，可以在水深 2m 的浅滩和港口清理漂浮垃圾，也可以打捞水深为 15m 的滩底沉积垃圾。美国联合国际船舶公司研制了双体船型清扫船，主要作业机包括导流门、船首传送带、垃圾箱、船尾传送带，主要功能是清理水面垃圾。2001 年，我国自主研发的水上清扫船"方通号"在天津市海河下水，该船以电为动力，具有高效、节能、环保等特点，对水体没有污染且行动灵活，实现了自动清扫、收集、储存水面垃圾，而且液压喷水自动回转臂可以冲刷岸上垃圾，浇灌河岸绿地。陈燕等（2002）提出利用地形和漂浮物的运移规律及分布特征建立滞漂区，使漂浮物聚集在某一特定区域，方便打捞和清理。郑雯等（2001）通过分析海河漂浮物的打捞量、来源、分布特点、构成成分、热值等，提出了海河漂浮物的治理必须加强源头的管理，最终提出了漂浮物可以实行焚烧发电处理。

生物残体及漂浮物清理技术主要用于城市水体水生植物和岸带植物的季节性收割、季节性落叶及水面漂浮物的清理。该技术见效快、操作较简单，但季节性生物残体和水面漂浮物清理的成本较高，监管和维护难度大。

2.2.2.3　底泥改良技术

底泥改良技术是指采用底泥改良型环境修复剂（简称底泥改良剂）来原位改善底泥，使黑臭底泥表层的有益微生物系统得到恢复，改善底泥的土壤团粒结构、氧化还原电位和溶氧状况，促使黑臭底泥逐渐能够适宜水生植物存活，有利于水生生态系统的恢复，且被恢复的水生植物根部的根际效应也会促进底泥微生物系统对黑臭底泥的分解。底泥改良剂主要分为吸附型底泥改良剂、分解型底泥改良剂和氧化型底泥改良剂，根据改良对象选择合适的底泥改良剂。

迟爽（2013）通过研究山东省莱州市刺参养殖池塘水体和底泥的理化指标和细菌数量，发现在施用底泥改良剂 4 个月后，水中的氨氮、亚硝酸盐和硫化物的含量有明显下降，活性磷的含量升高。氧化还原电位也显著高于对照组，说明其研制的底泥改良剂对该池塘水质和底泥的改善和修复能力有很大帮助；乌兰等（2012）利用膨润土、腐殖酸钠、黄腐酸吸附光合细菌制成一种新型底泥改良剂，通过对池塘水质指标和底泥有机质的测定，发现该底泥改良剂可以改善养殖水体水质，水体中 DO 含量得到了有效提高，COD 明显下降，氨氮和亚硝酸盐氮的去除效果显著。

底泥改良剂为颗粒状，洒下后可沉入水底覆于污泥表面，不断向水体释放微生物，长期改善底泥。它不会破坏水体底泥自然环境，可以快速分解底泥中的多种污染物，减少内源污染。通过对底泥改良剂的实验研究发现，其对水体污染物的去除效率高，可有效抑制底泥内源污染的释放。

2.2.3　化学修复技术

化学修复是利用化学试剂和底泥中的离子发生基本的化学反应，改变水体中氧化还原电位、pH、吸附沉淀水体中的悬浮物和有机质、分离水中有害物质或使其转化为无害物质。例如，投加生石灰治理湖泊酸化，投加杀藻剂抑制藻类大量繁殖等。添加的水处理化学品包括石灰、二氧化碳、硫酸、氯气、磷酸盐等简单的无机化合物，也包括硫酸铜、

PAM 絮凝剂等结构复杂的化学药剂。

化学修复方法包括混凝沉淀法、（重金属）化学固定法、化学除藻法、酸碱中和法等。德国曾经采用铁复合物和硝酸盐对 Globsow 湖和 Dagow 湖的底泥进行处理，处理结果显示磷的释放量处理前为 $4 \sim 6mg/(m^2 \cdot d)$，处理后几乎无释放，成效显著。日本的琵琶湖、瑞典的 Lillesjon 湖采用原位化学处理技术处理后，其底泥释放磷的速率均大大下降。混凝沉淀法具有成本较低、操作较简单、易维护等优点。张伟和袁林江（2008）采用混凝沉淀法去除富营养化景观水体中磷和藻类，采用 $FeCl_3$ 作为混凝剂时，磷的最大去除率可达到 94.23%，藻类的最大去除率可达 94.78%；采用 $Al_2(SO_4)_3$ 作为混凝剂时，TP 的最大去除率可达 94.12%，藻类的最大去除率达 96.73%，混凝沉淀法对含有大量悬浮物和藻类的水体的去除效果较好。宋连朋（2012）采用磁絮凝法对天津市卫津河进行净化处理，处理后的水质浊度、色度、TP 的去除率都在 80% 以上，TN 及氨氮的去除率达 30% 以上。化学固化法具有效率高、施工方便且易于推广使用的特点。张春雷等（2007）采用化学固化法对无锡市长广溪堆场的淤泥进行化学处理，解决了大量疏浚底泥难以处理的难题，实现了疏浚底泥的资源化利用。刘彤宙等采用异位高级氧化淋洗对污染底泥进行了处理，该技术对底泥中大部分有机污染物和重金属的去除有显著成效。

化学修复适用于底泥污染较重的非人体直接接触水体，对受到重金属污染的底泥效果更好，且修复效率高、操作简单、用量少、见效快，但实施过程中药剂投加量需经计算后严格控制，否则容易产生二次污染等环境问题，且化学药剂成本较高，对生态环境破坏较大，对水生生态系统有潜在威胁，一般只作为应急措施使用。

2.2.4 生态修复技术

2.2.4.1 人工湿地技术

人工湿地是在土地处理系统、稳定塘、生物滤池等污水处理技术基础上发展起来的一种由人工构建并控制的污水生态处理技术。在成熟的人工湿地系统中，填料表面和植物根系上附着有大量的生物膜。污水在流经生物膜时，大量的悬浮物将被填料和植物根系阻挡截流。有机污染物则通过生物膜的吸收、同化及异化作用被除去。由于植物根系对氧的传递释放作用，植物根系周围依次形成好氧、缺氧、厌氧状态，使得污水中的 N、P 等污染物质一方面能够作为植物、微生物的营养物质而被吸收利用，另一方面还可以通过硝化、反硝化作用而被除去。最后，通过采取人工湿地填料更换、植物收割等措施，将污染物从湿地生态系统中彻底清除。

人工湿地的发展应用最早可追溯到 20 世纪初：1901 年，美国专利局登记了有关人工湿地的第一项专利技术；1903 年，英国约克郡伊尔比建设完成了世界第一座应用于污水处理的人工湿地工程项目，并连续运行到了 1992 年；1959 年，德国的 Seidel 博士开展了湿地植物对水中污染物降解能力的相关研究；1977 年，德国学者 Kickuth 提出了 "根区法"，标志着人工湿地污水处理机理的初步萌芽，同年，美国国家空间技术试验室开发了基于

"芦苇和厌氧微生物处理污水"的复合系统，至此人工湿地技术进入规模化推广阶段，并在国内水处理领域取得了良好的应用效果。1987 年，我国首例人工湿地污水处理系统在天津市建成，处理规模 1400m³/d，占地 6hm²，湿地出水优于污水处理厂二级标准，并具有较好的脱氮除磷效果。1989 年，北京市昌平县（现昌平区）应用表面流型人工湿地对生活污水、工业废水进行水质净化处理，处理规模 500m³/d，占地 2hm²，湿地出水优于传统的二级污水处理工艺，进一步加大了人工湿地工程的推广应用。目前，人工湿地已在污水厂尾水净化、地表径流污染防控以及微污染水体治理等诸多领域得到了规模化应用。

与常规的污水处理工艺相比，人工湿地具有处理效果好、氮磷去除能力强、运转维护管理方便、工程建设和运转费用低等显著特点，但也存在工程建设占地面积大、出水水质受原水水质水量波动以及气候温度变化影响较大等问题，且项目建设需同步考虑区域河道水质净化与行洪排涝功能的相关协调。

2.2.4.2 水域生态构建技术

水域生态构建技术利用生态学原理，应用自然界中物质循环转化并最终得以净化的一些规律，并辅以少量人为强化的工程措施，沿河湖和湿地浅水区种植挺水植物，形成缓冲带，离岸深水区因地制宜地进行沉水植物的相关布设，形成水下森林，在浅湾湿地、水下森林等生态措施构建完成、运行稳定后，结合河湖和湿地实际水深、底泥淤积、水生鱼类以及底栖动物的生活习性，适当放养一定数量的鲢鱼、鳙鱼、河蚌、螺蛳等滤食性鱼类贝类，进一步丰富、完善水生生态系统的生物多样性，通过提高区域水体的自净能力进而实现改善水质的目的，水域生态构建技术主要包括河岸缓冲带、水下森林、水生动物调控三个方面。

（1）河岸缓冲带

水生植物，尤其是高大水生植物是水生生态系统的重要组成部分，它们不仅具有较高的生产能力和经济价值，而且具备很强的生态功能。为此在河岸缓冲带构建过程中，可根据水生植物的生活习性、耐污去污能力以及项目运营后的实际水深，合理搭配不同的水生植物（主要为挺水植物、浮叶植物），逐渐恢复完善河湖、湿地水生生态系统的生物多样性，在实现水质净化的同时，与周边的生态环境相结合，形成良好的湿地景观效果。

（2）水下森林

水下森林技术是基于大自然生态循环理论，通过在缓流受污染水体环境下种植沉水植物、接种有益微生物、投控水生动物，构建水下微生态自净循环系统。该系统可发挥净化水质、矿化底泥、清澈水体等多重功能，并能够构建水下立体、生态、绿色景观，实现生态治水、绿色美景的双重效果。

（3）水生动物调控

1）水生鱼类。水生鱼类是水生生态系统中的主要消费者，可直接或间接以水生植物和微生物为食，可控制水生植物和微生物的过量增长，在保持水质清澈的过程中起重要作用。

为减少植物种植初期，水生鱼类对水生植物的扰动破坏或者以水生植物为食，不建议进行水生鱼类的投放；待植物成活稳定后，可根据实际景观需求，适当放养一定数量的鲢鱼、鳙鱼等滤食性鱼类，逐渐丰富、完善水生生态系统的生物多样性。

2）底栖生物。底栖生物是水生生态系统中的重要组成部分，在水生生态系统中占有十分重要的地位，是水生动物以及重要水产生物的优质饵料，在水生生态系统、底栖系统耦合、水体能量通量以及水体食物网中均起到重要作用，滤食性底栖动物对水体的净化作用更为重要。

在水生生态系统构建过程中，可因地制宜地定期投放一定量的鱼虫、红蚯蚓等水中微生物和河蚌、黄蚬、螺蛳等底栖动物，增加水生生态系统的生物多样性。

水域生态构建技术通过投放挺水植物、沉水植物、水生鱼类及底栖动物，并为其创造良好的生境条件，逐步将区域水体恢复到种类繁多且均衡、畅通、自我净化修复能力极强的洁净状态下的生态体系。周严等采用"微生物水质净化+生境修复+生态系统构建+生态岸线改造"等综合措施对金川河流域进行水质提升净化处理，项目 2019 年 5 月完工，经过三个月的运行处理后，金川河治理区域段主要水质指标稳定控制在了地表水 V 类标准，同时河道的生态景观效果逐步恢复；何起利等以沉水植物恢复为主，同时辅以外源污染接触处理、曝气富氧、生物操纵、水下种植槽等综合治理措施对杭州清晖河西湖区河道进行生态治理与景观提升，经 11 个月的跟踪监测，该水域生态构建技术将区域水质从治理前的劣 V 类恢复到了 III ~ IV 类水平，COD_{Mn}、TP、NH_4^+-N 指标均有所下降，并逐步形成了健康、稳定的水生生态系统；邵霞珍等（2015）在试验条件下，模拟了黑藻对 V 类河水的生态净化过程，在低流速的动水条件下，经过历时 20 天的生态处理后，试验水质从 V 类提升到了 III 类，水质净化效果良好。

水域生态构建技术适合于面积较大、底泥污染负荷较低、水质相对良好、周边难以开展清淤疏浚的水体，具有基建及运行费用低、生态效果好、环境适应能力强等显著特点，但水域生态构建技术也面临着外源生物投加，生物生长受底泥环境、土著微生物的影响，以及有时难以达到预期效果的问题，而且在污染严重的水域培养或繁殖微生物具有较大的困难。

2.2.4.3 曝气富氧技术

曝气富氧主要是通过人工向水体中充入空气，加速水体的富氧过程，以提高水体的 DO 水平，消除封闭、半封闭水体的缺氧（厌氧）状态，逐步恢复和增加水体内部好氧微生物的代谢活力，提高水体的自净能力，并发挥天然沉淀、植物拦截、生物降解等多重作用实现对上游来水中的各类污染物质的有效净化，同时可对封闭水体形成扰动效果及混合作用，能够在一定程度上抑制表层水体藻类增长，进而达到改善水环境的目的。

曝气富氧技术是河湖黑臭水体综合整治的常用技术，可有效提高区域水体以及底泥中的 DO 含量，对改善河湖水生生态系统的供氧需氧失衡问题以及遏制有机物厌氧发酵具有积极作用。在试验条件下，胡湛波等（2012）采用曝气协同促生剂处理竹排冲河道的上覆水，出水水质：COD 为 80 ~ 99mg/L，TP 为 0.75 ~ 1.73mg/L，NH_4^+-N 为 45.70 ~ 82.81mg/L，经过 60 天的间歇曝气作用后，上覆水中 COD、TP、NH_4^+-N 的去除率分别达到了 46.8%、

98.7%、73.3%，试验出水水质由地表水劣V类恢复到了地表水Ⅲ类；姜丹（2017）采用太阳能曝气技术对花园河中下游段的部分黑臭河道进行水环境修复处理，处理前水质COD、TP浓度分别为 102～110mg/L、2.3～2.6mg/L，为劣V类，经过三个月的太阳能曝气富氧处理后，COD、TP的浓度分别降到37mg/L、0.20mg/L，水体受污染的程度有效降低。

曝气富氧技术适用于循环流动较差、污染相对严重的封闭、半封闭水域的水环境修复治理，能够促进区域水体微生物的生物降解、去除有机物及氮磷物质，并能通过扰动处理，起到一定的藻类抑制作用；但曝气富氧技术处理效果在一定程度上也受气候及水位变化的影响；曝气设备安装在河道内部，对河道的航运及行洪功能也会产生一定影响；此外，要实现区域水体的连续曝气，需提供稳定的动力设施，这增加了运营管理成本。

2.2.5 活水循环（清水补给）技术

活水循环（清水补给）技术是按照"流水不腐，活水自流"的理念，在充分考虑设计水面蒸发渗漏的基础上，适度增加源头补给清水水量，改善上下游、左右岸的水系连通效果，并根据地形地势特点，增设强制循环措施，让区域水体流动起来，破坏溶氧跃变层的形成条件，将水土界面层的溶氧浓度维持在3mg/L以上可有效改善城市水体水土界面的亏氧状况，逐步提高区域水体的自净能力，是一种维持河道水体流动性、稳定区域水质不恶化的长效保障技术措施。活水循环（清水补给）技术包括水系连通、活水循环、清水补给三个方面。

2.2.5.1 水系连通技术

水系连通是在对传统河道进行疏导、沟通、引排、调度等工程性、非工程性技术措施的基础之上，引入"以水生态环境修复与保护为主的河湖水系连通"理念，结合区域河湖的生态保护需求，充分考虑水资源的相关配置，建立天然河湖与输配水工程、排水工程的水力联系，保障生态用水，维持水系畅通。

2.2.5.2 活水循环技术

活水循环的关键在于提高区域水体的循环效果，主要措施是通过增设提升泵站、循环管渠，将下游水体强制提升至上游，再依靠重力流至下游，如此循环往复，实现区域水体的强制循环，让水"动"起来，促进上下游水体的物质及能量交换；此外，长期进行内部循环，系统水质会逐渐变差，需增加清水补给、确保区域水质。

2.2.5.3 清水补给技术

清水补给是引入城市再生水、城市雨洪水、清洁地表水等作为区域水体的补给水源，通过增加水量的方式来提高河道流动性以及水体环境容量，是一种保证河湖系统生态基流、改善城市缓流水体水质的有效方法。

活水循环（清水补给）技术通过改善河道水动力、增加区域水体流速并适量引入清水补给水源，有效提高区域水体的自净能力，进而逐步提升其水环境容量、改善水质。盛倩等（2019）在福州某黑臭河道治理 PPP 项目中，结合区域水体的水质特征，在河道窄、水流动性差的水域，调取较为清洁的水源，补给河道，促进区域水体的动力循环，配合旁路治理、原位治理、生态净化、人工增氧等相关措施，将区域水体透明度维持在了 30cm 以上、ORP 稳定在 75～150mV、氨氮浓度稳定在 8mg/L 以下，黑臭现象彻底消除。赵雅然和张凯（2019）结合宿州黑臭水体特点和环境诉求，在开展控源截污、内源治理的基础上，适量增加了活水循环、生态修复措施，引入天然河水、再生水作为清水补给水源，有效保证了区域水体的生态需水量，逐步恢复了河道水体的自净能力，基本实现了"水清岸绿、鱼翔浅底、长治久清"的治理目标。

活水循环（清水补给）技术能够增加城市缓流水体的流动速度、保持其流动活性、逐步提高其自净能力，是一种改善河湖水体水质的长效保障措施，同时可充分利用再生水、天然降水作为补给水源，提高其资源化利用率；但需建设循环泵站及配套管线，这增加了项目建设及运行成本，且需要加强补给水源，尤其是再生水源的水质监测，避免污染地下水。

2.3　流域生态修复技术研究

流域是汇集地表水和地下水的区域，即地表水及地下水分水线所包围的集水区域的总称，流域内河流或水系可从这个集水区域中获得水量补给。流域内的水体依赖源区的水流，受制于源水的流向，不仅在物质和能量的迁移上具有方向性，而且上中下游、干支流、左右岸之间相互制约、相互影响。流域具有自然整体性的特征，流域上中下游、左右岸、干支流作为一个整体，以水为媒介，与地貌、土壤、人类、植被、动物、微生物等各要素构成了生态共同体。从系统角度讲，流域在其边界范围内由于水的自然流动性，通过众多河流作用，实现地球表层的地质循环、水循环、生物循环的耦合，形成了一个十分重要的自然复合生态系统。

流域不仅仅是一个从源头到河口的完整、独立、自成系统的水文单元，其所在的自然区域通常还是人类经济、文化等一切社会性活动的重要场所。人类为了生存，必须开发利用流域中的各种自然资源，包括水、土地、矿藏、植被、动物等，正是这种人类活动对流域生态系统造成了各种各样的影响。流域内合理的经济发展模式、较高的经济发展程度会为流域环境的良性发展创造出比较好的条件，并为其提供坚实的经济基础，反之则会对流域环境造成破坏。同样，流域的社会状况，包括社会风俗习惯、文化背景、社会人口状况等，也对流域环境的管理产生相应的影响。流域生态系统的功能因受到破坏而出现了诸如水土流失、水污染等水文环境的破坏问题。要实现流域的可持续发展和生态文明建设，就需要把流域同人类的关系进行协调对应，增进对流域社会发展进程和人与环境相互作用的了解，从流域生态系统的整体角度出发，综合性考虑生态资源利用和环境保护方面的问题，采取有效的流域生态修复技术来维系、保护和修复流域生态系统的完整性和可持续性，最终实现自然与人类社会的协调发展。

2.3.1 流域生态修复的概念

人类社会在生产和生活中会产生各种污染物质，这些污染物质不可避免地会进入自然生态环境中，尤其易随着排放污水和地面径流进入临近的池塘、河流或湖泊，使所属流域水体成为重要的污染场所受体。城镇工业废水、居民生活污水、畜禽养殖废水、农林业施肥地表径流等污染物的过度排放，导致河流水质发生偏恶性变化，再加上周边植被被砍伐、农田耕种、道路桥梁修建、生物栖息地破坏等频繁人类活动的影响，整个流域生态系统遭受到严重且高难度可逆性的破坏。

近年来，政府和民众对流域生态修复的关注度越来越高。2005 年，由世界卫生组织、联合国环境规划署和世界银行等机构组织开展，95 个国家和地区 1300 多名科学家共同参与完成的《千年生态系统评估综合报告》指出：在过去 50 年，由于社会经济的高速发展，自然资源遭到过度破坏，造成了 60% 的生态系统服务功能减少、衰退和被人类以不可持续的方式利用；未来的 50 年，全球生态系统还有可能继续退化，导致流域成为自然资源供求、经济发展与水环境保护的矛盾冲突集中体。在有关流域生态修复的制度建设上，党的十八大报告中首次提出实施重大生态修复工程，十八届三中全会上正式提出了完善生态修复制度的要求。生态修复逐步成为生态文明及其制度体系建设的重要内容，生态修复就是要摆正人与自然的关系，以自然演化为主、人为引导为辅，加速自然演替过程，遏制生态系统的进一步退化。党的十九大报告中再次强调：必须树立和践行绿水青山就是金山银山的理念、统筹山水林田湖草系统治理。"山水林田湖草是生命共同体"，这就要从生态系统整体性着眼，统筹流域生态系统内部各个生态要素，实施好生态修复和环境保护工作。

流域生态修复就是在对流域水文特征进行充分研究的基础上，针对部分地区生态环境压力大、生态系统服务功能退化、地质灾害点多面广频发、自然资源退化与污染、水生态环境被破坏等不同类型问题，通过修复受到损害或功能不健全的流域生态系统，维护流域生态系统结构功能，提升流域生态系统价值，优化流域生态系统整体性，构建流域空间生态安全格局，加强流域生态基础设施建设，提高流域空间生态承载能力，最终达到保障流域生态系统的健康稳定及可持续利用的目的。流域生态修复要在流域的整体尺度上对环境变化过程进行分析，研究污染物在流域范围内的产生、输移和转化过程，综合采用各项技术方法，从而制定切实可行的技术方案。当前流域生态系统的研究主要是在以下两个层次上展开：①把整个流域视为一个水陆相互结合、相互作用的大系统，研究流域内各组成子系统之间物质、能量的流动规律；②研究流域内组成生态系统各要素（如河网、湖泊、自然植被、农田、城市等）的结构和功能，研究这些要素本身的物质和能量流动规律及其在整个流域中的作用。

2.3.2 流域生态修复特点

流域的水文特征对于流域生态修复的内容和效果具有决定性的影响。时间尺度上，流域水文循环由于受到气候因素，如大气环流、季风、全球气候变化的影响，具有明显的年际分布特征和季节性变化规律，丰水年、平水年、枯水年的轮替，以及雨季和旱季的交错，都是流域生态修复过程中需要着重考虑的因素。空间尺度上，由于流域水文循环受下垫面因素影响，较大尺度流域的上中下游的水文条件存在明显差异，流域内部形成了不同的生物种群聚集区域，进而形成了不同的生态系统类型。流域水文特征的时空变化，直接影响了流域中生物群落的组成、结构功能及生态过程，是维持流域生物多样性的基本条件。流域水流低流量为大部分水生生物和河岸、湿地、库滨带动植物创造了生存所需的必要环境条件；流域水流高流量则有利于水体中污染物的自然分解，有利于维持水生生物适宜的 DO 和其他水化学成分，有利于创造不同条件类型的水生生物栖息地，维持流域生物多样性；汛期洪水脉冲有助于恢复河流连通性，为鱼卵漂流、仔鱼生长以及水生植物种子扩散提供了合适的水流条件，冲刷沉积物也为生物提供了适宜栖息的环境。除自然因素外，随着社会经济的发展，人为因素对于流域水文特征的影响也越来越大，其影响主要表现为通过改变下垫面的性质、形状来影响流域水分循环。例如，水库、淤地坝等水利工程加大了水分蒸散发，土地开发利用改变了土壤水分入渗、影响了径流，砍伐树木、破坏森林等影响了水分蒸散发，这些行为进而导致了流域水文特征的改变。

流域生态修复正是通过改变流域的水文特征，充分发挥生态系统自修复功能，通过工程或非工程措施系统修复受到损害或功能不健全的流域生态，进而达到流域生态系统的完整性和可持续性。因此，可以看出流域生态修复技术应具有以下特点。

（1）流域生态修复要强调结构的整体性

流域生态修复更强调的是把河流所在的流域看作一个整体进行生态系统修复。一条水系从源头到流域出口，不仅包含干流的上中下游、河岸坡，还包含其支流、汇水区域。整个流域的水量、水质和水流情势随地形地貌的变化，影响并改变着河流生物多样性和生态系统的完整性。因此，作为流域生态修复来说，只考虑对河道进行生态修复是不全面的，流域局部或某一要素的生态破坏，都会影响其他区域及要素，并导致整个流域生态系统的变化，在某些情形下甚至会发生叠加和涟漪效应，最终呈现出从上游到下游流域生态不断恶化的趋势。这就需要在进行流域生态修复设计时，根据流域整体特征和水文情势，对生态系统进行综合规划和系统治理，寻求流域生态完整性恢复和管理的方法，促进流域生态系统的整体改善。

（2）流域生态修复要考虑过程的系统性

目前，流域生态系统存在的问题主要集中在水资源短缺、水质恶化、土壤退化、水土流失严重和生物多样性减少等方面。在流域生态修复过程中要注意按照综合规划的水生境功能分区，充分发挥上游水源涵养功能和中下游河流生态廊道作用，对流域重点水源涵养区进行生态保护修复，对重点水域的水生态环境进行生态治理修复。在流域生态修复实施过程中要以恢复河道流水为先，综合考虑山水林田湖草自然生态要素，开展生物栖息地的恢复、修复和再生工程，加强流域水土保持治理，推进退耕还林还湖还草，结合山区和平原小流域综合整治，有效遏制江河湖泊退化和湿地干涸萎缩的趋势，维持生物多样性，实现整个流域生态的系统性治理。

（3）流域生态修复要达到功能的可持续性

流域生态修复应将人类社会发展对于流域的影响和需要作为一个整体进行综合考虑，对遭受到破坏的流域生态进行全面的修复，而不仅限于自然生态系统。作为流域生态系统的一个要素，人为活动的影响和破坏是流域生态系统退化不可忽视的干扰因素之一，同时人类的生存发展又离不开流域生态系统的支持。当流域生态系统遭受损害时，生态系统服务价值减损，空间生态承载能力下降，反过来给人类经济社会发展造成威胁。因此，流域生态修复要统筹协调好保护与发展的相互关系，通过物理、化学或生物科学技术，把握生态系统演替方向和过程，减少人类活动对水生态环境的破坏，推进人水和谐，建构人水和谐共生环境，满足人类社会可持续利用需求。

2.3.3 流域生态修复技术

2.3.3.1 流域生态修复基本思路

我国遵循可持续发展观指导，基于"山水林田湖草"系统治理思路，在全国多个流域开展了流域生态环境修复工作，在涵养水源、保土拦沙、改善流域生态环境、保护自然生态系统和维护生物多样性方面，取得了一定的成效。流域生态修复的主要任务在于流域河流、湖泊地貌特征的改善，流域水文与水资源条件的改善，以及生物群落多样性恢复和生态系统结构的稳定。流域河流湖泊地貌特征改善主要包括恢复河网连通性，保持河流纵横断面的自然形态，加大河流过洪能力，增加滩涂地，减少河道硬质护砌，以及多采用生态护岸护坡。流域水文与水资源条件的改善主要包括多水源水量联合调度，合理配置提升河道生态基流，控污治污提升水质，以及推行清洁生产、循环经济和可持续发展。生物群落多样性恢复和生态系统结构的稳定主要包括流域自然生境的恢复，生物物种的保护，以及库滨带、水陆交错带地区植被和动物等生物资源的恢复。

2.3.3.2 水土保持生态修复技术

水土保持生态修复是指通过解除生态系统所承受的超负荷压力，根据生态学原理，依靠生态系统本身的自我组织和自我调控能力的单独作用，或辅以人工调控能力的作用，使部分受损的生态系统恢复到相对健康的状态。水土保持生态修复技术可分为坡面水土保持生态修复技术和河（沟）道水土保持生态修复技术两大类。

（1）坡面水土保持生态修复技术

坡面水土保持生态修复技术主要是通过在流域坡面上采取开沟、挖坑、筑阶、设埂等工程技术改变微地形，结合育林封禁、林草栽植、面源污染防治等措施，起到蓄水保土的修复效果。

1）封育保护措施。坡面坡度大于25°或土层厚度小于25cm，植被状况较差，恢复比较困难的区域，宜采取封育保护措施，外围可设置封禁标牌和拦护设施，出入路口可设置护栏、围网等，并与当地景观协调。

2）鱼鳞坑、水簸箕措施。在坡度较陡的荒坡和梁脊上，可采用设置鱼鳞坑的方法，拦蓄坡面雨水，供给植物生长，减少坡面冲刷强度。鱼鳞坑应沿等高线成排设置，围绕着山坡与山坡流水方向垂直，上下交错以品字形排列，形状为鱼鳞状。挖坑时，应先清除表土，刨坑并围成弧形土埂，种入植物后，覆上表土。鱼鳞坑的密度和大小，要与当地降雨及种植林木的需水量相适应。在走势较缓的坡地和容易集水的凹地可以布置水簸箕，大小和间距由集水面积、地面坡度、土壤性质等确定。

3）梯田修复措施。坡度在 15°以下、土质较好、距村庄较近、交通便利的坡耕地、经济林用地或已破损的梯田和坝阶地地块，适宜修筑梯田。坡度在 15°以上的坡耕地不宜修筑梯田，适宜作为林草用地。修筑梯田应遵循就地取材、挖方填方平衡、随山就势的原则。梯田形式多采取水平梯田或反坡梯田。土层厚度大于 50cm、不易取石的地区，可修建土坎梯田；石质山区、容易取石的地区，宜修建石坎梯田。

4）树盘修复措施。坡度 5°~15°、地形较为破碎的经济林地，宜修建树盘。防御暴雨标准宜采用 10 年一遇 3~6h 最大降雨。石材较为丰富的地区，宜采用干砌石树盘。树盘一般为半圆形，向坡上方开口，半径为 0.5~1.0m。在坡度小于 8°的经济林地上可修筑土树盘，树盘半径宜为 0.5~1.25m。

5）护坡措施。①工程护坡措施：干砌片石和混凝土砌块护坡、浆砌片石和混凝土护坡、格状框条护坡和混凝土护坡等。②植物护坡：破坏严重、土层裸露、稳定性差的边坡，应采取植物护坡措施，尽量保留自然植被。河（沟）道护坡工程沿水岸线宜随弯就势，恢复自然河（沟）道的形状。植物护坡 1~2 年内，应进行必要的抚育管理。③综合护坡：适宜坡比小于 1∶1 的岸坡，措施包括混凝土格状框架（格内植草）护坡、六棱砖（孔隙内植草）护坡、三维植物网植草护坡、生态砖护坡、木桩护坡、生态袋护坡等。

6）排水技术措施。排水技术措施包括地表水排除措施和地下水排除措施。①防渗措施，包括整平夯实和铺盖阻水，铺盖材料可选择黏土、混凝土、水泥砂浆。②排水沟，充分利用自然沟谷，可设置明沟和渗沟。当坡面较平整，或治理标准较高时，需要开挖集水沟和排水沟，构成排水沟系统。排水沟多采用砌石、沥青铺面、半圆形钢筋混凝土槽、半圆形波纹管等形式。③渗沟，宜布置在泉眼附近和潮湿的地方，深度一般大于 2m，以便充分疏干土壤水。沟底应置于潮湿带以下较稳定的土层内，并应铺砌防渗。④暗沟和明暗沟，多用于排除浅层地下水，排水暗沟连接集水暗沟，可排除滑坡区的浅层地下水和地表水。⑤排水洞，拦截、储备、疏导深层地下水。排水洞分截水隧洞和排水隧洞。截水隧洞宜修筑在已发生重力侵蚀的斜坡外，用来拦截旁引补给水；排水隧洞宜布置在已发生重力侵蚀的斜坡内，用于排泄地下水。⑥截水墙，地下水含水层向滑坡区大量流入时，宜在滑坡区外布设截水墙，将地下水截断，再用仰斜孔排出。

7）林草恢复措施。水土保持林草恢复措施应结合以上工程措施实施。①水土保持林草修复措施，土层厚度大于 25cm、坡度小于 25°的坡地及河（沟）道两岸、湖泊水库四周、渠道沿线宜营造水土保持林。②经济林修复措施，土层厚度大于 30cm、坡度小于 15°的退耕地及荒坡地宜造经济林。种植时应遵循适地适树、以乡土树种为主、针阔叶树混交、乔灌结合的原则，初植密度应根据立地条件和林种确定，同时采取水土保持整地措施。根据立地条件和林种的不同，可分别采取鱼鳞坑、水平阶或穴状等整地措施。③水土保持种草措施，退耕地、撂荒地、沟头、沟边、沟坡、梯田田坎、废弃地及村头空地等宜种草保持水土，草种应选择本地乡土草种和耐旱草种。

8）面源污染防治措施。在农村生活和农业生产活动中，常伴有溶解态或固体污染物，如农田中的土粒、氮素、磷素、农药重金属、农村禽畜粪便与生活垃圾等有机或无机物质，从非特定的地域，在降水和径流冲刷作用下，使大量污染物进入受纳水体（河流、湖泊、水库、海湾）引起面源污染。针对这种随机分散且不宜监测的污染现象，可结合柳木桩自然石护岸措施、生态袋护岸措施、台田雨水净化措施、生态过滤沟措施等对面源污染进行防治。①柳木桩自然石护岸措施，在抛填石之前清理河道杂草垃圾碎石，宽度过窄不符合标准的地段适当拓宽，抛填石坡度以自然坡度为依据，最下层石块嵌入土中固定。实际断面线应在设计断面线允许偏差范围内。护岸下侧均为自然石护岸，从邻水侧开始间隔地布设柳木桩，自然石分布在柳木桩间。②生态袋护岸措施，分为坡面修整、生态袋填充作业、生态袋护岸垒砌、绿化养护等工序，即对坡面进行修整，削去表面浮土，夯实坡面，根据具体设计放置由现场的土配置成的生态袋，减少运输费用。③台田雨水净化措施，在台田田埂边设置小型植物边沟，在其中种植草本植物，经过层层台田和植物拦挡，通过土壤过滤和植被根系吸收，去除水体中的颗粒物和污染物，使上游来水得到充分的净化后到达河流，以保护和提高河流水质。④生态过滤沟措施，在沟道或道路一侧设主要由植被层和过滤层组成的生态植物边沟，并对现有的固化雨水截流沟进行改造，形成连续的、不同等级的生态过滤沟系统，该系统能够防止土壤侵蚀，提高悬浮固体的沉降效率，净化路面雨水径流。

（2）河（沟）道水土保持生态修复技术

河（沟）道水土保持生态修复技术主要是通过在流域河道、沟道内建设谷坊、拦沙坝等措施，结合排水沟渠和河道护岸技术措施，实现防治水土流失的效果。

1）沟道生态修复措施。沟道生态修复措施主要包括谷坊、拦沙坝、排洪沟等。①谷坊一般布置在比降较大、沟谷狭窄、沟底下切侵蚀剧烈发展的土石山区沟段，能够防止沟蚀发展，减少入河泥沙，削减洪峰流量，可分为土谷坊、石谷坊、生物谷坊等。②拦沙坝，适用于流域上游存在弃渣及植被破坏严重等情形；下游为水库等水源的沟道，适用于拦蓄山洪或泥石流中的泥沙（包括块石），减轻对下游的危害，淤满后的坝库即成沙库，平整后加黏土和有机质改良，可开辟为农地。③排洪沟渠，应参照村镇整体规划布设，多采用明渠形式，与自然沟系连接，将水排放至村庄附近的坑、塘等，进行雨洪利用。④防护坝措施，当河（沟）道洪水对村庄、道路和农田造成威胁时，以村庄、道路和农田等作为防护对象，修建护村坝、护地坝和护路坝等措施。护村坝和护路坝主要修建在容易遭受洪水危害的地方；护地坝主要修建在农田地坎边坡不稳定的地方。

2）河岸生态修复技术。①植物护岸措施，采用水生植物与其他护岸材料配合使用的复合型护岸结构。河岸坡面防护一般采用草皮植物的复合型护坡。网垫植被复合型护坡可以采用以聚乙烯或聚丙烯等高分子材料制成的网垫，综合人工网和植物护坡的优点。②木材护岸措施，多应用于陡峭岸的防护。采用处理过的圆木相互交错形成箱形结构——木框挡土墙，在其中充填碎石和土壤，并扦插活枝条，构成重力式挡土结构。③石材护岸措施，包括浆砌石或干砌石河堤、抛石措施、铅丝石笼等。

3）河岸生态景观技术。确定生态恢复目标，收集地形地貌、水利条件等基础数据和历史资料，选择最佳位置进行河岸带生态景观恢复。优先考虑进行自然恢复，未达到恢复目标时，再采取改变河岸带结构、植物重建等主动性恢复方法。

2.3.3.3 水文及水环境生态修复技术

（1）水文生态修复技术

流域水文是生态修复的关键，流域生态修复技术首先应关注流域水文退化原因及程度，通过采取河道生态补水、水系连通改造、地下水增补及蓄水防渗技术等措施，改善流域水文状况，之后再通过水质净化技术改善水体污染状况。流域的水文生态修复是一个长期的过程，受自然因素的影响很大，河流水系的形态、横断面、纵断面的差异性，周边地貌及土壤特性，丰枯期水量，河流水速，以及下垫面植被特征等都会直接影响水文生态修复的效果。水文生态各要素之间关系错综复杂，需要综合考虑多种因素之间的协调，进行多目标、多约束条件的综合优化，如果单纯依赖工程措施在短期内提高生态系统的服务功能，长期来看未必能达到较好的修复效果。

（2）水环境生态修复技术

流域水环境生态修复是指利用水生生态系统原理，通过技术手段，提升水质，对水生生态系统结构、过程和功能进行修复的过程，其修复对象不仅仅是水体，还包括与水体相关的生物、生境等内容。对于不同的水体形式，采取的修复技术形式也不尽相同。

1）河流、湖泊生态修复技术。河流、湖泊生态修复技术按照技术形式可分为物理修复、化学修复和生物修复三种类型。物理修复技术多为以下几种：①点源污染控制，主要是通过设置截污管线将污水输送至污水处理厂内进行集中净化处理，以减少进入自然水体内的污水。②面源污染控制，主要是结合海绵城市建设控制城市初期雨水、冰雪融水、畜禽养殖废水、水体周边固体废弃物进入地表水体，污染控制技术包括低影响开发技术、初期雨水控制与净化技术、地表固体废弃物收集技术、河道生态护岸与隔离技术、土壤施肥流失控制技术，以及农村厕所改造、雨污分流、固体粪便堆肥处理利用等技术措施。③内源污染控制，定期清理打捞水体水生植物，同时进行底泥疏浚，对水体内生污染源进行清理和控制。

2）湿地生态修复技术。通过对退化或破坏严重的湿地进行生态修复或重建，改变水生动植物、微生物的生存环境，提高湿地生态系统的复杂性和稳定性，实现湿地水质提升、物质能量循环稳定、生物多样性增强。湿地生态修复技术有混凝法、中和法、氧化还原法、吸附法、离子交换法等化学技术方法，土壤渗滤法、调水冲洗法等物理技术方法，以及湿地植物净化、生物膜吸附等生物技术方法。化学技术方法在应用过程中，试剂、材料易造成新污染，所以化学技术方法在湿地生态修复过程中使用不广泛。物理技术方法中土壤渗滤法应用较多，可充分利用湿地土壤、动物、微生物、水生植物根系的物理、化学特性将污水净化，该方法在国外得到了较为广泛的应用。生物技术方法中，生物膜吸附法属于较新的技术，可去除废水中溶解性和胶体状有机污染物，对于湿地环境中的重金属和有机污染物都具有较好的吸附和分解作用；湿地植物净化技术最常用、适用范围最广，具有投资小、易管理、容量大、运行成本低、景观美化等特点。

3）地下水生态修复技术。地下水生态修复技术主要是指通过回补自然水体生态用水，逐步实现地下水采补平衡，促进超采区域地下水位回升以及采用抽提、气提、空气吹脱、生物修复、渗透反应墙、原位化学修复等技术措施，修复地下污染水体水质的技术。

2.3.3.4 生境及生物恢复技术

生境及生物恢复技术是按照生态学规律，对受到人为破坏、污染或自然损毁而产生的生态脆弱区进行修复或重建，改善其恶化状态，恢复植被，提升生态系统物种多样性、群落结构稳定性和生态系统服务功能的工程技术措施。生境及生物恢复技术方案的应用主要通过生境恢复边界确定、生态系统退化特征识别、生态系统恢复目标分析评价、生态系统恢复技术选择，以及措施的实施、维护和评价五个步骤实现。生境及生物恢复技术的核心在于水环境、土壤环境、生物三大要素的恢复，水环境恢复和土壤环境恢复主要通过水土保持生态修复技术和水文及水环境生态修复技术实现，而生物恢复的基础在于植被恢复。流域植被恢复首先要尊重植被群落的自然演替规律，从结构入手进行植物群落设计，实现群落的物种构成、群落片层、空间结构和时间衔接上的合理配置及优化，达到群落结构稳定、功能优化的目的；其次要避免物种单一性，营造"复合型"植被，增强系统抵抗气候、病虫害等外部冲击的能力。物种选择时要尽可能从本土物种选取，优先培育根系发达、生长迅速、繁育能力强、适应能力强的先锋物种，对于流域恶化的环境进行初步改造，并依据气候特征、土壤类型、水光条件、群落优势种的生物学特性及生态位关系，逐步建立起适合地方经济发展特点的植被群落，同时可以避免外来物种入侵风险。

|第3章| 面向妫水河流域特征的 流域水质目标管理技术

本章从妫水河流域水环境过程特征调查与试验、妫水河流域限制入河总量方案研究、基于工程措施优化布局的妫水河流域容量总量控制技术3个方面进行研究。

本章基于现场调查结果和妫水河流域水环境过程资料，定性分析了妫水河流域水体时空变化特征、点源和面源排放与入河负荷变化特征及两者的相关性，为妫水河流域水环境系统模型的各类参数率定提供依据。

基于妫水河流域行政区划、水资源分区、河流水系、水利工程分布、流域功能区划、污染源、流域下垫面等数据，以建立"污染源–入河排污口–水体水质"污染源与水体水质响应关系和识别排污责任主体为导向，进行了妫水河流域控制单元划分。

基于建立的妫水河流域水环境系统模型，分别采用全年单一设计水文条件和逐月适线法两种设计水文条件，结合妫水河流域季节性断流特征，形成主要入河排污口及支流口的限制入河总量方案，并分解到各排污控制责任主体，提出各排污控制责任主体分期入河负荷控制标准及污染物削减方案。对各类工程措施（流域水土保持生态修复、仿自然复合功能湿地、河流–湿地群生态连通水体净化修复）及非工程措施（农村综合整治）进行情景分析，形成面向措施优化配置的妫水河流域容量总量控制方案。

3.1 妫水河流域水环境过程特征调查与试验

3.1.1 点源污染

针对点源污染，本书考虑3类污水处理厂，即城区污水处理厂、镇级污水处理厂和村级污水处理厂。妫水河流域现有污水处理厂58个。其中，城区污水处理厂1个，2017年以前为夏都缙阳污水处理厂，2017年关闭后，城西再生水厂运行；镇级污水处理厂5个，分别是康庄镇污水处理厂、永宁镇污水处理厂、八达岭镇污水处理厂、旧县镇污水处理厂和张山营镇污水处理厂；村级污水处理厂52个。研究区范围内的污水处理厂共32个，包括城区污水处理厂1个，镇级污水处理厂2个，村级污水处理厂29个。

3.1.1.1 城区污水处理厂

城区污水处理厂具体规模见表3-1。根据北京市地方标准《城镇污水处理厂水污染物排放标准》（DB 11/890—2012）中的北京市一级A标准，按满负荷运行计算了污水处理厂的污染负荷（表3-2）。

表3-1　城区污水处理厂规模

名称	建成时间	投运时间	设计日处理能力/t	排放标准
夏都缙阳污水处理厂	2001 年	2001 年 4 月	30 000	北京市一级 A 标准
城西再生水厂	2017 年	2017 试运行	60 000	北京市一级 A 标准

表3-2　城区污水处理厂污染负荷

名称	COD/(t/a)	NH_4^+-N/(t/a)	TN/(t/a)	TP/(t/a)
夏都缙阳污水处理厂	219.00	10.95	109.50	2.19
城西再生水厂	438.00	21.90	219.00	4.38
总计	657.00	32.85	328.50	6.57

3.1.1.2　镇级污水处理厂

镇级污水处理厂具体规模见表3-3。根据北京市地方标准《城镇污水处理厂水污染物排放标准》（DB11/890—2012）中的北京市一级 A 标准，按满负荷运行计算了污水处理厂的污染负荷（表3-4），镇级污水处理厂污染负荷 COD 为 154.03t/a，NH_4^+-N 为 7.70t/a，TN 为 77.03t/a，TP 为 1.54t/a。其中，研究区范围内的污水处理厂为永宁镇污水处理厂和旧县镇污水处理厂，COD 为 37.23t/a，NH_4^+-N 为 1.86t/a，TN 为 18.62t/a，TP 为 0.37t/a。

表3-3　镇级污水处理厂规模

名称	建成时间	投运时间	设计日处理能力/t	排放标准
永宁镇污水处理厂	2007 年	2008 年	3600	北京市一级 A 标准
旧县镇污水处理厂	2007 年	2008 年	1500	北京市一级 A 标准
康庄镇污水处理厂	2004 年	2008 年	8900	北京市一级 A 标准
八达岭镇污水处理厂	2007 年	2008 年	4500	北京市一级 A 标准
张山营镇污水处理厂	2014 年	2014 年	2600	北京市一级 A 标准

表3-4　镇级污水处理厂污染负荷

名称	COD/(t/a)	NH_4^+-N/(t/a)	TN/(t/a)	TP/(t/a)
永宁镇污水处理厂	26.28	1.31	13.14	0.26
旧县镇污水处理厂	10.95	0.55	5.48	0.11
康庄镇污水处理厂	64.97	3.25	32.49	0.65
八达岭镇污水处理厂	32.85	1.64	16.43	0.33
张山营镇污水处理厂	18.98	0.95	9.49	0.19
合计	154.03	7.70	77.03	1.54

3.1.1.3 村级污水处理厂

村级污水处理厂具体规模见表 3-5。根据污水处理厂的排放标准，按满负荷运行计算了各污水处理厂的污染负荷（表 3-6），村级污水处理厂污染负荷 COD 为 43.92t/a，NH_4^+-N 为 5.43t/a，TN 为 22.08t/a，TP 为 0.577t/a。研究区范围内涉及的污水处理厂有 29 个（表 3-5 和表 3-6 中加粗字体），COD 为 28.03t/a，NH_4^+-N 为 3.22t/a，TN 为 14.35t/a，TP 为 0.294t/a。

表 3-5　村级污水处理厂规模

名称	建成时间	投运时间	设计日处理能力/t	排放标准
八达岭镇石峡村	2016 年	2016 年	20	国家一级 A 标准
八达岭镇小浮坨村	2016 年	2016 年	20	国家一级 A 标准
八达岭镇帮水峪村	2016 年	2016 年	20	国家一级 A 标准
八达岭镇里炮村	2007 年	2007 年	300	北京市一级 B 标准
大榆树镇簸箕营村	2007 年	2007 年	600	北京市一级 A 标准
大榆树镇阜高营村	2009 年	2010 年	90	北京市一级 B 标准
大榆树镇东杏园村	2010 年	2010 年	50	国家一级 A 标准
大榆树镇大泥河村	2010 年	2010 年	50	北京市一级 B 标准
大榆树镇东桑园村	2010 年	2010 年	40	北京市二级标准
大榆树镇小泥河村	2010 年	2010 年	6	北京市一级 B 标准
大榆树镇程家营村	2017 年	2017 年	50	北京市一级 A 标准
大榆树镇宗家营村	2017 年	未通水	100	北京市一级 A 标准
井庄镇柳沟村	2007 年	2007 年	300	北京市一级 B 标准
井庄镇果树园村	2013 年	2013 年	40	北京市一级 B 标准
井庄镇八家村	2017 年	2017 年	40	北京市一级 A 标准
井庄镇王仲营村	2017 年	2017 年	20	北京市一级 A 标准
井庄镇东小营村	2015 年	2015 年	60	北京市一级 A 标准
井庄镇宝林寺村	2016 年	2016 年	50	北京市一级 A 标准
井庄镇北地村	2012 年	2012 年	10	国家一级 B 标准
旧县镇常里营村	2016 年	2016 年	20	国家一级 B 标准
旧县镇古城村	2015 年	2017 年	300	北京市一级 B 标准
旧县镇白河堡村	2015 年	2015 年	50	北京市一级 B 标准
旧县镇东龙湾村	2016 年	2016 年	50	北京市一级 A 标准

名称	建成时间	投运时间	设计日处理能力/t	排放标准
旧县镇烧窑峪村	2017 年	2017 年	25	北京市一级 A 标准
旧县镇白草洼村	2017 年	2017 年	25	北京市一级 A 标准
康庄镇马营村	2016 年	2016 年	50	国家一级 B 标准
康庄镇小丰营村	2016 年	2016 年	50	国家一级 B 标准
康庄镇东官坊村	2017 年	2017 年	30	北京市一级 A 标准
康庄镇火烧营村	2017 年	2017 年	40	北京市一级 A 标准
康庄镇王家堡村	2017 年	2017 年	100	北京市一级 A 标准
刘斌堡乡上虎叫村	2011 年	2011 年	5	北京市一级 B 标准
千家店镇排字岭村	2006 年	2006 年	10	中水标准
千家店镇仓米道村	2009 年	2009 年	5	北京市一级 B 标准
沈家营镇曹官营村	2016 年	2016 年	50	国家一级 B 标准
沈家营镇香村营村	2017 年	2017 年	100	北京市一级 A 标准
四海镇海子口村	2006 年	2006 年	16	国家一级 B 标准
四海镇南湾村	2006 年	2006 年	12	国家一级 B 标准
四海镇西沟外村	2006 年	2006 年	8	国家一级 B 标准
四海镇椴木沟村	2008 年	2008 年	10	国家一级 B 标准
香营乡孟关屯村	2011 年	2011 年	20	北京市一级 B 标准
延庆镇王泉营村	2016 年	2016 年	50	国家一级 B 标准
永宁镇上磨村	2006 年	2006 年	100	北京市一级 A 标准
张山营镇小鲁庄村	2007 年	2007 年	200	中水标准
张山营镇西羊坊村	2009 年	2009 年	20	中水标准
张山营镇黄柏寺村	2016 年	2016 年	50	国家一级 B 标准
张山营镇水峪村	2016 年	2016 年	50	国家一级 A 标准
张山营镇上郝庄村	2014 年	2014 年	50	北京市一级 A 标准
珍珠泉乡上水沟村	2006 年	2006 年	10	北京市一级 B 标准
珍珠泉乡秤钩湾村	2008 年	2008 年	30	国家一级 B 标准
珍珠泉乡珍珠泉村	2008 年	2008 年	80	北京市一级 B 标准
珍珠泉乡下花楼村	2013 年	2013 年	10	北京市一级 B 标准
大庄科乡铁炉村	2017 年	2017 年	100	北京市一级 B 标准

表 3-6 村级污水处理厂污染负荷

名称	COD/(t/a)	NH₄⁺-N/(t/a)	TN/(t/a)	TP/(t/a)
八达岭镇石峡村	0.37	0.04	0.11	0.007
八达岭镇小浮坨村	0.37	0.04	0.11	0.007
八达岭镇帮水峪村	0.37	0.04	0.11	0.007
八达岭镇里炮村	5.48	0.55	2.19	0.055
大榆树镇簸箕营村	3.29	0.44	3.29	0.022
大榆树镇阜高营村	1.64	0.16	0.66	0.016
大榆树镇东杏园村	0.91	0.09	0.27	0.018
大榆树镇大泥河村	0.91	0.09	0.37	0.009
大榆树镇东桑园村	0.88	0.15	—	0.007
大榆树镇小泥河村	0.11	0.01	0.04	0.001
大榆树镇程家营村	0.27	0.04	0.27	0.002
大榆树镇宗家营村	—	—	—	—
井庄镇柳沟村	5.48	0.55	2.19	0.055
井庄镇果树园村	0.73	0.07	0.29	0.007
井庄镇八家村	0.22	0.03	0.22	0.001
井庄镇王仲营村	0.11	0.01	0.11	0.001
井庄镇东小营村	0.33	0.04	0.33	0.002
井庄镇宝林寺村	0.27	0.04	0.27	0.002
井庄镇北地村	0.22	0.03	0.07	0.004
旧县镇常里营村	0.44	0.06	0.15	0.007
旧县镇古城村	5.48	0.55	2.19	0.055
旧县镇白河堡村	0.91	0.09	0.37	0.009
旧县镇东龙湾村	0.27	0.04	0.27	0.002
旧县镇烧窑裕村	0.14	0.02	0.14	0.001
旧县镇白草洼村	0.14	0.02	0.14	0.001
康庄镇马营村	1.10	0.15	0.37	0.018
康庄镇小丰营村	1.10	0.15	0.37	0.018
康庄镇东官坊村	0.16	0.02	0.16	0.001
康庄镇火烧营村	0.22	0.03	0.22	0.001
康庄镇王家堡村	0.55	0.07	0.55	0.004

名称	COD/(t/a)	NH$_4^+$-N/(t/a)	TN/(t/a)	TP/(t/a)
刘斌堡乡上虎叫村	0.09	0.01	0.04	0.001
千家店镇排字岭村	—	0.02	0.05	0.004
千家店镇仓米道村	0.09	0.01	0.04	0.001
沈家营镇曹官营村	1.10	0.15	0.37	0.018
沈家营镇香村营村	0.55	0.07	0.55	0.004
四海镇海子口村	0.35	0.05	0.12	0.006
四海镇南湾村	0.26	0.04	0.09	0.004
四海镇西沟外村	0.18	0.02	0.06	0.003
四海镇椴木沟村	0.22	0.03	0.07	0.004
香营乡孟关屯村	0.37	0.04	0.15	0.004
延庆镇王泉营村	1.10	0.15	0.37	0.018
永宁镇上磨村	0.55	0.07	0.55	0.004
张山营镇小鲁庄村	—	0.37	1.10	0.073
张山营镇西羊坊村	—	0.04	0.11	0.007
张山营镇黄柏寺村	1.10	0.15	0.37	0.018
张山营镇水峪村	0.91	0.09	0.27	0.018
张山营镇上郝庄村	0.27	0.04	0.27	0.002
珍珠泉乡上水沟村	0.18	0.02	0.07	0.002
珍珠泉乡秤钩湾村	0.66	0.09	0.22	0.011
珍珠泉乡珍珠泉村	1.46	0.15	0.58	0.015
珍珠泉乡下花楼村	0.18	0.02	0.07	0.002
大庄科乡铁炉村	1.83	0.18	0.73	0.018
合计	43.92	5.43	22.08	0.577

3.1.1.4 点源污染负荷现状

妫水河点源污染负荷中，COD 共 416.95t/a，其中城区、镇级和村级污水处理厂的比例分别为 53%、37% 和 10%；NH$_4^+$-N 共 24.08t/a，其中城区、镇级和村级污水处理厂的比例分别为 45%、32% 和 23%；TN 共 208.61t/a，其中城区、镇级和村级污水处理厂的比例分别为 52%、37% 和 11%；TP 共 4.31t/a，其中城区、镇级和村级污水处理厂的比例分别为 51%、36% 和 13%。具体信息见表 3-7。

表 3-7 妫水河流域点源污染负荷

名称	COD		NH$_4^+$-N		TN		TP	
	负荷/(t/a)	比例/%	负荷/(t/a)	比例/%	负荷/(t/a)	比例/%	负荷/(t/a)	比例/%
城区污水处理厂	219.000	53	10.950	45	109.500	52	2.190	51
镇级污水处理厂	154.030	37	7.700	32	77.030	37	1.540	36
村级污水处理厂	43.920	10	5.430	23	22.080	11	0.577	13
合计	416.950	100	24.080	100	208.610	100	4.307	100

　　研究区范围内的点源污染负荷中，COD 共 284.26t/a，其中城区、镇级和村级污水处理厂的比例分别为 77%、13% 和 10%；NH$_4^+$-N 共 16.03t/a，其中城区、镇级和村级污水处理厂的比例分别为 68%、12% 和 20%；TN 共 142.47t/a，其中城区、镇级和村级污水处理厂的比例分别为 77%、13% 和 10%；TP 共 2.85t/a，其中城区、镇级和村级污水处理厂的比例分别为 77%、13% 和 10%，见表 3-8。

表 3-8 研究区域点源污染负荷

名称	COD		NH$_4^+$-N		TN		TP	
	负荷/(t/a)	比例/%	负荷/(t/a)	比例/%	负荷/(t/a)	比例/%	负荷/(t/a)	比例/%
城区污水处理厂	219.000	77	10.950	68	109.500	77	2.190	77
镇级污水处理厂	37.230	13	1.860	12	18.620	13	0.370	13
村级污水处理厂	28.030	10	3.220	20	14.350	10	0.294	10
合计	284.260	100	16.030	100	142.470	100	2.854	100

3.1.2 非点源污染

　　妫水河流域非点源污染现状根据《北京市延庆区统计年鉴 2017》中基础数据，采用 Johnes 输出系数模型估算。

　　20 世纪 70 年代初期，北美地区提出输出系数模型，该模型主要用于评价土地和湖泊富营养之间的关系。Johnes 等在实际应用中不断改进输出系数模型，加入了牲畜和人口等影响因素，使其得到了进一步完善和广泛应用。输出系数模型由于所需参数少且能保证一定的精度，在大中尺度流域具有较好的适用性。当前，该方法作为一种经典方法已被国内众多学者改进并运用于一些热点流域的非点源污染负荷模拟研究中。

　　Johnes 输出系数模型的一般表达式为

$$W = \sum_{i=1}^{n} \alpha_i \times L_i \times I_i \qquad (3-1)$$

式中，W 为营养物的负荷；I_i 为第 i 类污染源数量（如耕地面积、人口数或畜禽数等）；L_i

为第 i 类污染源的单位输出负荷；α_i 为第 i 类污染源的入河系数，即累积在流域坡面的污染物因降雨冲刷形成的污染负荷随流域汇流过程进入主河道的比例。

根据 Johnes 输出系数模型分单元的思路，结合研究区附近非点源污染成因分析，最终将研究区非点源污染分为农村生活污水污染、畜禽养殖污染及农田径流污染 3 类，对各类选取相应的输出系数计算其污染负荷，最后将各类的污染负荷汇总得出非点源污染总负荷。

调查研究区农业非点源污染包括农村人口、畜禽分散养殖量、氮肥和磷肥使用量等基础资料，根据 Johnes 输出系数模型计算出妫水河流域非点源污染主要污染来源：农田径流、畜禽养殖废弃物、农村生活污水。使用面积修正法计算流域内各行政区划污染物负荷。

根据《北京市延庆区统计年鉴 2017》，按照污染源类型进行统计，2016 年妫水河流域农业非点源污染统计见表 3-9。

表 3-9   2016 年妫水河流域农业非点源污染统计

行政区	面积/km²	研究区内面积/km²	农村人口/人	猪/头	牛/头	羊/只	鸡/万只
八达岭镇	99.60	40.03	7 320	7 951	0	2 496	299.62
大榆树镇	60.57	59.89	14 725	2 162	469	6 493	26.30
井庄镇	126.75	83.47	9 875	3 062	201	6 474	3.21
旧县镇	113.02	111.01	19 119	7 418	1 322	4 584	44.03
康庄镇	100.66	2.70	22 137	8 506	457	5 626	39.60
刘斌堡乡	122.02	65.34	5 791	1 752	3	3 891	4.17
沈家营镇	31.02	29.57	11 421	15 864	976	3 220	5.10
四海镇	116.14	3.41	4 908	57	130	170	0.83
香营乡	120.31	36.16	6 494	14 477	701	4 301	1.05
延庆镇	67.63	47.42	40 446	4 761	128	4 210	3.26
永宁镇	146.51	143.68	22 933	37 799	357	5 100	6.72
张山营镇	262.84	101.93	20 499	636	160	4 383	134.22

3.1.2.1   农村生活污水

（1）计算方法

农村生活污水污染负荷计算公式如下：

$$W_{3i} = \alpha_3 \times P_2 \times L_3 \times 365 \times 10^{-6} \qquad (3-2)$$

式中，i 为某种水质参数；W_{3i} 为农村生活污水污染负荷，t/a；P_2 为农村人口数，人；L_3 为农村人均污水排放量，$L/(人 \cdot d)$；α_3 为农村生活污水入河系数。

（2）参数选取

1）农村人口数 P_2。以《北京市延庆区统计年鉴 2017》资料统计各区县农村人口数为基数，见表 3-9。

2）农村人均污水排放量 L_3。农村人均污水排放量 L_3 主要反映当地人群对生活污水处理状况、饮食营养状况和含磷去污剂的使用状况等。因 L_3 值地域差异小、时空特性弱，全国污染源普查未涉及农村生活污水污染，故采用文献查阅法，并结合乡镇的经济发展状况确定农村人均污水排放量 L_3 值（表 3-10）。确定折污系数为 0.85。

表 3-10 农村人均污水排放量

COD/[g/（人·d）]	TN/[g/（人·d）]	TP/[g/（人·d）]	NH_4^+-N/[g/（人·d）]
16.4	5.0	0.44	4.0

3）农村生活污水入河系数 α_3。本节仅对非点源污染产生量进行分析，暂不计算入河量，故不考虑入河系数。

（3）计算结果

妫水河流域内农村生活污水污染负荷计算结果见表 3-11。

表 3-11 妫水河流域内农村生活污水污染负荷 （单位：t/a）

行政区	COD	NH_4^+-N	TN	TP
八达岭镇	15.01	3.66	4.58	0.40
大榆树镇	74.28	18.12	22.65	1.99
井庄镇	33.18	8.09	10.12	0.89
旧县镇	95.81	23.37	29.21	2.57
康庄镇	3.03	0.74	0.92	0.08
刘斌堡乡	15.82	3.86	4.82	0.42
沈家营镇	55.55	13.55	16.93	1.49
四海镇	0.74	0.18	0.22	0.02
香营乡	9.96	2.43	3.04	0.27
延庆镇	144.69	35.29	44.11	3.88
永宁镇	114.75	27.99	34.98	3.08
张山营镇	40.56	9.89	12.37	1.09
合计	603.38	147.17	183.95	16.18

3.1.2.2 畜禽养殖废弃物

根据国家相关规定，规模化畜禽养殖场必须执行《畜禽养殖业污染物排放标准》（GB

18596—2001）。

（1）计算方法

畜禽养殖污染负荷计算公式如下：

$$W_{4i} = \alpha_4 \times N \times L_4 \times 10^{-3} \tag{3-3}$$

式中，i 为某种水质参数；W_{4i} 为畜禽养殖污染负荷，t/a；N 为畜禽存栏数，头或只；L_4 为单位畜禽的污染物排放量，kg/（头·a）；α_4 为畜禽养殖污染物入河系数。

（2）参数选取

1）畜禽存栏数 N。根据《北京市延庆区统计年鉴 2017》的汇总，按照《畜禽养殖业污染物排放标准》（GB 18596—2001），将各类畜禽统一折合成猪进行畜禽养殖污染负荷计算。其中，1 头牛折合 5 头猪，3 只羊折合 1 头猪，30 只鸡折合 1 头猪。畜禽存栏数 N 见表 3-9。

2）单位畜禽的污染物排放量 L_4。单位畜禽的污染物排放量 L_4 与畜禽种类、畜禽饲养年限、人类对畜禽排泄物的收集和在种植用地的回用、存储粪肥过程中氨的挥发等众多因素有关，按照《畜禽养殖业污染物排放标准》（GB 18596—2001），具体系数取值见表 3-12 与表 3-13。

表 3-12　畜禽粪尿排泄系数

项目	单位	牛	猪	鸡	鸭
粪	kg/d	20.0	2.0	0.1	0.1
	kg/a	7300.0	300.0	6	6
尿	kg/d	10.0	3.3	—	—
	kg/a	3650.0	495	—	—
饲养时间	天	365	150	60	60

表 3-13　畜禽粪便中污染物平均含量　　（单位：kg/t）

项目	COD	NH_4^+-N	TP	TN
牛粪	31.0	1.7	1.2	4.4
牛尿	6.0	3.5	0.4	8.0
猪粪	52.0	2.1	1.0	5.9
猪尿	9.0	1.4	0.5	3.3
鸡粪	45.0	4.8	5.4	9.8
鸭粪	46.3	0.8	6.2	11.0

3）畜禽养殖污染物入河系数 α_4。本节仅对非点源污染产生量进行分析，暂不计算入河量，故不考虑入河系数。

(3) 计算结果

妫水河流域内畜禽养殖粪污染物负荷计算结果见表 3-14，尿污染物负荷见表 3-15。

表 3-14　妫水河流域内畜禽养殖粪污染物负荷　　　（单位：t/a）

行政区	COD	NH_4^+-N	TN	TP
八达岭镇	55.35	2.24	6.28	1.06
大榆树镇	193.05	7.80	21.90	3.71
井庄镇	71.28	2.88	8.09	1.37
旧县镇	388.28	15.68	44.05	7.47
康庄镇	8.98	0.36	1.02	0.17
刘斌堡乡	33.34	1.35	3.78	0.64
沈家营镇	341.29	13.78	38.72	6.56
四海镇	0.43	0.02	0.05	0.01
香营乡	92.13	3.72	10.45	1.77
延庆镇	82.35	3.33	9.34	1.58
永宁镇	654.44	26.43	74.25	13.49
张山营镇	197.97	7.99	22.46	3.81
总计	2118.89	85.58	240.39	41.64

表 3-15　妫水河流域内畜禽养殖尿污染物负荷　　　（单位：t/a）

行政区	COD	NH_4^+-N	TN	TP
八达岭镇	15.81	2.46	5.80	0.88
大榆树镇	55.13	8.58	20.21	3.06
井庄镇	20.36	3.17	7.46	1.13
旧县镇	110.88	17.25	40.66	6.16
康庄镇	3.47	0.40	0.94	0.14
刘斌堡乡	9.52	1.48	3.49	0.53
沈家营镇	97.47	15.16	35.74	5.41
四海镇	0.12	0.02	0.05	0.01
香营乡	26.31	4.09	9.65	1.46
延庆镇	23.52	3.66	8.62	1.31
永宁镇	186.89	29.07	68.53	10.38
张山营镇	56.54	8.79	20.73	3.14
总计	606.02	94.13	221.88	33.61

3.1.2.3　农田径流

(1) 计算方法

农田径流污染负荷计算公式如下：

$$W_{5i} = \alpha_5 \times A \times L_5 \times 10^{-3} \tag{3-4}$$

式中，i 为某种水质参数；W_{5i} 为农田径流污染负荷，t/a；A 为耕地面积，hm^2；L_5 为单位耕地面积污染物排放量，$kg/(hm^2 \cdot a)$；α_5 为农田径流污染入河系数。

（2）参数选取

1）耕地面积 A（根据 2017 年土地利用解译得出面积）。根据 2017 年妫水河流域土地利用与流域内行政区划，运用 GIS 工具进行叠加处理得到流域内各镇（乡）的耕地面积，各镇（乡）耕地面积见表 3-16。

表 3-16　妫水河流域内各镇（乡）耕地面积　　　　　　　　（单位：hm^2）

行政区划	张山营镇	康庄镇	八达岭镇	井庄镇	旧县镇	大榆树镇	延庆镇	沈家营镇	香营乡	刘斌堡乡	永宁镇	四海镇	总计
面积	285.0	170.0	450.7	1 778.0	4 104.0	2 097.8	2 145.3	1 718.7	1510.5	1 412.8	3 288.0	24.7	18 985.5

2）单位耕地面积污染物排放量 L_5。根据《全国水环境容量核定技术指南》与文献查阅，单位耕地面积污染物排放量 L_5 的取值见表 3-17。

表 3-17　单位耕地面积污染物排放量调查　　　［单位：$kg/(hm^2 \cdot a)$］

来源或地区	类型	COD	NH_4^+-N	TP	TN
《全国水环境容量核定技术指南》	标准农田	150.00	30.00		
刘亚琼等（2011）	种植用地	—	—	2.06	20.20
Burt（1999）	种植用地	—	—	0.63	20.00
Johnes（1996）	种植用地	—	—	0.69	31.28
李怀恩和庄咏涛（2002）	种植用地	—	—	0.90	29.00
苏州河地区	水田	101.03	5.25	2.86	19.19
	旱地	90.58	6.67	3.19	19.48
	苗园	48.65	4.21	2.24	6.30
	鱼塘	274.35	3.60	3.15	39.31
本书		84.30	8.21	2.06	20.20

注：标准农田指的是平原、种植作物为小麦、土壤类型为壤土、化肥施用量为 25～35kg/（亩·a）（1 亩 ≈ 666.7m^2）、降水量在 400～800mm 的农田。对于其他农田，对应的源强系数需要根据坡度、作物类型、土壤类型、化肥施用量、降水量进行修正。

坡度修正：土地坡度在 25°以下，流失系数取 1.0；坡度在 25°以上，流失系数取 1.2。作物类型修正：不进行修正。土壤类型修正：将农田土壤按质地进行分类，分为砂土、壤土和黏土。各类修正系数取值如下：砂土为 1.0；壤土为 1.0；黏土为 0.8。化肥施用量修正：化肥施用量在 25kg/（亩·a）以下，修正系数取 1.0；化肥施用量在 25kg/（亩·a）以上，修正系数取 1.2。降水量修正：年降水量在 400mL 以下的地区取流失系数为 0.6～1.0；年降水量在 400～800mL 的地区取流失系数为 1.0～1.2；年降水量在 800mL 以上的地区取流失系数为 1.2～1.5

3）农田径流污染入河系数 α_5。本节仅对非点源污染产生量进行分析，暂不计算入河量，故不考虑入河系数。

（3）计算结果

妫水河流域内农业化肥污染物负荷计算结果见表3-18。

表3-18　妫水河流域内农业化肥污染物负荷

行政区	耕地面积/hm²	COD/(t/a)	NH_4^+-N/(t/a)	TN/(t/a)	TP/(t/a)
八达岭镇	450.70	37.99	3.70	9.10	0.93
大榆树镇	2 097.80	176.86	17.22	42.38	4.32
井庄镇	1 778.00	149.89	14.60	35.92	3.66
旧县镇	4 104.00	345.97	33.69	82.90	8.45
康庄镇	170.00	14.33	1.40	3.43	0.35
刘斌堡乡	1 412.80	119.10	11.60	28.54	2.91
沈家营镇	1 718.70	144.89	14.11	34.72	3.54
四海镇	24.70	2.08	0.20	0.50	0.05
香营乡	1 510.50	127.34	12.40	30.51	3.11
延庆镇	2 145.30	180.85	17.61	43.34	4.42
永宁镇	3 288.00	277.18	26.99	66.42	6.77
张山营镇	285.00	24.03	2.34	5.76	0.59
总计	18 985.50	1 600.51	155.86	383.52	39.10

3.1.2.4　非点源污染负荷现状

妫水河流域非点源污染负荷见表3-19。

表3-19　妫水河流域非点源污染负荷　　　　　　　（单位：t/a）

行政区	COD	NH_4^+-N	TN	TP
八达岭镇	124.16	12.06	25.76	3.27
大榆树镇	499.32	51.72	107.14	13.08
井庄镇	274.71	28.74	61.59	7.05
旧县镇	940.94	89.99	196.82	25.55
康庄镇	29.81	2.90	6.31	0.74
刘斌堡乡	177.78	18.29	40.63	4.50
沈家营镇	639.20	56.60	126.11	17.00
四海镇	3.37	0.42	0.82	0.09
香营乡	255.74	22.64	53.65	6.61
延庆镇	431.41	59.89	105.41	11.19
永宁镇	1233.26	110.48	244.18	33.72
张山营镇	319.10	29.01	61.32	8.63
总计	4928.80	482.74	1029.74	131.43

3.1.3　关键断面水质

3.1.3.1　干流空间变化分析

在妫水河干流设置了 5 个常规监测断面，包括聂庄村断面、三里墩沟断面、古城河断面、东大桥水文站断面、谷家营断面。根据监测结果，各断面 COD、NH_4^+-N、TN、TP、硝酸盐氮、DO、pH 在 2018 年 7 月至 2019 年 7 月沿程变化情况见图 3-1。

COD：谷家营断面出现极大值，为 21mg/L，劣于Ⅲ类水质标准；三里墩沟断面优于谷家营断面；聂庄村、古城河断面和东大桥水文站断面优于三里墩沟断面；除谷家营断面，其余断面均优于Ⅲ类水质标准。

NH_4^+-N：谷家营断面出现极大值，为 1.19mg/L，劣于Ⅲ类水质标准；其余断面均优于谷家营断面，且变幅不大，在 0.07 ~ 0.42mg/L，优于Ⅲ类水质标准。

TN：东大桥水文站断面出现极大值，为 10mg/L，为Ⅲ类水质标准 10 倍；其余断面同样劣于Ⅲ类水质标准，但 TN 在谷家营断面优于其他断面。

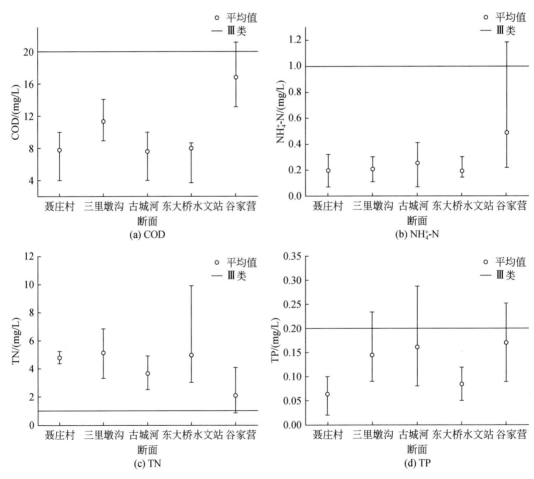

(a) COD　　(b) NH_4^+-N

(c) TN　　(d) TP

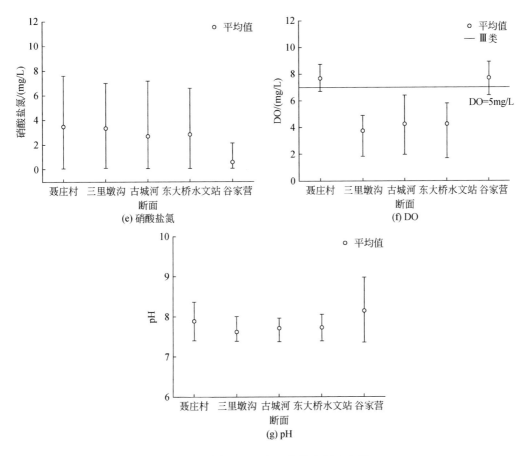

图 3-1 妫水河干流各污染物空间变化图

TP：古城河断面出现极大值，为 0.28mg/L；三里墩沟断面、古城河断面和谷家营断面的 TP 整体高于聂庄村断面和东大桥水文站断面；除聂庄村断面和东大桥水文站断面优于Ⅲ类水质标准外，其余断面均超出Ⅲ类水质标准。

硝酸盐氮：聂庄村断面、三里墩沟村断面、古城河村断面、东大桥水文站断面差别不大，谷家营断面明显优于其他断面，各断面均小于标准值。

DO：聂庄村断面、谷家营断面 DO 高于三里墩沟断面、古城河断面和东大桥水文站断面；聂庄村断面、谷家营断面水质优于Ⅲ类水质标准。

pH：谷家营断面出现极大值，为 8.97；5 个断面间 pH 差别不大，位于 7~9。

3.1.3.2　干流时间变化分析

根据监测结果，各断面 COD、NH_4^+-N、TN、TP、硝酸盐氮、DO、pH 在 2018 年 7 月至 2019 年 7 月的水质变化见图 3-2。

COD：随时间有明显变化，其中谷家营断面浮动最大，最大值与最小值相差 8mg/L，其余断面最大值与最小值相差 5~6mg/L；枯水期和丰水期的 COD 无明显规律。

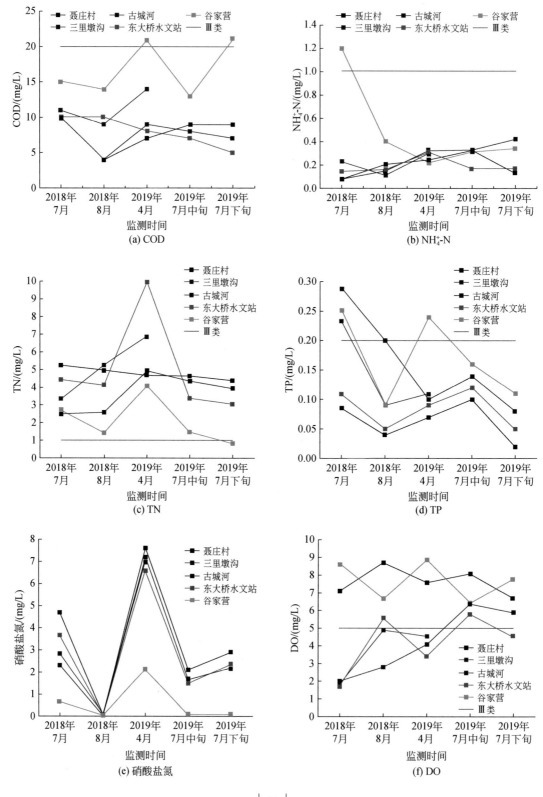

(a) COD

(b) NH₄⁺-N

(c) TN

(d) TP

(e) 硝酸盐氮

(f) DO

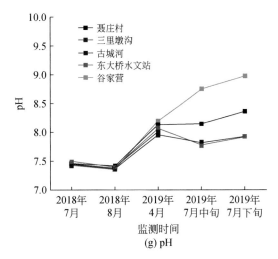

图 3-2　妫水河干流各污染物时间变化图

NH_4^+-N：谷家营断面的 NH_4^+-N 变幅较大，最大值与最小值相差 0.97mg/L，其余断面随时间无明显变化，变幅小于 0.35mg/L；谷家营断面的 NH_4^+-N 在枯水期比丰水期低，东大桥水文站枯水期的 NH_4^+-N 比丰水期高，其余断面无明显规律。

TN：随时间有明显变化，东大桥水文站断面变幅最大，最大值与最小值相差 6.9mg/L；东大桥水文站、古城河和谷家营断面都呈现出枯水期水质劣于丰水期的规律。

TP：古城河断面的浮动最大，最大值与最小值相差 0.2mg/L。

硝酸盐氮：各断面随时间变化的规律一致，即在枯水期硝酸盐氮明显高于丰水期；聂庄村断面浮动最大，最大值与最小值相差 7.5mg/L。

DO：古城河断面和东大桥水文站断面随时间变化较大，最大值和最小值分别相差 4.4mg/L 和 4.1mg/L；各断面在枯水期和丰水期无明显规律。

pH：谷家营断面 pH 变幅最大，为 1.6；各断面 pH 在 2018 年、2019 年变化不明显，但 2019 年明显高于 2018 年。

根据 2011～2018 年谷家营水质监测资料，谷家营断面污染物浓度随时间变化情况见图 3-3。

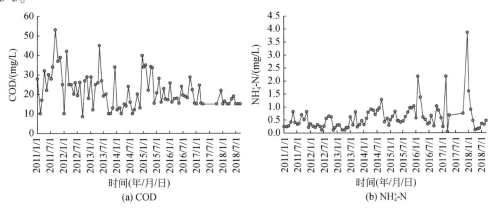

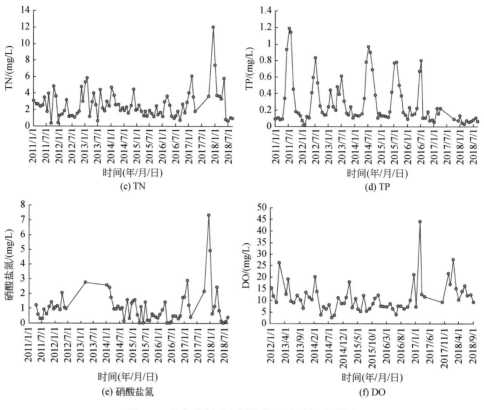

(c) TN

(d) TP

(e) 硝酸盐氮

(f) DO

图 3-3 谷家营断面各污染物浓度时间变化图

3.1.3.3 支流时空变化分析

妫水河在支流设有 3 个常规监测断面，包括三里墩沟断面、古城河断面、三里河断面。三里墩沟段有围栏无法进入，因此在 2019 年 7 月无实测值。各断面的 COD、NH_4^+-N、TN、TP、硝酸盐氮、DO 和 pH 在 2018 年 7 月至 2019 年 7 月的变化情况见图 3-4。

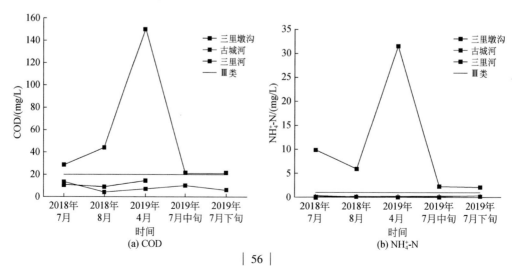

(a) COD

(b) NH_4^+-N

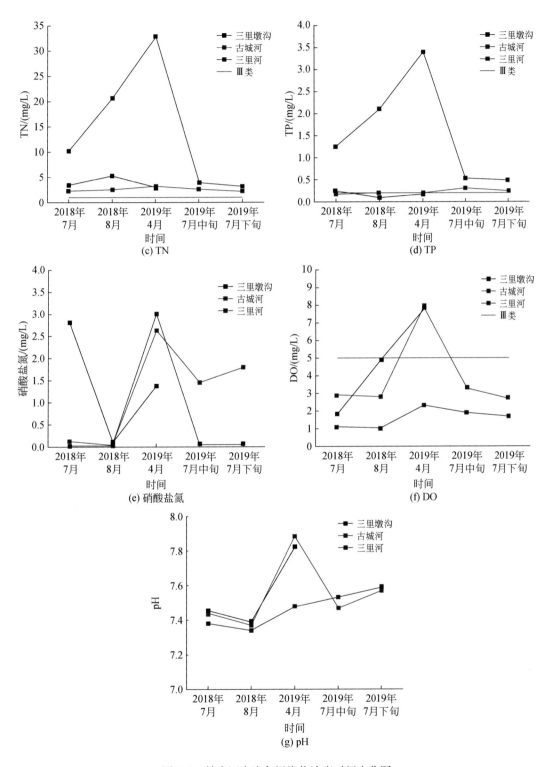

图 3-4 妫水河支流各污染物浓度时间变化图

COD：三里河断面的枯水期出现极大值，为 150mg/L，为Ⅲ类水质 7.5 倍；三里墩沟断面和古城河断面优于Ⅲ类水质标准；三里河断面随时间变化最明显，最大值与最小值相差 129mg/L，枯水期水质劣于丰水期；其余断面在丰水期和枯水期无明显差别。

NH_4^+-N：三里河断面的枯水期出现极大值，为 31.7mg/L，约为Ⅲ类水质 32 倍；三里墩沟断面和古城河断面优于Ⅲ类水质标准；三里河断面随时间变化最明显，最大值与最小值相差 29mg/L。

TN：三里河断面的枯水期出现极大值，为 32mg/L，约为Ⅲ类水质 32 倍；各断面均劣于Ⅲ类水质标准；三里河断面随时间变化最明显，最大值与最小值相差 29mg/L。

TP：三里河断面的枯水期出现极大值，为 3.4mg/L，约为Ⅲ类水质 17 倍；三里河断面随时间变化最明显，最大值与最小值相差 2.9mg/L。

硝酸盐氮：三里河断面的枯水期出现极大值，为 3mg/L；三里河断面随时间变化最明显，最大值与最小值相差 2.98mg/L；古城河断面枯水期的硝酸盐氮高于丰水期。

DO：三里河断面取得极小值，约为 1mg/L，劣于Ⅲ类水质；古城河断面随时间变化最明显，最大值与最小值相差 5.18mg/L。

pH：古城河断面随时间变化最明显，最大值与最小值相差 0.5；2019 年 pH 高于 2018 年。

3.2 妫水河流域限制入河总量方案研究

基于建立的以流域污染负荷估算和"污染负荷输入−水质响应"为核心的妫水河流域水环境系统模型（SWAT+HEC−RAS），研究妫水河干流典型断面，尤其是谷家营断面对各类污染源的响应关系。对妫水河流域进行控制单元划分，采用确定的设计水文条件和安全余量，结合妫水河流域季节性断流特征，以谷家营断面水质全面达到"水十条"要求和保障 2022 年北京冬季奥运会水质达标为约束，形成主要入河排污口及支流口的限制入河总量方案。

3.2.1 妫水河流域控制单元划分

3.2.1.1 控制单元划分技术方法

（1）控制单元划分目的

控制单元的划分目的，是考虑评估水体对应的汇水区内汇水特征、水环境功能的空间差异性，以及断面分布、行政区划等要素的不同，在充分体现水陆统筹原则的基础上，将汇水区内不同水环境功能区/水功能区的水域向陆域延伸，细化为若干个控制单元，以便实施和开展针对性治理。为了使流域内治污责任能够逐级落实，考虑划分的控制单元与现有行政区边界的交叉关系，以实现空间上的责任分担。

（2）控制单元划分方法

控制单元的划分方法简述如下。

1）综合考虑妫水河流域汇水区划分、行政区划、土地利用规划、水体治理措施等空间布局规划，结合自身水系分布、地形地势特点、重要支流入河口等关键控制节点，形成 ArcGIS 空间基础数据库；

2）根据数字高程模型（digital elevation model，DEM）数据对妫水河流域汇水区进行划分；

3）叠加相关区划成果，针对评估水体，识别每条河流的汇水范围，形成控制单元边界；

4）结合现有土地利用现状，分析每个汇水区土地利用和人类活动强度空间异质性特征，对控制单元进行细化和微调；

5）在无评估水体区域，主要根据现有水系规划和行政区边界，划分控制单元范围。

结合关键控制节点和汇水区内汇水特征，将行政区–水文响应单元有机融合，建立"关键控制节点–控制河段–对应陆域"的水陆响应关系。

3.2.1.2 控制单元划分结果

（1）划分依据

结合目前所有资料及进展工作，对妫水河流域汇水区进行划分，对延庆区乡镇行政区划进行数字化，并结合自身水系分布、地形地势特点，将乡镇行政区划叠加到汇水区对控制单元进行划分。妫水河流域汇水区和妫水河流域控制单元分别见图 3-5 和图 3-6。

（2）划分结果

妫水河流域共划分为 44 个控制单元，控制单元命名与编码采取如下规则：名称形式为"序号+河流+行政单位"。具体划分结果见表 3-20。

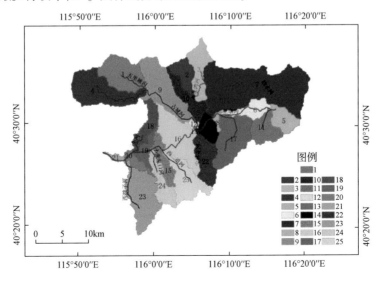

图 3-5　妫水河流域汇水区图

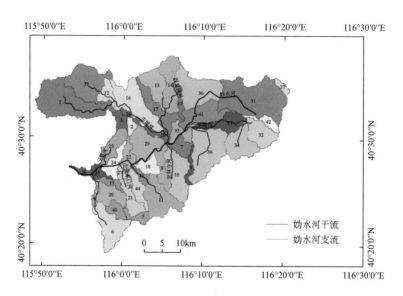

图 3-6 妫水河流域控制单元

表 3-20 控制单元划分结果

序号	控制单元名称	河流	行政区	面积/km²	镇级河长 姓名	镇级河长 职务
1	1-古城河–张山营	古城河	张山营镇	54.74	—	书记
2	2-妫水河–张山营	妫水河		3.97	—	镇长
3	3-三里河–张山营	三里河		5.97		
4	4-西拨子河–康庄	西拨子河	康庄镇	2.70	陈桂芬 张春元	书记 镇长
5	5-小张家口河–八达岭	小张家口河	八达岭镇	6.40	—	书记
6	6-西拨子河–八达岭	西拨子河		26.37	—	镇长
7	7-妫水河–井庄	妫水河	井庄镇	9.32	曲荣杰 刘军	书记 镇长
8	8-妫水河–井庄	妫水河		11.72		
9	9-宝林寺河–井庄	宝林寺河		4.86		
10	10-西二道河–井庄	西二道河		28.85		
11	11-小张家口河–井庄	小张家口河		28.72		
12	12-五里坡河–旧县	五里坡沟	旧县镇	8.55	—	书记
13	13-西龙湾河右支–旧县	西龙湾河右支一河		18.49	—	镇长
14	14-西龙湾河–旧县	西龙湾河		23.00		
15	15-妫水河–旧县	妫水河		5.20		
16	16-古城河–旧县	古城河		36.10		
17	17-西龙湾河–旧县	西龙湾河		19.67		

序号	控制单元名称	河流	行政区	面积/km²	镇级河长 姓名	镇级河长 职务
18	18-妫水河–大榆树	妫水河	大榆树镇	9.93	辛文军 赵满江	书记 镇长
19	19-妫水河–大榆树	妫水河		4.99		
20	20-西拨子河–大榆树	西拨子河		14.99		
21	21-小张家口河–大榆树	小张家口河		14.30		
22	22-妫水河–延庆	妫水河	延庆镇	9.17	郭慧成 张海峰	书记 镇长
23	23-三里河–延庆	三里河		14.72		
24	24-妫水河–延庆	妫水河		10.97		
25	25-妫水河–延庆	妫水河		4.84		
26	26-妫水河–延庆	妫水河		4.44		
27	27-小张家口河–延庆	小张家口河		3.28		
28	28-古城河–沈家营	古城河	沈家营镇	5.83	郭雄强 王建柱	书记 镇长
29	29-妫水河–沈家营	妫水河		23.74		
30	30-妫水河–香营	妫水河	香营乡	36.16	李新生 李英铁	书记 乡长
31	31-妫水河–刘斌堡	妫水河	刘斌堡乡	65.34	崔秀海 程立军	书记 乡长
32	32-周家坟沟–永宁	周家坟沟	永宁镇	18.82	葛 新 陈志海	书记 镇长
33	33-三里墩沟–永宁	三里墩沟		17.05		
34	34-三里墩沟–永宁	三里墩沟		23.15		
35	35-妫水河–永宁	妫水河		10.26		
36	36-孔化营沟–永宁	孔化营沟		43.76		
37	37-妫水河–四海	妫水河	四海镇	3.41	张胜军 马庆有	书记 镇长
38	38-古城河–张山营	古城河	张山营镇	3.11	— —	书记 镇长
39	39-五里坡河–张山营	五里坡沟		34.14		
40	40-西拨子河–八达岭	西拨子河	八达岭镇	7.26	— —	书记 镇长
41	41-妫水河–永宁	妫水河	永宁镇	24.09	葛 新 陈志海	书记 镇长
42	42-妫水河–永宁	妫水河		6.55		
43	43-西二道河–大榆树	西二道河	大榆树镇	4.39	辛文军 赵满江	书记 镇长
44	44-妫水河–大榆树	妫水河		11.29		

3.2.2 时空分异水质目标

以谷家营断面水质全面达到"水十条"要求（COD≤20mg/L、NH_4^+-N≤1mg/L、TP≤

0.2mg/L、TN≤1mg/L）和保障 2022 年北京冬季奥运会水质达标为约束，结合妫水河流域有关功能区划，确定不同水文频率、不同河段、不同年度、年内不同月份的水质目标。

3.2.3 限制入河总量计算与分解

3.2.3.1 多目标优化分解方法

基于水质响应系数矩阵建立控制断面与其上游入河排污口的水质响应关系，之后采用多目标优化分解方法进行水环境容量的计算。

目标函数：流域内水环境容量总和最大。

$$\max \sum_{j=1}^{n} X_j Q_j \quad (j = 1, 2, \cdots, n) \tag{3-5}$$

约束方程：水质目标约束条件及入河排污口入河负荷约束条件。

$$\sum_{j=1}^{n} S_{ij} X_j + \alpha_{0i} C_0 \leqslant C_i \tag{3-6}$$

$$X_j \geqslant 0 \tag{3-7}$$

式中，j 为排污口（支流口）编号；X_j 为排污口（支流口）允许排放浓度；i 为控制断面编号；Q_j 为排污口设计排污流量或支流设计流量，m^3/s；C_i 为控制断面控制浓度，mg/L；S_{ij} 为第 i 个控制断面对第 j 个排污口（支流口）排放单位浓度污染物的水质响应系数，量纲为 1；α_{0i} 为第 i 个控制断面对计算区段污染物单位背景浓度的水质响应系数，量纲为 1；C_0 为污染物背景浓度，mg/L。

3.2.3.2 限制入河量计算

限制入河量表达式如下：

$$限制入河量 = 水环境容量 - 安全余量 \tag{3-8}$$

式中，水环境容量及安全余量计算采用以下技术路线。

1）确定流域控制断面水质目标。

2）按照规划特点，基于相关技术标准规定的水质模型公式，以流域（子流域）为单元，基于流域上下游水量连续、水质过程连续的要求，建立污染负荷输入–水质响应关系。

3）按照不同设计水文条件，采用水质响应系数方法，计算水环境容量。按照严格控制入河污染负荷的原则，分析水环境容量计算中的不确定因素及其影响特征，计算水功能区安全余量。

3.2.3.3 安全余量

（1）安全余量内涵

基于水质响应系数矩阵的限制排污总量计算，可以得到各排污口（点源）或支流口

（子流域污染源，包括子流域内的点源和非点源）的允许负荷。此计算过程已经考虑了环境背景值、设计水文条件等不确定因素的影响。

计算过程中使用了水环境数学模型，但该模型中用到了大量的参数，即存在大量的不确定因素，故为了保证水体水质达标，仍然需要根据不同控制单元的特征及总量计算中水环境容量模型、数据及方法的不确定性，预留一定的安全余量。

确定安全余量时要充分考虑水污染控制的不确定性因素。不确定性因素应包括模型选择、达标评价方法、特殊水污染事故、水工程、水质目标不合理等因素导致的不确定性。

（2）安全余量确定方法

安全余量的设计方法主要有以下几种。

1）对于毒性较大及危害较大的可降解污染物质，采用保守物质假设，其安全余量范围取决于该污染物的降解速率，越高越安全；

2）对于污径比大的河流，不考虑污染物的降解能力，忽略自净能力；

3）对于一般的可降解污染物质，采用偏安全的降解速率设计，如降解系数降低10%~20%；

4）在多目标约束中采用最严格的约束，如河流采用一维计算分配容量，采用混合区限制进行排放量校核，校核减排的部分构成安全余量；

5）在计算中对所有水质目标标准值降低一个百分比，如10%；

6）在所有或重点排放源的分配中降低一个百分比，如10%。

3.2.4 妫水河限制入河总量方案

3.2.4.1 安全余量设计

在上述安全余量方法中，本书采用对所有排放源的分配降低10%的方法确定安全余量。

3.2.4.2 线性规划方程建立与求解

建立妫水河干流COD、NH_4^+-N、TN、TP的线性规划方程，采用LINGO程序求解线性规划方程，见式（3-5）~式（3-7）。

3.2.4.3 全年单一设计水文条件下限制入河总量方案

全年单一设计水文条件下，控制单元限制入河总量计算与分解结果如下。COD限制入河总量在控制单元24最大，约600t/a；其次为控制单元1和单元36，限制入河总量约12t/a和11t/a。与2016年COD入河量相比，控制单元7、单元9、单元10、单元19、单元22、单元25、单元26、单元27、单元35、单元43、单元44削减比例在97%及以上。NH_4^+-N限制入河总量在控制单元24最大，约27t/a；其次为控制单元36和单元1，限制入河总量约 0.22t/a 和 0.20t/a。与 2016 年 NH$_4^+$-N 入河量相比，控制单元 7、单元 9、单元 10、单元 19、单元 21、单元 22、单元 25、单元 26、单元 27、单元 29、单元 35、单元 43、单元 44 削减比例在 97% 及以上。TN 限制入河总量在控制单元 24 最大，约 31t/a；其次为控制单元 36 和单元 34，限制入河总量约 0.19t/a 和 0.10t/a。与 2016 年 TN 入河量相比，大多数控制单元削减比例超过 97%。TP 限制入河总量在控制单元 24 最大，约 2.4t/a；其次为控制单元 1 和单元 36，限制入河总量约 0.060t/a 和 0.056t/a。与 2016 年 TP 入河量相比，控制单元 2、单元 5、单元 7、单元 8、单元 9、单元 10、单元 11、单元 18、单元 19、单元 21、单元 22、单元 23、单元 25、单元 26、单元 27、单元 29、单元 35、单元 43、单元 44 削减比例在 97% 及以上。

3.2.4.4　逐月适线法限制入河总量方案

各控制单元在逐月适线法条件下的限制入河总量计算与分解结果如下。COD 限制入河总量在控制单元 24 最大，约 1467t/a；其次为控制单元 36 和单元 34，限制入河总量约 16t/a 和 9t/a。与 2016 年 COD 入河量相比，控制单元 2、单元 7、单元 8、单元 9、单元 10、单元 18、单元 19、单元 21、单元 22、单元 25、单元 26、单元 27、单元 29、单元 35、单元 43、单元 44 削减比例超过 97%。NH$_4^+$-N 限制入河总量在控制单元 24 最大，为 61t/a；其次为控制单元 36 和单元 34，限制入河总量约 0.66t/a 和 0.35t/a。与 2016 年 NH$_4^+$-N 入河量相比，控制单元 22、单元 25、单元 26、单元 27、单元 35、单元 43 削减比例超过 97%。TN 限制入河总量在控制单元 24 最大，约 81t/a；其次为控制单元 36 和控制单元 34，限制入河总量约 0.61t/a 和 0.32t/a。与 2016 年 TN 入河量相比，大多数控制单元削减比例超过 97%。TP 限制入河总量在控制单元 24 最大，约 5.9t/a；其次为控制单元 36 和控制单元 1，限制入河总量分别为 0.115t/a 和 0.068t/a。与 2016 年 TP 入河量相比，控制单元 2、单元 5、单元 7、单元 8、单元 9、单元 10、单元 11、单元 18、单元 19、单元 21、单元 22、单元 25、单元 26、单元 27、单元 29、单元 35、单元 43、单元 44 削减比例超过 97%。

全年单一设计水文条件和逐月适线法条件下的限制入河总量方案对比结果见图 3-7 和表 3-21。

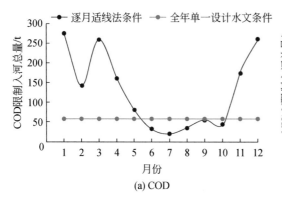

(a) COD

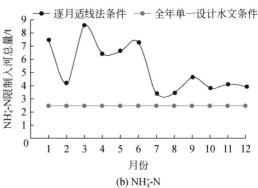

(b) NH$_4^+$-N

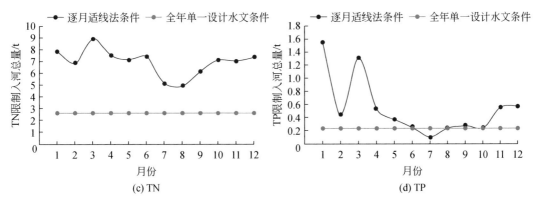

图 3-7　妳水河流域动态和静态限制入河总量方案对比结果

表 3-21　妳水河流域限制入河总量方案　　　　　　　　　（单位：t/a）

污染物	水环境容量		2016 年污染物入河量	限制入河总量		削减量	
	全年单一设计水文条件	逐月适线法条件		全年单一设计水文条件	逐月适线法条件	全年单一设计水文条件	逐月适线法条件
COD	785.94	1722.13	952.50	707.35	1549.92	597.54	621.20
NH$_4^+$-N	32.45	70.78	20.66	29.21	63.71	7.89	7.06
TN	35.11	92.90	149.58	31.60	83.61	117.98	65.97
TP	3.19	7.24	9.92	2.87	6.51	7.06	6.92

3.3　基于工程措施优化布局的妳水河流域容量总量控制技术

人类活动是水体污染的主要原因，适当减少人为影响，采取一系列工程措施可以有效降低污染程度。不同工程措施的污染物削减效率不同，需要对不同措施进行污染物削减效率评估以确定适宜该研究区的工程管理措施。

本节基于建立的妳水河流域水环境系统模型，结合妳水河污染防控重点区域识别结果，对各类工程措施及较为有效的非工程措施（农村综合整治）进行了模拟分析，进而根据模拟结果制定了不同措施下的妳水河流域容量总量控制方案。

3.3.1　措施概况

各类工程措施主要包括流域水土保持生态修复、河流–湿地群生态连通水体净化修复。此外，从应用实际看，农村综合整治是非工程措施中较为有效的措施，本书一并进行了模拟分析。各类措施基本信息见表 3-22。

表 3-22　妫水河流域工程管理措施汇总

措施分类	具体措施	措施规模
流域水土保持生态修复	植被缓冲带	宽度 5m
	林下植被渗滤沟	深度 0.3m，宽度 1m
河流–湿地群生态连通水体净化修复	种植被和循环系统	东大桥–谷家营
农村综合整治	化肥削减措施	化肥削减 20%
	免耕	—
	残茬覆盖耕作	—

3.3.2　植被缓冲带

3.3.2.1　情景设置

植被缓冲带共设置 3 种情景，具体情景方案及参数设置见表 3-23、图 3-8。

表 3-23　各情景方案及参数设置

情景方案	措施设置	参数设置	措施位置
情景 B-1	现状	无修改	无
情景 B-2	植被缓冲带	.ops 中 FS 宽度设置为 5m（SWAT 模型）	关键源区
情景 B-3	植被缓冲带	.ops 中 FS 宽度设置为 5m（SWAT 模型）	全流域

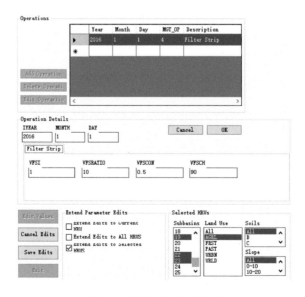

图 3-8　模型参数设置界面

根据 3.2 节控制单元污染物识别结果，关键源区为控制单元 4、控制单元 8、控制单元 18、控制单元 19、控制单元 20、控制单元 21、控制单元 22、控制单元 23、控制单元 24、控制单元 25、控制单元 26、控制单元 27、控制单元 28、控制单元 35、控制单元 41、控制单元 43、控制单元 44，共 17 个。

3.3.2.2 模拟结果

情景 B-2 与情景 B-3 的污染物削减量模拟结果见表 3-24，关键源区控制单元污染物削减量与全流域控制单元污染物削减量见表 3-25、表 3-26。

表 3-24 情景 B-2 与情景 B-3 的污染物削减量模拟结果 （单位：kg/a）

情景方案	削减量			
	COD	NH_4^+-N	TN	TP
情景 B-2	109 551.39	1 822.45	3 469.95	1 264.56
情景 B-3	313 008.22	4 965.68	13 376.64	4 604.23

表 3-25 关键源区控制单元污染物削减量 （单位：kg/a）

控制单元	COD	NH_4^+-N	TN	TP
4-西拨子河–康庄	1 523.97	29.23	55.14	19.84
8-妫水河–井庄	5 878.92	100.35	292.31	99.05
18-妫水河–大榆树	4 759.07	108.77	234.71	79.81
19-妫水河–大榆树	4 780.92	53.77	105.80	41.12
20-西拨子河–大榆树	9 467.12	129.02	270.32	101.74
21-小张家口河–大榆树	6 837.39	111.76	252.16	90.56
22-妫水河–延庆	6 879.24	135.95	192.35	70.89
23-三里河–延庆	12 522.06	221.42	304.38	115.61
24-妫水河–延庆	12 869.48	125.38	223.98	93.42
25-妫水河–延庆	5 195.57	60.23	98.57	40.05
26-妫水河–延庆	3 490.23	71.85	87.74	33.02
27-小张家口河–延庆	3 264.60	45.08	68.09	26.93
28-古城河–沈家营	3 471.43	100.96	135.06	47.98
35-妫水河–永宁	5 953.13	107.55	253.54	88.46
41-妫水河–永宁	13 447.12	292.46	596.44	206.04
43-西二道河–大榆树	2 557.79	48.02	85.89	31.24
44-妫水河–大榆树	6 653.35	80.65	213.47	78.80
合计	109 551.39	1 822.45	3 469.95	1 264.56

表 3-26　全流域控制单元污染物削减量　　　　（单位：kg/a）

控制单元	COD	NH_4^+-N	TN	TP
1-古城河–张山营	11 232.35	103.87	716.76	214.37
2-妫水河–张山营	2 656.15	18.69	91.94	33.51
3-三里河–张山营	3 178.25	28.18	102.51	36.74
4-西拨子河–康庄	1 523.97	29.23	55.14	19.84
5-小张家口河–八达岭	1 814.20	11.15	93.47	32.04
6-西拨子河–八达岭	12 770.78	87.93	438.07	159.50
7-妫水河–井庄	3 948.10	66.80	215.51	71.98
8-妫水河–井庄	5 878.92	100.35	292.31	99.05
9-宝林寺河–井庄	1 005.04	8.96	82.01	24.25
10-西二道河–井庄	11 223.71	125.47	619.54	207.10
11-小张家口河–井庄	10 446.90	68.33	447.94	157.32
12-五里坡河–旧县	1 761.86	32.27	112.00	34.47
13-西龙湾河右支—旧县	7 580.05	118.87	256.75	94.67
14-西龙湾河–旧县	9 392.78	185.92	399.55	125.76
15-妫水河–旧县	2 464.21	51.56	98.00	31.12
16-古城河–旧县	16 463.42	255.57	582.92	217.91
17-西龙湾河–旧县	9 929.87	153.75	326.20	112.21
18-妫水河–大榆树	4 759.07	108.77	234.71	79.81
19-妫水河–大榆树	4 780.92	53.77	105.80	41.12
20-西拨子河–大榆树	9 467.12	129.02	270.32	101.74
21-小张家口河–大榆树	6 837.39	111.76	252.16	90.56
22-妫水河–延庆	6 879.24	135.95	192.35	70.89
23-三里河–延庆	12 522.06	221.42	304.38	115.61
24-妫水河–延庆	12 869.48	125.38	223.98	93.42
25-妫水河–延庆	5 195.57	60.23	98.57	40.05
26-妫水河–延庆	3 490.23	71.85	87.74	33.02
27-小张家口河–延庆	3 264.60	45.08	68.09	26.93
28-古城河–沈家营	3 471.43	100.96	135.06	47.98
29-妫水河–沈家营	15 998.74	533.90	636.26	224.22
30-妫水河–香营	16 145.40	284.34	830.07	279.68
31-妫水河–刘斌堡	19 973.61	257.53	1 466.62	472.70
32-周家坟沟–永宁	4 141.76	88.12	276.55	88.22
33-三里墩沟–永宁	7 246.84	104.17	278.73	121.78
34-三里墩沟–永宁	5 994.59	73.92	210.04	89.82
35-妫水河–永宁	5 953.13	107.55	253.54	88.46
36-孔化营沟–永宁	14 807.32	335.82	829.77	255.49
37-妫水河–四海	744.91	6.13	63.46	20.11

控制单元	COD	NH_4^+-N	TN	TP
38-古城河–张山营	1 730.73	10.99	50.04	19.44
39-五里坡河–张山营	7 042.12	64.21	447.65	137.78
40-西拨子河–八达岭	2 391.31	13.62	110.24	38.35
41-妫水河–永宁	13 447.12	292.46	596.44	206.04
42-妫水河–永宁	1 371.83	53.16	124.09	39.13
43-西二道河–大榆树	2 557.79	48.02	85.89	31.24
44-妫水河–大榆树	6 653.35	80.65	213.47	78.80
合计	313 008.22	4 965.68	13 376.64	4 604.23

3.3.3　林下植被渗滤沟

3.3.3.1　情景设置

林下植被渗滤沟共设置 3 种情景，具体情景方案及参数设置见表 3-27、图 3-9。

表 3-27　各情景方案及参数设置

情景方案	措施设置	参数设置	措施位置
情景 C-1	现状	无修改	无
情景 C-2	林下植被渗滤沟	.ops 中 GW 中参数（SWAT 模型）	关键源区
情景 C-3	林下植被渗滤沟	.ops 中 GW 中参数（SWAT 模型）	全流域

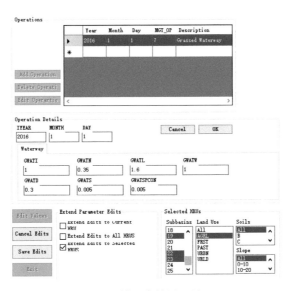

图 3-9　模型参数设置界面

3.3.3.2 模拟结果

情景 C-2 与情景 C-3 的污染物削减量模拟结果见表 3-28，关键源区控制单元污染物削减量与全流域控制单元污染物削减量见表 3-29、表 3-30。

表 3-28 情景 C-2 与情景 C-3 的污染物削减量模拟结果 （单位：kg/a）

情景方案	削减量			
	COD	NH_4^+-N	TN	TP
情景 C-2	73 034.28	947.68	1 808.54	648.00
情景 C-3	208 672.17	2 758.12	7 398.19	2 477.75

表 3-29 关键源区控制单元污染物削减量 （单位：kg/a）

控制单元	COD	NH_4^+-N	TN	TP
4-西拨子河–康庄	1 015.98	14.83	27.97	9.99
8-妫水河–井庄	3 919.28	53.95	157.15	53.44
18-妫水河–大榆树	3 172.72	58.48	126.18	43.06
19-妫水河–大榆树	3 187.28	27.40	53.91	19.97
20-西拨子河–大榆树	6 311.41	65.46	137.14	51.25
21-小张家口河–大榆树	4 558.26	56.70	127.92	45.61
22-妫水河–延庆	4 586.16	69.27	98.01	34.42
23-三里河–延庆	8 348.04	112.82	155.09	56.14
24-妫水河–延庆	8 579.66	63.89	114.13	45.36
25-妫水河–延庆	3 463.72	30.69	50.22	19.45
26-妫水河–延庆	2 326.82	36.61	44.71	16.03
27-小张家口河–延庆	2 176.40	22.97	34.69	13.08
28-古城河–沈家营	2 314.29	54.28	72.61	25.89
35-妫水河–永宁	3 968.76	57.82	136.30	47.72
41-妫水河–永宁	8 964.75	157.23	320.64	111.16
43-西二道河–大榆树	1 705.19	24.36	43.57	15.74
44-妫水河–大榆树	4 435.56	40.92	108.30	39.69
合计	73 034.28	947.68	1 808.54	648.00

表 3-30 全流域控制单元污染物削减量 （单位：kg/a）

控制单元	COD	NH_4^+-N	TN	TP
1-古城河–张山营	7 488.24	59.52	410.71	120.77
2-妫水河–张山营	1 770.77	10.05	49.43	18.08

控制单元	COD	NH$_4^+$-N	TN	TP
3-三里河–张山营	2 118.83	14.36	52.23	17.84
4-西拨子河–康庄	1 015.98	14.83	27.97	9.99
5-小张家口河–八达岭	1 209.47	5.66	47.42	16.14
6-西拨子河–八达岭	8 513.85	44.61	222.24	80.34
7-妫水河–井庄	2 632.07	35.91	115.86	38.83
8-妫水河–井庄	3 919.28	53.95	157.15	53.44
9-宝林寺河–井庄	670.02	4.93	45.11	11.54
10-西二道河–井庄	7 482.48	53.07	262.05	94.06
11-小张家口河–井庄	6 964.60	34.66	227.25	79.24
12-五里坡河–旧县	1 174.57	17.88	62.06	20.60
13-西龙湾河右支一旧县	5 053.37	93.22	201.34	58.84
14-西龙湾河–旧县	6 261.85	110.80	238.11	77.13
15-妫水河–旧县	1 642.81	35.74	67.94	22.94
16-古城河–旧县	10 975.61	136.24	310.75	116.27
17-西龙湾河–旧县	6 619.91	104.04	220.74	74.16
18-妫水河–大榆树	3 172.72	58.48	126.18	43.06
19-妫水河–大榆树	3 187.28	27.40	53.91	19.97
20-西拨子河–大榆树	6 311.41	65.46	137.14	51.25
21-小张家口河–大榆树	4 558.26	56.70	127.92	45.61
22-妫水河–延庆	4 586.16	69.27	98.01	34.42
23-三里河–延庆	8 348.04	112.82	155.09	56.14
24-妫水河–延庆	8 579.66	63.89	114.13	45.36
25-妫水河–延庆	3 463.72	30.69	50.22	19.45
26-妫水河–延庆	2 326.82	36.61	44.71	16.03
27-小张家口河–延庆	2 176.40	22.97	34.69	13.08
28-古城河–沈家营	2 314.29	54.28	72.61	25.89
29-妫水河–沈家营	10 665.83	287.02	342.05	120.96
30-妫水河–香营	10 763.60	152.86	446.24	150.89
31-妫水河–刘斌堡	13 315.74	138.45	788.45	255.02
32-周家坟沟–永宁	2 761.17	58.60	183.89	55.18
33-三里墩沟–永宁	4 831.23	74.40	199.09	59.71
34-三里墩沟–永宁	3 996.39	73.48	208.79	75.60
35-妫水河–永宁	3 968.76	57.82	136.30	47.72

续表

控制单元	COD	NH$_4^+$-N	TN	TP
36-孔化营沟–永宁	9 871.55	184.72	456.43	121.62
37-妫水河–四海	496.61	3.29	34.12	10.85
38-古城河–张山营	1 153.82	5.86	26.67	10.37
39-五里坡河–张山营	4 694.74	35.58	248.04	82.34
40-西拨子河–八达岭	1 594.21	6.91	55.93	19.32
41-妫水河–永宁	8 964.75	157.23	320.64	111.16
42-妫水河–永宁	914.55	28.58	66.71	21.11
43-西二道河–大榆树	1 705.19	24.36	43.57	15.74
44-妫水河–大榆树	4 435.56	40.92	108.30	39.69
合计	208 672.17	2 758.12	7 398.19	2 477.75

3.3.4 农村综合整治

3.3.4.1 情景设置

植被缓冲带共设置 3 种情景，具体情景方案及参数设置见表 3-31。

表 3-31　各情景方案及参数设置

情景方案	措施设置	参数设置	措施位置
情景 F-1	现状	无修改	无
情景 F-2	农村综合整治	.mgt 文件调整参数（SWAT 模型）	关键源区
情景 F-3	农村综合整治	.mgt 文件调整参数（SWAT 模型）	全流域

3.3.4.2 模拟结果

情景 F-2 与情景 F-3 的污染物削减量模拟结果见表 3-32，关键源区控制单元污染物削减量与全流域控制单元污染物削减量见表 3-33、表 3-34。

表 3-32　情景 F-2 与情景 F-3 的污染物削减量模拟结果　（单位：kg/a）

情景方案	削减量			
	COD	NH$_4^+$-N	TN	TP
情景 F-2	21 910.28	141.94	301.81	219.47
情景 F-3	60 355.17	476.73	1 297.99	919.75

表 3-33　关键源区控制单元污染物削减量　　　　　　　　（单位：kg/a）

控制单元	COD	NH$_4^+$-N	TN	TP
4-西拨子河–康庄	304.79	3.44	6.48	2.49
8-妫水河–井庄	1 175.78	12.58	36.63	29.90
18-妫水河–大榆树	951.81	13.63	29.42	24.09
19-妫水河–大榆树	956.18	0.46	0.90	2.12
20-西拨子河–大榆树	1 893.42	15.17	31.78	12.76
21-小张家口河–大榆树	1 367.48	13.14	29.64	11.36
22-妫水河–延庆	1 375.85	1.16	1.64	3.65
23-三里河–延庆	2 504.41	1.89	2.59	5.95
24-妫水河–延庆	2 573.90	1.07	1.91	4.81
25-妫水河–延庆	1 039.11	0.51	0.84	2.06
26-妫水河–延庆	698.05	0.61	0.75	1.70
27-小张家口河–延庆	652.92	0.38	0.58	1.39
28-古城河–沈家营	694.29	12.65	16.93	14.49
35-妫水河–永宁	1 190.63	13.48	31.78	26.70
41-妫水河–永宁	2 689.43	36.65	74.75	62.20
43-西二道河–大榆树	511.56	5.64	10.10	3.92
44-妫水河–大榆树	1 330.67	9.48	25.09	9.88
合计	21 910.28	141.94	301.81	219.47

表 3-34　全流域控制单元污染物削减量　　　　　　　　（单位：kg/a）

控制单元	COD	NH$_4^+$-N	TN	TP
1-古城河–张山营	0	0	0	0
2-妫水河–张山营	531.23	2.34	11.52	10.11
3-三里河–张山营	635.65	0.24	0.87	1.89
4-西拨子河–康庄	304.79	3.44	6.48	2.49
5-小张家口河–八达岭	362.84	1.31	10.99	4.02
6-西拨子河–八达岭	2 554.16	10.34	51.49	20.00
7-妫水河–井庄	789.62	8.37	27.01	21.73
8-妫水河–井庄	1 175.78	12.58	36.63	29.90
9-宝林寺河–井庄	201.01	0.52	4.76	5.04
10-西二道河–井庄	2 244.74	9.83	48.53	39.08
11-小张家口河–井庄	2 089.38	8.03	52.65	19.73
12-五里坡河–旧县	352.37	4.21	14.63	12.24
13-西龙湾河右支一旧县	1 516.01	17.53	37.85	14.14
14-西龙湾河–旧县	1 878.56	21.60	46.41	17.37

控制单元	COD	NH_4^+-N	TN	TP
15-妫水河-旧县	492.84	8.33	15.84	12.84
16-古城河-旧县	3 292.68	42.28	96.44	63.76
17-西龙湾河-旧县	1 985.97	23.12	49.05	28.11
18-妫水河-大榆树	951.81	13.63	29.42	24.09
19-妫水河-大榆树	956.18	0.46	0.90	2.12
20-西拨子河-大榆树	1 893.42	15.17	31.78	12.76
21-小张家口河-大榆树	1 367.48	13.14	29.64	11.36
22-妫水河-延庆	1 375.85	1.16	1.64	3.65
23-三里-延庆	2 504.41	1.89	2.59	5.95
24-妫水河-延庆	2 573.90	1.07	1.91	4.81
25-妫水河-延庆	1 039.11	0.51	0.84	2.06
26-妫水河-延庆	698.05	0.61	0.75	1.70
27-小张家口河-延庆	652.92	0.38	0.58	1.39
28-古城河-沈家营	694.29	12.65	16.93	14.49
29-妫水河-沈家营	3 199.75	66.91	79.74	67.69
30-妫水河-香营	3 229.08	35.64	104.03	84.43
31-妫水河-刘斌堡	3 994.72	32.28	183.81	142.70
32-周家坟沟-永宁	828.35	1.07	3.34	1.56
33-三里墩沟-永宁	1 449.37	0.78	2.10	1.63
34-三里墩沟-永宁	1 198.92	1.32	3.75	1.85
35-妫水河-永宁	1 190.63	13.48	31.78	26.70
36-孔化营沟-永宁	2 961.46	19.50	48.17	53.06
37-妫水河-四海	148.98	0.77	7.95	6.07
38-古城河-张山营	346.15	1.82	8.28	5.69
39-五里坡沟-张山营	1 408.42	8.39	58.46	48.92
40-西拨子河-八达岭	478.26	1.60	12.96	4.81
41-妫水河-永宁	2 689.43	36.65	74.75	62.20
42-妫水河-永宁	274.37	6.66	15.55	11.81
43-西二道河-大榆树	511.56	5.64	10.10	3.92
44-妫水河-大榆树	1 330.67	9.48	25.09	9.88
合计	60 355.17	476.73	1 297.99	919.75

3.3.5 面向措施优化配置的妫水河流域容量总量控制方案

未采取优化配置措施前，全年单一设计水文条件和逐月适线法条件下妫水河流域各污染物的削减量见表 3-35。其中，COD 在单一设计水文条件和逐月适线法条件下的削减量分别是 597.54t/a 和 621.20t/a；NH$_4^+$-N 在两种水文条件下的削减量分别是 7.89t/a 和 7.06t/a；TN 在两种水文条件下的削减量分别是 117.98t/a 和 65.97t/a；TP 在两种水文条件下的削减量分别是 7.06t/a 和 6.92t/a。

表 3-35　未采取优化措施的妫水河流域各污染物的削减量

污染物指标	削减量/(t/a)		削减率/%	
	单一设计水文条件	逐月适线法条件	单一设计水文条件	逐月适线法条件
COD	597.54	621.20	62.73	65.22
NH$_4^+$-N	7.89	7.06	38.19	34.17
TN	117.98	65.97	78.87	44.10
TP	7.06	6.92	71.17	69.76

面向措施优化配置的妫水河流域各污染物的削减量见表 3-36。从表 3-36 可知，COD 在农村综合整治措施下的削减量最大，为 502.43t/a，削减率为 79.09%；NH$_4^+$-N 在河流-湿地群生态连通水体净化修复中的种植被措施下的削减量最大，为 6.88t/a，削减率为 33.29%；TN 在河流-湿地群生态连通水体净化修复中的种植被措施下的削减量最大，为 31.01t/a，削减率为 20.73%；TP 在河流-湿地群生态连通水体净化修复中的种植被措施下的削减量最大，为 6.40t/a，削减率为 64.52%。

表 3-36　面向措施优化配置的妫水河流域各污染物的削减量

污染物指标	削减量/(t/a)					削减率/%				
	植被缓冲带	林下植被渗滤沟	河流-湿地群生态连通水体净化修复		农村综合整治	植被缓冲带	林下植被渗滤沟	河流-湿地群生态连通水体净化修复		农村综合整治
			种植被	种植被+循环系统				种植被	种植被+循环系统	
COD	260.07	360.11	161.78	166.20	502.43	67.98	73.96	16.9	17.45	79.09
NH$_4^+$-N	1.46	3.43	6.88	1.35	5.56	51.34	67.82	33.29	6.54	75.77
TN	6.67	12.54	31.01	27.84	18.53	86.30	91.47	20.73	18.61	93.53
TP	2.18	4.26	6.40	5.10	5.78	79.41	87.41	64.52	51.39	89.82

3.4　本 章 小 结

本章系统调研了妫水河流域基础数据与水环境过程特征，定性分析了妫水河流域水体时空变化特征、点源及面源排放与入河负荷变化特征及两者的相关性，研究了妫水河流域水污染特征时空分异状况。基于以流域污染负荷估算和"污染负荷输入-水质响应"为核心的流域模型与水体模型耦合的妫水河流域水环境系统模型（SWAT+HEC-RAS），研究妫水河干流典型断面，尤其是谷家营断面对各类污染源的响应关系。对妫水河流域进行控制单元划分，采用确定的设计水文条件和安全余量，结合妫水河流域季节性断流特征，以谷家营断面水质全面达到"水十条"要求和保障北京冬季奥运会水质达标为约束，形成了主要入河排污口及支流口的限制入河总量方案。对各类工程措施（流域水土保持生态修复、河流–湿地群生态连通水体净化修复、农村综合整治）进行情景分析。结合不同时空条件下不同污染源对妫水河干流水体的影响程度研究结果及妫水河污染措施配置分析结果，提出污染防控措施优化布局方案，形成了面向措施优化配置的妫水河流域容量总量控制方案。实现了流域水质目标管理技术在妫水河流域的应用。

第4章 季节性河流多水源生态调度及水质水量保障技术

妫水河是典型的北方缺水型河流，年均降水量少，导致妫水河的来水量锐减。自2003年开始，延庆境内白河堡水库的优质水调往密云水库，妫水河从此失去了重要的水源补充。2003年以前，妫水河基流平均为$0.75m^3/s$，而2014年平均基流只有$0.14m^3/s$，出现断流达30次。另外，妫水河水质较差，整体为Ⅳ~劣Ⅴ类。妫水河来水量不足加剧了生态系统脆弱性，河岸及浅滩区水生植物稀少。妫水河农场橡胶坝至南关桥段水体整体流动性较差，河湾处存在大量死水区，水体自净能力较差。

2015年2月，中央政治局常务委员会会议审议通过《水污染防治行动计划》，提出到2020年，长江、黄河、珠江、松花江、淮河、海河、辽河七大重点流域水质优良（达到或优于Ⅲ类）比例总体达到70%以上，同时指出要加强江河湖库水量调度管理，完善水量调度方案。采取闸坝联合调度、生态补水等措施，合理安排闸坝下泄水量和泄流时段，维持河湖基本生态用水需求，重点保障枯水期生态基流，加大水利工程建设力度，发挥好控制性水利工程在改善水质中的作用。在地方科技需求方面，《永定河综合治理与生态修复总体方案》明确指出，将系统治理永定河全流域，逐步恢复成"流动的河、绿色的河、清洁的河、安全的河"，到2025年基本建成永定河绿色生态河流廊道。妫水河流域作为永定河流域的一部分，是下游官厅水库重要的水源地，对永定河生态廊道具有重要支撑作用。同时中国北京世界园艺博览会和北京冬季奥运会也将在延庆举办，更加要求延庆充分发挥其功能，展示出最好的环境和风景。《延庆县"十三五"水务发展规划报告》也提出了妫水河水体要达到地表水Ⅲ类标准的目标。因此，亟须针对妫水河流域生态基流和水质问题，开展水质水量调度技术研究以改善妫水河生态环境。

本章将从妫水河水生态环境调查、妫水河生态需水量和基流阈值研究、妫水河流域水质水量模型耦合、多水源配置和水质水量高度技术4个方面的研究进行阐述。基于以上研究开发了"季节性河流多水源生态调度及水质水量保障关键技术"，该技术由河道生态基流阈值的计算方法、流域多种可利用水源的优化配置方案、基于流域特征的水质水量联合调度模型构建等核心技术有机构成。

4.1 妫水河水生态环境调查

4.1.1 妫水河浮游生物群落结构及其与环境因子相关性

4.1.1.1 浮游植物群落结构分析

2017 年丰水期（6 月和 7 月）和枯水期（10 月和 11 月）对妫水河的浮游植物开展了 4 次调查。结果表明，浮游植物共有 8 门 56 属 99 种，以硅藻门为主（21 属 39 种），其次是绿藻门（16 属 31 种）和蓝藻门（10 属 14 种），硅藻门、绿藻门和蓝藻门细胞密度所占比例分别为 49.29%、14.01% 和 24.93%，蓝藻门、裸藻门、甲藻门、金藻门和隐藻门物种数相对较少，种类组成硅藻门>绿藻门>蓝藻门>金藻门>隐藻门>甲藻门>裸藻门，且丰水期种类数多于枯水期。

妫水河两个时期浮游植物密度变化见图 4-1 和图 4-2，平均细胞密度为 6.33×10^6 个/L，丰水期浮游植物密度组成以硅藻门和绿藻门为主，枯水期以硅藻门和蓝藻门为主，硅藻门密度所占比例在两个时期均最高，所占比例为 41.49%~50.93%。丰水期 S8、S9 断面浮游植物细胞密度较高，主要是这两个断面 TN 含量和硅酸盐含量高、光照强，促进硅藻和绿藻的大量繁殖；枯水期 S4、S6 和 S10 断面浮游植物细胞密度较高，主要原因是枯水期这几个断面的水体营养水平较高，所以浮游植物细胞密度相对较高。从浮游植物数量上看，妫水河多数取样断面为中营养水体，少数取样断面（S6、S8、S9）为富营养水体，整体水质为中到富营养水平。

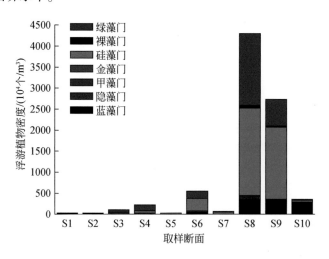

图 4-1 妫水河丰水期浮游植物密度变化

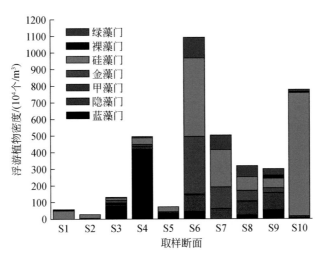

图 4-2 妫水河枯水期浮游植物密度变化

妫水河浮游植物优势种分布见表 4-1，丰水期与枯水期中出现的优势种有小环藻属、栅藻属、隐藻属、尖针杆藻、鱼腥藻属，优势度最高的是小环藻属，它占浮游植物细胞总量的 41.75%。

表 4-1 妫水河浮游植物优势种分布

时期	属名或种名	出现频度	占浮游植物细胞总量比例/%	优势度
丰水期 （6月）	鱼腥藻属（Anabaena）	0.3	8.32	0.249
	小环藻属（Cyclotella）	1	41.75	0.418
	针杆藻属（Synedra）	1	39.99	0.040
	栅藻属（Scenedesmus）	0.9	63.24	0.057
丰水期 （7月）	隐藻属（Cryptomonas）	0.778	40.17	0.031
	小环藻属（Cyclotella）	1	13.47	0.135
	尖针杆藻（Synedra acus var.）	0.889	12.84	0.114
	针杆藻属（Synedra）	0.889	6.46	0.057
	裸藻属（Euglena）	0.667	7.23	0.048
	栅藻属（Scenedesmus）	0.667	4.08	0.027
枯水期 （10月）	隐藻属（Cryptomonas）	1	8.71	0.087
	锥囊藻属（Dinobryon）	0.5	5.35	0.027
	小环藻属（Cyclotella）	0.9	31.52	0.284
	尖针杆藻（Synedra acus var.）	0.6	5.65	0.034
	菱形藻属（Nitzschia）	0.6	4.91	0.029
	栅藻属（Scenedesmus）	0.6	3.54	0.021
枯水期 （11月）	隐藻属（Cryptomonas）	1	8.44	0.084
	小环藻属（Cyclotella）	0.9	30.86	0.278

多样性指数越大，群落结构越复杂，对环境的反馈功能越强，越稳定，水质相对越好。妫水河丰水期（6月和7月）和枯水期（10月和11月）浮游植物 Shannon-Wiener 物种多样性指数 H'、Simpson 指数 d、Margalef 丰富度指数 D 和 Pielou 均匀度指数 J 范围分别为 1.16~2.74、0.48~0.56、2.07~3.92 和 0.20~0.48（表4-2）。Shannon-Wiener 物种多样性指数显示妫水河水体整体处于 α 中污染水平，Pielou 均匀度指数和 Margelaf 丰富度指数显示妫水河水体整体处于 β 中污染水平。妫水河浮游植物 Shannon-Wiener 物种多样性指数最小值出现在丰水期（7月），这是因为丰水期水温较高，河水营养成分增加，造成蓝藻和硅藻大量繁殖，抑制了其他藻类的生长，从而使得 Shannon-Wiener 物种多样性指数值减小。

Shannon-Wiener 物种多样性指数和 Pielou 均匀度指数最高值均出现在 S8 采样点，分别为 2.42 和 0.41，结合调查，人为活动、人工设施和部分建筑垃圾的散落对水质的影响可能造成藻类数量的短期升高。Pielou 均匀度指数 J 在 10 个采样点波动非常小，上游点位 S1 和 S2 的 Shannon-Wiener 物种多样性指数和 Pielou 均匀度指数均偏低（图4-3），说明上游水质污染状况比较严重，原因是上游点位在村庄附近，生活污水排放导致水质污染加重，N、P 含量超标。Shannon-Wiener 物种多样性指数 H' 和 Pielou 均匀度指数 J 平均值分别为 1.66 和 0.33，反映出妫水河浮游植物群落结构较脆弱。

表4-2　妫水河浮游植物多样性指数（平均值±标准差）

生物多样性指数	6月	7月	10月	11月
Shannon-Wiener 物种多样性指数 H'	1.43±0.39	1.16±0.69	1.29±0.59	2.74±0.82
Simpson 指数 d	0.56±0.07	0.51±0.09	0.54±0.16	0.48±0.03
Margalef 丰富度指数 D	3.92±0.79	2.07±0.54	3.29±0.31	3.34±0.87
Pielou 均匀度指数 J	0.31±0.08	0.32±0.1	0.20±0.14	0.48±0.16

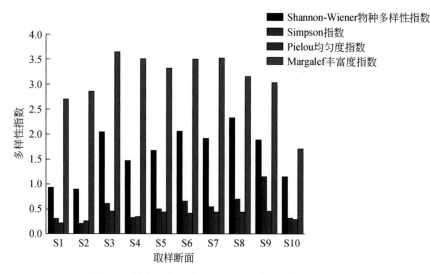

图4-3　妫水河各样点浮游植物生物多样性指数变化

4.1.1.2 浮游植物与环境因子的相关性分析

浮游植物和环境因子及水质的相关性分析表明，叶绿素 a 和 TP（$r=0.812$）、TN（$r=0.762$）呈极显著正相关；浮游植物密度和 TP（$r=0.857$）、TN（$r=0.871$）呈极显著正相关，表明氮源和磷源对浮游植物生长的重要性；浮游植物密度与水温呈显著正相关，说明水温升高促进浮游植物的生长。叶绿素 a 与透明度（$r=-0.659$）、DO（$r=-0.403$）分别呈极显著负相关、显著负相关；浮游植物密度和电导率（$r=0.863$）、DO（$r=-0.480$）分别呈极显著负相关、显著负相关，因为浮游植物的生长和繁殖活动对水中的 DO 需求较大，DO 成为限制浮游植物生长的重要因素，所以浮游植物密度越高，DO 越低（表 4-3）。

表 4-3 妫水河浮游植物与环境因子的相关性分析

项目	r									
	pH	水温	TP	TN	硝态氮	电导率	透明度	DO	NH_4^+-N	COD
浮游植物种类	0.760**	0.65**	0.506**	0.688**	-0.575**	-0.503**	-0.708**	-0.499*	0.624**	0.622**
浮游植物密度	0.762**	0.465*	0.857**	0.871**	-0.837**	-0.863**	-0.777*	-0.480*	0.859**	0.911**
叶绿素 a	0.669**	0.333	0.812**	0.762**	-0.636**	-0.685**	-0.659**	-0.403*	0.729**	0.778**
蓝藻门	0.515**	0.628**	0.517**	0.413*	-0.455*	-0.388	-0.319	-0.463*	0.275	0.490*
隐藻门	0.338	0.009	0.474*	0.440*	-0.471*	-0.473*	-0.556**	-0.175	0.405*	0.455*
甲藻门	0.384	0.402*	0.38	0.285	-0.365*	-0.325	-0.295	-0.311	0.366	0.374
金藻门	0.33	0.01	0.257	0.371	-0.253	-0.358	-0.336	-0.002	0.357	0.287
黄藻门	0.466*	0.507**	0.297	0.228	-0.289	-0.306	-0.23	-0.347	0.254	0.26
硅藻门	0.555**	0.665**	0.558**	0.494*	-0.513**	-0.500*	-0.397	-0.438*	0.494*	0.468*
裸藻门	0.470*	0.601**	0.584**	0.490*	-0.525*	-0.534**	-0.412*	-0.603**	0.512*	0.526**
绿藻门	0.522**	0.671**	0.442*	0.326	-0.410*	-0.414*	-0.327	-0.434*	0.375	0.383

* 表示在 0.05 水平上显著相关；** 表示在 0.01 水平上极显著相关

妫水河浮游植物主要构成门类（硅藻、绿藻和蓝藻）与水体水质的相关性分析表明，硅藻门物种密度和 TP（$r=0.558$）呈极显著正相关，硅藻门物种密度和 TN（$r=0.494$）、NH_4^+-N（$r=0.494$）、COD（$r=0.468$）呈显著正相关；浮游植物密度和 NH_4^+-N（$r=0.859$）呈极显著正相关，浮游植物密度和硝态氮（$r=-0.837$）呈极显著负相关。叶绿素 a 与 TP 和 TN 存在极显著正相关，相关系数分别为 0.812 和 0.762，表明浮游植物的群落结构在很大程度上取决于氮和磷的浓度，且氮源和磷源对浮游植物生长有重要作用；绿藻门物种密度和水质无明显相关性，蓝藻门物种可以固定空气中的氮，减少 O_2，并通过光合作用利用 CO_2，因此蓝藻门物种密度和 TN（$r=0.413$）呈显著负相关。

不同的浮游植物群落与不同的环境变量呈正相关或负相关，但大多数物种与 TP 和硝酸盐有显著的相关性，这证实磷酸盐和硝酸盐在浮游植物丰度和组成中起着至关重要的作用。浮游植物群落和环境因子的综合分析表明，TN、TP、DO、叶绿素 a 和 COD 是影响浮游植物生长和生物量的主要因素。

4.1.1.3 浮游动物群落结构分析

2017 年通过对妫水河丰水期（6 月和 7 月）、枯水期（10 月和 11 月）10 个采样点的浮游动物进行采样及检测分析，发现浮游动物主要由原生动物、轮虫、枝角类和桡足类组成，如图 4-4 所示。原生动物种类数最多，丰水期有 23 种，枯水期有 35 种，原生动物在枯水期所占比例（64.8%）比丰水期（38.3%）更高；轮虫种类数次之，丰水期数量为 21 种，枯水期为 9 种，丰水期所占比例（35%）高于枯水期（16.7%）。总体来看，浮游动物种类组成在两个时期均为原生动物>轮虫>桡足类>枝角类，且丰水期浮游动物种类数多于枯水期（图 4-4）。

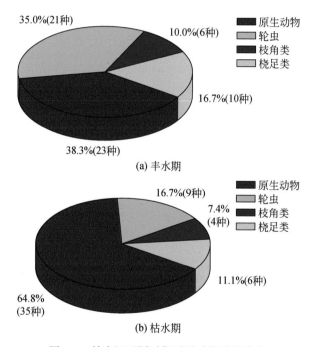

图 4-4　妫水河不同时期浮游动物种类分布

妫水河浮游动物的优势种有 8 种，分别为钟虫、侠盗虫、梨形四膜虫、螺形龟甲轮虫、单环栉毛虫、针簇多肢轮虫、裂痕龟纹轮虫、冠饰异尾轮虫。丰水期浮游动物常见物种包括钟虫、裂痕龟纹轮虫、针簇多肢轮虫、梨形四膜虫、冠饰异尾轮虫。枯水期浮游动物常见物种包括钟虫、梨形四膜虫、螺形龟甲轮虫、单环栉毛虫、侠盗虫（表 4-4）。

表 4-4　妫水河浮游动物优势种和优势度

优势种	优势度			
	6 月	7 月	10 月	11 月
针簇多肢轮虫（*Polyarthra trigla*）	0.240	0.070		

续表

优势种	优势度			
	6 月	7 月	10 月	11 月
钟虫 (*Vorticella*)	0.180	0.150	0.140	0.085
裂痕龟纹轮虫 (*Anuraeopsis fissa*)	0.060	0.020		
冠饰异尾轮虫 (*Trichocerca lophoessa*)	0.050	0.060		
梨形四膜虫 (*Tetrahymena priformis*)	0.040			0.050
侠盗虫 (*Strobilidium*)			0.380	0.027
螺形龟甲轮虫 (*Keratella cochlearis*)				0.046
单环栉毛虫 (*Didinium balbianii*)				0.028

调查期间，妫水河浮游动物的平均密度为 5170.85ind/L，其中原生动物、轮虫、枝角类和桡足类的平均密度分别为 2123.08ind/L、3041.03ind/L、1.58ind/L 和 5.16ind/L，分别占总密度的 41.06%、58.81%、0.03% 和 0.10%，说明妫水河浮游动物群落结构在密度上主要取决于轮虫和原生动物的密度，枝角类和桡足类数量较少（图 4-5）。丰水期浮游动物密度大于枯水期，浮游动物密度最大值出现在 S8 断面，为 18 451.25ind/L［图 4-5（a）］，说明该断面水体污染比较严重，最低值出现在 S2 断面、S4 断面，结合水质理化指标分析，这两个断面氮、磷等营养盐含量偏低，水体透明度低，不利于浮游动物的生长繁殖。轮虫数量在 S8 断面达到最大，为 15 900ind/L，以针簇多肢轮虫、螺形龟甲轮虫和冠饰异尾轮虫等为主要组成，原生动物密度在 S6 断面达到最大，为 4125ind/L，以钟虫、侠盗虫、梨形四膜虫和鳞壳虫等为主要组成。根据丰度指标对妫水河富营养化程度进行评价，丰水期 S1、S2、S4、S5、S10 断面为中营养状态，S3、S6、S7、S8、S9 断面为富营养状态。枯水期 S2、S3、S4 断面为贫营养状态，S1、S5 断面为中营养状态，其余断面为富营养状态。

从生物量上而言，浮游动物生物量以轮虫和原生动物为主，妫水河浮游动物生物量平均为 2.742mg/L，S8 断面的生物量最大（14.062mg/L），S3 断面的生物量最小，为 0.169mg/L。浮游动物不同门类当中，轮虫贡献最大（91.4%），轮虫平均生物量在 S8 采样点达到最大，为 13.9mg/；原生动物平均生物量在 S6 断面达到最大，为 0.21mg/L；桡足类贡献最小（1.8%）。其中，原生动物平均生物量为 0.103mg/L，在 S6 断面最高，为 0.206mg/L；轮虫平均生物量为 2.64mg/L，在 S8 断面最高，为 13.902mg/L；枝角类平均生物量为 0.078mg/L，在 S10 断面最高，为 0.636mg/L；桡足类平均生物量为 0.051mg/L，在 S10 断面最高，为 0.428mg/L［图 4-5（b）］。妫水河不同时期浮游动物密度和生物量分布见表 4-5。综上可知，浮游动物密度以轮虫和原生动物为主体，浮游动物及各类群丰度和生物量均表现为市区段最大，其他点位较小。

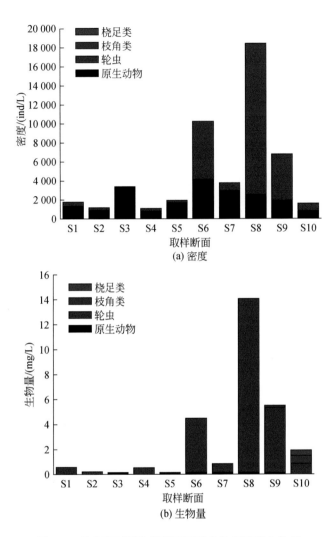

图 4-5 妫水河不同取样断面浮游动物密度和生物量

表 4-5 妫水河丰水期和枯水期浮游动物的密度和生物量

项目		6 月	7 月	10 月	11 月
原生动物	密度/（ind/L）	3 450	1 005	2 625	1 200
	生物量/（mg/L）	0.175	0.05	0.129	0.06
轮虫	密度/（ind/L）	8 970	1 885	135	870
	生物量/（mg/L）	9.787	0.35	0.032	0.393
枝角类	密度/（ind/L）	1.12	0.01	0.03	5
	生物量/（mg/L）	0.063	0	0.001 5	0.25
桡足类	密度/（ind/L）	18.51	0.51	0.14	1
	生物量/（mg/L）	0.165	0.015	0.003 1	0.021 9

项目		6 月	7 月	10 月	11 月
浮游动物	密度/（ind/L）	12 439.63	2 980.52	2 760.17	2 076
	生物量/（mg/L）	10.19	0.415	0.165 6	0.724 9

根据生物多样性指数评价标准，当 H' 大于 3 时，水体轻污染或无污染；当 $1<H'<3$ 时，水体为中污染；当 $H'<1$ 时，水体为重污染。当 $0.5<J<0.8$ 时，水体为轻污染或无污染；当 $0.3<J<0.5$ 时，水体为中污染；当 $J<0.3$ 时，水体为重污染。当 $D>4$ 时，水体为轻污染或无污染；当 $1<D<4$ 时，水体为中污染；当 $D<1$ 时，水体为重污染。妫水河浮游动物 Shannon-Wiener 物种多样性指数 H'、Pielou 均匀度指数 J 和 Margelaf 丰富度指数 D 全年平均值分别为 0.44、0.31 和 0.41，H'、D 表明妫水河水体为重污染状态，J 表明妫水河水体为中污染状态。6 月和 11 月的 H' 和 J 显著高于 7 月和 10 月；D 在 6 月最低，在其余三个月份相近（表 4-6）。

表 4-6 浮游动物多样性指数时间差异（平均值±标准差）

指数	月份			
	6	7	10	11
H'	0.55±0.17	0.40±0.16	0.28±0.11	0.51±0.20
J	0.39±0.15	0.28±0.11	0.20±0.08	0.37±0.14
D	0.34±0.02	0.44±0.07	0.41±0.06	0.43±0.07

Shannon-Wiener 物种多样性指数 H' 和 Pielou 均匀度指数 J 最高值均出现在 S10 断面，分别为 0.57 和 0.41。Margalef 均匀度指数 D 在 10 个断面差异性很小，S4 断面的 Shannon-Wiener 物种多样性指数和 Pielou 均匀度指数均偏低（表 4-7），说明水质污染状况比较严重，原因是该断面在村庄附近，生活污水、农田施肥等导致水质严重污染，氮、磷含量超标。

表 4-7 浮游动物多样性指数空间差异（平均值±标准差）

断面	指数		
	H'	J	D
S1	0.34±0.02	0.24±0.09	0.43±0.04
S2	0.25±0.07	0.34±0.04	0.46±0.03
S3	0.42±0.12	0.32±0.06	0.42±0.14
S4	0.31±0.01	0.23±0.05	0.48±0.17
S5	0.34±0.09	0.27±0.03	0.41±0.11
S6	0.48±0.06	0.35±0.15	0.33±0.02
S7	0.45±0.13	0.32±0.02	0.37±0.06
S8	0.31±0.11	0.22±0.07	0.34±0.04
S9	0.40±0.02	0.29±0.05	0.39±0.08
S10	0.57±0.05	0.41±0.04	0.31±0.04

采用 CCA 分析探究妫水河浮游动物群落及优势种与环境因子（水体理化指标）的关系，从而可识别对环境因子敏感的浮游动物物种。浮游动物与环境因子的相关性关系见图 4-6。

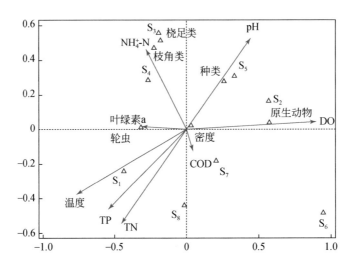

图 4-6 妫水河浮游动物群落与环境因子 CCA 分析

S_1：针簇多肢轮虫；S_2：钟虫；S_3：裂痕龟纹轮虫；S_4：冠饰异尾轮虫；S_5：梨形四膜虫；

S_6：侠盗虫；S_7：螺形龟甲轮虫；S_8：单环栉毛虫

CCA 分析显示，前两个排序轴的特征值分别为 0.390 和 0.080，第一排序轴物种与环境因子的相关系数为 0.953，第二排序轴与环境因子的相关系数为 0.871。温度与第一环境因子排序轴负相关性最大，其次是 TP 和 TN；DO 与第一环境因子正相关性最大，其次是 pH；叶绿素 a 与第一排序轴的相关性大于第二排序轴，浮游动物密度和 pH 的正相关性最大。轮虫数量受 NH_4^+-N、叶绿素 a、COD、DO 的影响较大，与叶绿素 a、NH_4^+-N、COD 有良好的正相关性，与 DO 呈极显著负相关；原生动物数量受 pH、DO 的影响较大，与 DO（$p=0.745$）、pH（$p=0.595$）有良好的正相关性；枝角类和桡足类数量较少且与环境因子的相关性不大。大部分优势种分布在第一、二象限，与 NH_4^+-N 和 pH 呈正相关，其中裂痕龟纹轮虫和冠饰异尾轮虫数量与 NH_4^+-N 的相关性极显著；针簇多肢轮虫、螺形龟甲轮虫和单环栉毛虫数量与 TP、TN、温度呈正相关，与 pH 呈负相关；钟虫、裂痕龟纹轮虫和梨形四膜虫数量与 pH、NH_4^+-N 呈正相关，与 TP、TN、温度和 COD 呈负相关。

4.1.2 妫水河指示物种筛选及其与水质的响应关系

4.1.2.1 妫水河指示物种筛选

根据 CCA 分析结果，浮游生物优势种包括栅藻、小环藻、钟虫、冠饰异尾轮虫，这些优势种与 TP、NH_4^+-N 有不同程度的显著相关性，其中栅藻与 NH_4^+-N（$R^2=0.9150$）、TP（$R^2=$

0.8587）的相关性最明显（图 4-7）。

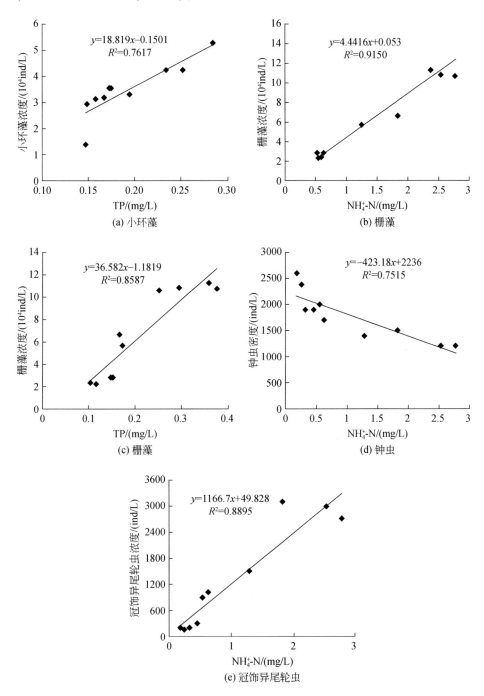

图 4-7　妫水河 4 种浮游生物与 TP、NH_4^+-N 的拟合性分析

4.1.2.2 不同水质对栅藻生长的影响

选取筛选出的对水质变化敏感的优势种栅藻为实验藻种，藻种购自中国科学院水生生物研究所。藻种实验前扩大培养 1 周，然后饥饿培养 2 天，取适量的藻种以 4000r/min 的速度离心 15min，弃去上清液，用 15mg/L 的碳酸氢钠溶液洗涤后离心，重复 3 次，经无菌水稀释至接种所需的藻细胞密度，藻种的初始密度是 5.0×10^4ind/mL 左右。

培养液的配置以 BG11 培养基为基础，配置成无氮、无磷培养基，然后以再以 K_2HPO_4 为磷源，NH_4Cl 为氮源，NH_4^+-N 和 TP 浓度按照地表水质量标准进行配置，设置 5 组实验组，并设置一组空白对照组。光照强度为 2200lx，光暗比 12h：12h，温度为 22℃，每天手动摇动 3 次。每天早上 9:00 取样，取样后用纯水补充至原水位。监测频率为 1 次/d，实验周期为 12 天，监测指标包括 NH_4^+-N、TP 和叶绿素 a。

藻类在前 6 天均呈明显的指数生长趋势，随着培养基中氮、磷消耗的增多，藻类逐渐停止增长，第 7 天到第 12 天生长趋于平缓，或开始下降。从图 4-8 中可以看出，藻细胞密度有比较明显的 4 个阶段：迟缓期、对数期、稳定期和衰亡期。在迟缓期，各培养介质中的栅藻生长缓慢。进入对数期后，各培养介质中藻类生长速度明显增加，在第二天到第三天数量平均增长接近 2 倍。在 NH_4^+-N 和 TP 浓度较高的情况下，整个生长期藻细胞的生长趋势相近，在无氮和无磷的空白对照组中，藻类细胞数在开始的几天有少量增长，随后逐渐下降，到后期藻细胞逐渐死亡，曲线开始逐渐下降。

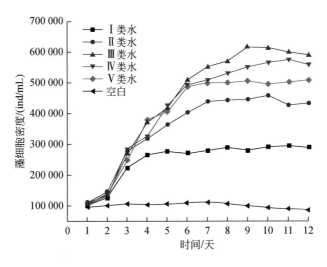

图 4-8　不同营养类型的水质对藻类生长的影响

图 4-9 是在不同质量标准的水质条件下培养 12 天后藻细胞的密度，由图 4-9 可知，随着氮、磷浓度的升高，藻细胞密度呈增加趋势，在 TP 浓度为 0.2mg/L、NH_4^+-N 质量浓度为 1mg/L（地表水Ⅲ类标准）时，藻细胞密度达到最大值，随后随着 TP 和 NH_4^+-N 浓度的增加而下降，说明营养盐的增加对藻类增长有一定的限度，营养盐浓度过高反而对藻类生长起抑制作用。

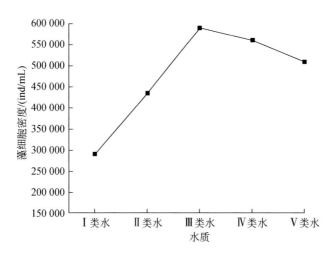

图 4-9　不同质量标准的水质条件下培养 12 天后藻细胞密度

4.1.2.3　栅藻与水质的响应关系研究

运用 SPSS 20 对 NH_4^+-N、TP、叶绿素 a 进行双变量相关性分析可知，在 NH_4^+-N 初始浓度为 1.5mg/L（地表Ⅳ类水）、TP 初始浓度为 0.1mg/L（地表Ⅱ类水）的情况下，TP 浓度与叶绿素 a 呈现出极显著负相关（$p<0.01$，$R^2=0.9645$）。由图 4-10 可知，当 TP 浓度为 0.03~0.1mg/L 时，TP 与叶绿素 a 的关系曲线为 $y=-88.774x+20.835$（$R^2=0.9645$），拟合程度较好。

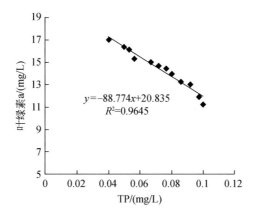

图 4-10　TP 与叶绿素 a 关系曲线

在 NH_4^+-N 初始浓度为 1.5mg/L、TP 初始浓度为 0.3mg/L（地表Ⅳ类水）的情况下，NH_4^+-N 浓度与叶绿素 a 呈现出极显著负相关（$p<0.01$，$R^2=0.8163$）。由图 4-11 可知，在 NH_4^+-N 浓度为 0.5~1.5mg/L 时，NH_4^+-N 与叶绿素 a 的关系曲线为 $y=-8.9025x+19.139$（$R^2=0.8163$），拟合程度较好。

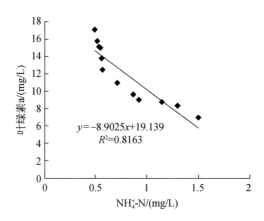

图 4-11 NH_4^+-N 与叶绿素 a 关系曲线

4.2 妫水河生态需水量和基流阈值研究

4.2.1 妫水河流域水文特征分析

4.2.1.1 妫水河流域降水量变化特征

延庆妫水河流域 1980～2017 年降水量分布情况见图 4-12，从妫水河流域降水量的时间分布来看，妫水河流域多年降水量为 315.4～608.2mm，平均降水量为 443.6mm，变差系数 C_v 为 0.18，年降水量最大值在 1998 年，为 608.2mm；最小值是在 2009 年，为 315.4mm。最大值与最小值之比为 1.9。从降水量的年内分布可知，妫水河流域年内降水量分布不均，多集中在 6～9 月，占年降水量的 73.8%。

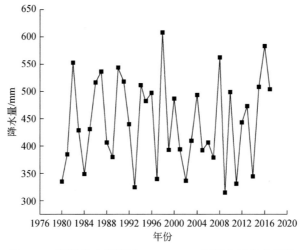

图 4-12 延庆妫水河流域 1980～2017 年降水量分布情况

4.2.1.2 妫水河径流量变化特征

1986～2017 年妫水河东大桥水文站建站后年径流量变化情况（包括补水及未补水）见图 4-13。由图 4-13 可知妫水河天然径流量少，水资源匮乏，2003 年之前实测径流量主要由白河堡水库补水所得，补水量占实际径流量的比例最高可达 97.1%（2016 年），经径流还原后，东大桥水文站多年天然径流量为 0.0051～0.3570 亿 m³/a，多年平均天然径流量为 0.134 亿 m³/a。由于所获资料为白河堡年补水量，无法还原至月补水量，以未补水的 2004～2005 年、2007～2011 年及 2014 年的历史数据为基础分析年内天然径流量变化，表 4-8 为未补水年份逐月径流量。

$$C_v = \sqrt{\frac{1}{n-1} \sum_{i=1}^{n} (K_i - 1)^2} \tag{4-1}$$

$$C_s = \frac{\sum_{i=1}^{n} (K_i - 1)^3}{(n-3) C_v^3} \tag{4-2}$$

$$K_i = \frac{x_i}{|\bar{x}|} \tag{4-3}$$

式中，C_v 为变差系数；C_s 为偏差系数；K_i 为模比系数；x_i 为妫水河第 i 年天然径流量，亿 m³；$|\bar{x}|$ 为妫水河多年平均天然年径流量，亿 m³；n 为总年数，取 32 年。

由式（4-1）～式（4-3）可算出 1986～2017 年天然径流量变差系数 $C_v=0.66$，偏差系数 $C_s=0.88$，通过适线法对理论频率及经验频率进行拟合，经过配线得出 $C_v=0.73$，取 $C_s/C_v=2.0$，不同频率径流量见表 4-9，可知 25%、50%、75%、95% 频率径流量分别为 0.18 亿 m³/a、0.11 亿 m³/a、0.06 亿 m³/a、0.02 亿 m³/a。

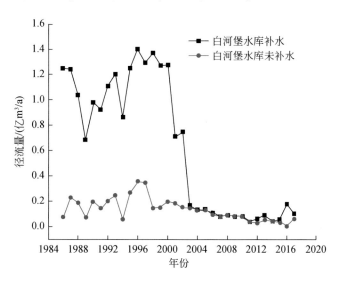

图 4-13　妫水河东大桥水文站 1986～2017 年径流量变化情况

表 4-8　妫水河东大桥水文站未补水年份逐月径流量　　　（单位：亿 m³）

年份	1 月	2 月	3 月	4 月	5 月	6 月	7 月	8 月	9 月	10 月	11 月	12 月	年径流量
2004	0.0114	0.0110	0.0105	0.0089	0.0103	0.0039	0.0128	0.0112	0.0101	0.0149	0.0124	0.0127	0.1300
2005	0.0185	0.0121	0.0149	0.0106	0.0156	0.0106	0.0077	0.0098	0.0066	0.0087	0.0078	0.0088	0.1317
2007	0.0109	0.0069	0.0130	0.0054	0.0066	0.0051	0.0039	0.0040	0.0036	0.0072	0.0071	0.0061	0.0797
2008	0.0064	0.0073	0.0072	0.0062	0.0059	0.0045	0.0044	0.0121	0.0085	0.0081	0.0080	0.0091	0.0877
2009	0.0120	0.0092	0.0092	0.0089	0.0086	0.0039	0.0030	0.0038	0.0002	0.0048	0.0065	0.0073	0.0773
2010	0.0133	0.0088	0.0084	0.0077	0.0081	0.0046	0.0044	0.0026	0.0031	0.0049	0.0059	0.0088	0.0807
2011	0.0132	0.0107	0.0073	0.0053	0.0033	0.0000	0.0000	0.0000	0.0000	0.0000	0.0000	0.0000	0.0399
2014	0.0072	0.0047	0.0066	0.0048	0.0030	0.0029	0.0014	0.0006	0.0012	0.0036	0.0046	0.0032	0.0437

表 4-9　东大桥水文站天然年径流量特征值

类别	均值/(亿 m³/a)	C_v	C_s/C_v	不同频率的径流量/(亿 m³/a)			
				25%	50%	75%	95%
天然径流量	0.134	0.73	2.0	0.18	0.11	0.06	0.02

4.2.2　妫水河河道生态基流研究

　　针对妫水河河道的实际情况及目前掌握资料情况，本书采用 Tennant 法、90% 保证率最枯月平均流量法和改进月保证率设定法对妫水河河道生态基流进行计算，其具体计算方法如下。

（1）Tennant 法

　　研究表明，多年平均径流量的 10% 是保持河流生态系统健康的最小流量，多年平均径流量的 30% 能为大多数水生生物提供较好的栖息条件。因此，根据表 4-10，以多年平均年径流量的 10% 作为保持河流生态系统健康的最小生态基流，即妫水河枯水期（10 月至翌年 3 月）生态基流，多年平均径流量的 30% 作为为大多数水生生物提供栖息条件的基本生态流量，即鱼类产卵期（4~9 月）生态基流，由此计算可得枯水期生态基流为 0.042m³/s，鱼类产卵期生态基流为 0.127m³/s。

表 4-10　河道流量与河流生态健康关系　　　（单位:%）

生态系统健康状况	一般用水期（10 月至翌年 3 月）占多年平均径流量比例	鱼类产卵育幼期（4~9 月）占多年平均径流量比例
最大流量	200	200
最佳流量	60~100	60~100
极好	40	60
非常好	30	50

续表

生态系统健康状况	一般用水期（10月至翌年3月） 占多年平均径流量比例	鱼类产卵育幼期（4～9月） 占多年平均径流量比例
好	20	40
开始退化	10	30
差或最小	10	10
极差	<10	<10

同时，由于北方地区流域内蒸发量较大，须考虑水域蒸发损失，根据延庆气象站蒸发量数据进行估算，妫水河1986～2017年枯水期平均蒸发损失按照0.064m³/s考虑，鱼类产卵期平均蒸发损失按照0.304m³/s考虑。因此，将蒸发损失和生态基流进行累加，最终确定枯水期最小河道生态流量为0.106m³/s，鱼类产卵期生态流量为0.431m³/s。

（2）90%保证率最枯月平均流量法

《河湖生态需水评估导则（试行）》（SL/Z 479—2010）提出，水质需水计算应遵照《水域纳污能力计算规程》（GB/T 25173—2010）执行，依据该规程河流水域纳污能力计算的设计水文条件为90%保证率最枯月平均流量或近10a最枯月平均流量。因此，本书根据妫水河未补水系列最枯月平均流量，对多年最枯月平均流量进行频率分析，90%保证率对应的流量即所求，利用水文频率适线软件绘制妫水河东大桥水文站1986～2017年最枯月径流量频率曲线，由图4-14可知90%保证率生态基流为0.023m³/s，加上妫水河平均蒸发损失0.184m³/s，90%保证率最枯月平均生态基流为0.207m³/s。

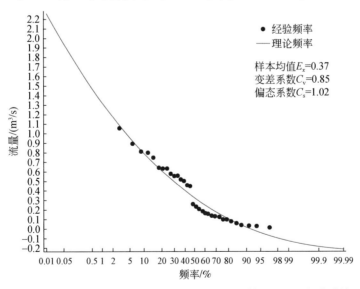

图4-14 妫水河东大桥水文站1986～2017年最枯月径流量频率曲线

（3）改进月保证率设定法

参考查阅文献，在前人基础上对月保证率设定法进行改进，使河流生态需水的最终结果受不同保证率年平均径流量、多年平均月径流量、不同保证率对应月径流量三个因素共同影响，以保证计算结果较为合理。因此，基于妫水河未补水系列月平均径流量资料，本书采用改进月保证率设定法计算不同保证率年内的生态基流，具体步骤如下。

1）根据系列水文资料对各月天然径流量进行排序。

2）假设经过排序的月天然径流量如表4-11所示。表4-11中，$Q_{i,j}$表示i保证率下第j月的月径流量；$Q_{i,\text{ave}}$表示i保证率下的年平均径流量；$Q_{\text{ave},j}$表示多年平均第j月的月径流量；$Q_{\text{ave},\text{ave}}$表示多年平均年径流量。

设i保证率下第j月的某一推荐流量等级（k）的河道生态需水量为$R_{i,j,k}$，根据月保证率设定法：

$$R_{i,j,k} = \begin{cases} Q_{i,\text{ave}} W_k & (Q_{i,j} > Q_{i,\text{ave}} W_k) \\ Q_{i,j} & (Q_{i,j} \leq Q_{i,\text{ave}} W_k) \end{cases} \tag{4-4}$$

根据式（4-4）计算得到的不同保证率逐月河道生态需水量可能出现小于月平均径流量10%的情况，对式（4-4）进行进一步修正如式（4-5）。

$$R_{i,j,k}^* = 10\% Q_{\text{ave},j} \left[1 + \frac{Q_{i,j}(W_k - 10\%)}{100 Q_{\text{ave},\text{ave}}} \right] \tag{4-5}$$

表4-11　经过排序的月天然径流量

径流量排序	1	...	$j-1$	j	$j+1$	...	12	年平均径流量
...	...	...	...	...	...	...	...	...
$i-1$	$Q_{i-1,1}$	...	$Q_{i-1,j-1}$	$Q_{i-1,j}$	$Q_{i-1,j+1}$	...	$Q_{i-1,12}$	$Q_{i-1,\text{ave}}$
i	$Q_{i,1}$	...	$Q_{i,j-1}$	$Q_{i,j}$	$Q_{i,j+1}$	...	$Q_{i,12}$	$Q_{i,\text{ave}}$
$i+1$	$Q_{i+1,1}$	...	$Q_{i+1,j-1}$	$Q_{i+1,j}$	$Q_{i+1,j+1}$	...	$Q_{i+1,12}$	$Q_{i+1,\text{ave}}$
...	...	...	...	...	...	...	...	...
月平均径流量	$Q_{\text{ave},1}$	...	$Q_{\text{ave},j-1}$	$Q_{\text{ave},j}$	$Q_{\text{ave},j+1}$	...	$Q_{\text{ave},12}$	$Q_{\text{ave},\text{ave}}$

由式（4-4）、式（4-5）可算出不同保证率年内平均生态基流，如表4-12所示。不同保证率年内不同生态需水等级下妫水河生态基流的分布见图4-15，可知河流逐月生态基流随着保证率降低而降低，在"极好""非常好"生态需水等级下，在妫水河不同保证率下，1~4月、10~12月差异性较小，5~9月急剧下降，9月后开始再次凸显；在"好""中"生态需水等级下，60%和70%保证率下的生态基流呈现平稳状态，主要受多年平均径流量影响，80%和90%保证率下的生态基流在8~9月出现下降趋势，主要受多年平均月径流量影响；在"最小"生态需水等级下，不同保证率下的生态基流呈现不同的变化规律，60%和70%保证率下的生态基流在1~3月较高，在4~12月呈现平稳状态，90%保证率下的生态基流9月前一直呈下降状态，主要受当月径流量影响。

为了进一步评价改进月保证率法的合理性，将Tennant法、90%保证率最枯月平均流量法、改进月保证率设定法的计算结果进行对比，本书采用"极好"生态需水等级下90%保证率的计算结果，而"极好"生态需水等级下不同月份呈现明显的变化，因此按照妫水河枯水期和鱼类产卵期进行划分，计算可得妫水河"极好"生态需水等级下90%保证率枯水期和鱼类产卵期生态基流分别为0.140m³/s和0.077m³/s。根据延庆气象站2017~

2020 年蒸发量数据进行估算，未补水月份枯水期平均蒸发损失按照 0.047m³/s 考虑，鱼类产卵期平均蒸发损失按照 0.173m³/s 考虑。因此，基于改进月保证率设定法计算的妫水河枯水期和鱼类产卵期生态流量分别为 0.187m³/s 和 0.250m³/s。

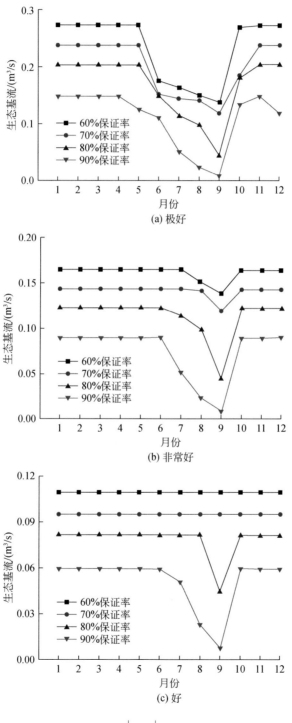

(a) 极好

(b) 非常好

(c) 好

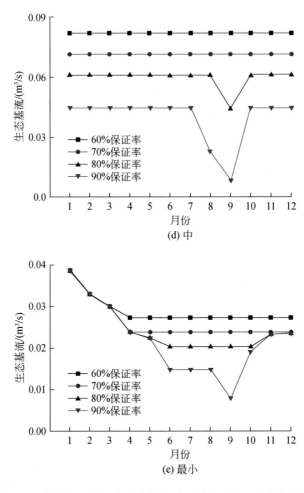

图4-15　妫水河不同生态需水等级下不同保证率逐月生态基流

妫水河东大桥水文站生态基流计算结果见表4-13，90%保证率最枯月平均流量法计算得到的生态流量为0.207m³/s，介于Tennant法和改进月保证率设定法中枯水期和鱼类产卵期的生态流量，三种计算结果均合理。因此，以三种计算方法所算最大值为妫水河枯水期和鱼类产卵期生态基流量，以0.207m³/s为妫水河枯水期生态基流，以0.431m³/s为妫水河鱼类产卵期生态基流量。另外，Tennant法计算结果是基于1986~2017年径流量数据，而改进月保证率设定法计算结果是基于近15年未补水系列年份径流量数据，故可得出妫水河鱼类产卵期生态基流量呈现明显缩减趋势的结论，这与目前妫水河水资源欠缺、部分河段断流的现状相符。并且通过现场监测调研，目前东大桥水文站枯水期生态流量为0.1m³/s，丰水期流量为0.27m³/s，与所算生态基流量存在差距。

表 4-12　不同保证率年份平均生态基流　　　　（单位：亿 m³/a）

保证率	极好	非常好	好	中	最小
90%	0.034	0.023	0.016	0.012	0.007
80%	0.052	0.035	0.024	0.019	0.008
70%	0.062	0.044	0.030	0.022	0.008
60%	0.073	0.050	0.034	0.025	0.009

表 4-13　妫水河东大桥水文站生态流量计算结果　　　　（单位：m³/s）

计算方法	Tennant 法		90%保证率最枯月平均流量法	改进月保证率设定法	
	枯水期	鱼类产卵期		枯水期	鱼类产卵期
生态流量	0.106	0.431	0.207	0.187	0.250

（4）改进分布式模型计算方法

基于改进分布式水文模型计算生态基流，其思路主要为对经过校准和验证的 SWAT 模型进行生态基流计算，得到研究区各生态需水类型所需的流量等数据，并采用基流分割方法估算生态基流。水文学中生态基流的确定，一般是对径流过程进行分割，得到河道地下水退水曲线，该曲线则认定为基流过程线（虚线 ABD），见图 4-16。分离点（B 点）对应的流量是直接径流消退、深层地下水开始补给河道径流的临界点。

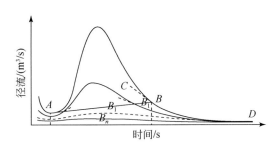

图 4-16　地下径流分割示意图

为计算生态基流，情景分析步骤如下所示。

1）对降雨频率进行分析，得到典型丰水年、平水年和枯水年，选定 2008 年是丰水年，1999 年是平水年，1997 年是枯水年。

2）情景模拟，利用不同水文年型的降水量资料进行模拟（经查多篇文献以 10%～20% 降水量进行情景模拟时，能够得出生态基流量），因此选择 10%、20%、30%、100% 降水量资料进行四种情况模拟，获取典型断面的径流量资料。

3）整理与分析模拟得到的数据，计算典型断面的生态基流量。

根据不同水文年型一定比例降水量，模拟得到了径流和基流数据，东大桥断面各设计情景下的逐月径流过程和基流过程见图 4-17。由图 4-17 可知，多年平均降水量的 10% 模拟得到的径流过程和基流过程完全重合，说明河道径流量完全由地下水补给，生态系统会恶化甚至遭受破坏；多年平均降水量的 20% 模拟得到的径流稍微大于基流，说明在此比例下的降水量开始能够产生一定的直接径流，在丰水季节径流过程比基流过程稍大，在枯水季节则完全由地下水补给，基本达到径流过程线与基流过程线既重合又在丰水季节开始分离的临界流量过程。另外，6~7 月出现了基流与径流的分离点，认为该分离点对应的流量即为最小生态流量。多年平均降水量的 30% 模拟得到的径流过程比基流过程稍大，并且分离点出现的时间之后，对应的流量比多年平均降水量的 20% 模拟结果计算的最小结果大，由于降水量的增加，径流量开始明显大于基流量，分离点对应的流量也随之增大。

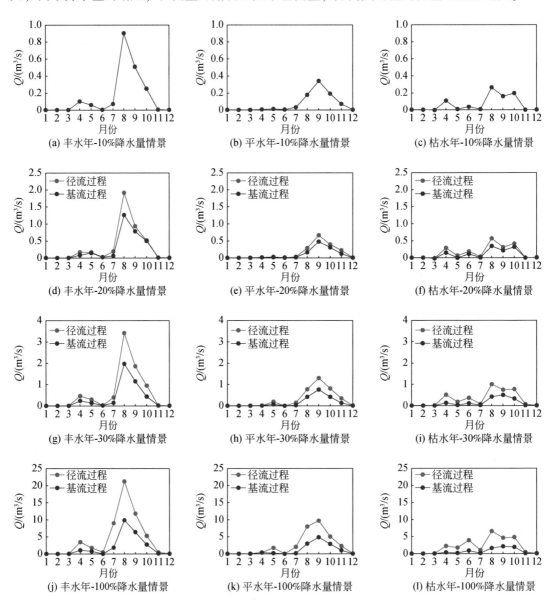

图 4-17　不同降水量情境下东大桥水文站断面径流和基流过程

根据选择依据，选定 20% 降水量情景条件下，各水文年型径流稍大于基流，基本达到径流过程线与基流过程重合又在丰水季节开始分离的临界流量过程，丰水年、平水年和枯水年不同水文年的生态基流分别为 0.71m³/s、0.47m³/s 和 0.34m³/s。

（5）量质耦合法

采用 EFDC 一维河道模型进行现状妫水河道水量、水质工况模拟，将地下水补给量及地表水补给量按照支流交叉口概化条件进行设置，设计白河堡水库调度水量 0~2m³/s，其中 0~0.8m³/s，间隔 0.05m³/s，一共 17 个情景；0.8~2m³/s，间隔 0.2m³/s，一共 6 个情景，城西再生水厂可调度水量约为 1095 万 m³/a，不同水源水质情况如下（表 4-14）。

表 4-14　不同水源水质情况　　　　　　　（单位：mg/L）

水质指标	外调水	再生水	地表水	"水十条"标准
COD	15.00~17.60	12.10~15.00	14.50~27.50	20.0
NH_4^+-N	0.67~0.79	0.20~0.60	0.38~1.24	1.0
TP	0.04~0.10	0.04~0.11	0.09~0.22	0.2

采用 EFDC 一维河道模型进行东大桥水文站现状流量模拟，模拟效果如图 4-18 所示，由图 4-18 可知，模拟值与实测值变化规律基本一致，模型能够较好地反映多水源对妫水河流量的影响，统计参数显示决定系数（R^2）为 0.748，RMSE 为 0.0055m³/s。

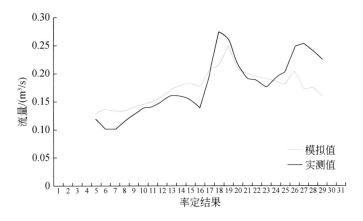

图 4-18　妫水河东大桥水文站流量模拟值与实测值对比图

通过 23 种情景模拟，得到不同水量、水质随白河堡水库放水流量的变化情景，如图 4-19 所示，其中 COD、NH_4^+-N、TP 均随白河堡水库放水流量的增加呈非线性递减变化，最后趋于稳定。

由图 4-19（a）可知，当满足"水十条"水质临界线要求时（主要为 COD），对应的白河堡水库放水流量为 0.65m³/s，其对应的东大桥水文站断面流量是 0.808m³/s，以此流量作为水质满足一定标准（"水十条"）的生态流量。不同水文年型下生态基流均小于 0.808m³/s，因此综合水量、水质满足要求，选择 0.808m³/s 作为高水位运行方案。

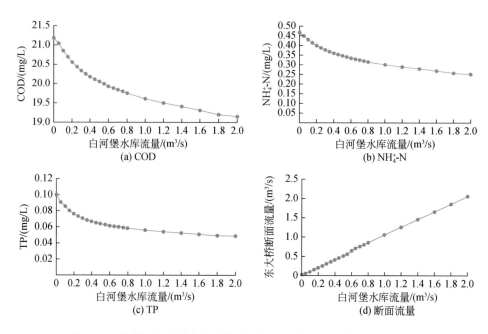

图 4-19　妫水河东大桥水文站水质、水量随白河堡水库流量变化情况

妫水河东大桥水文站生态流量计算结果见表 4-15，90% 保证率最枯月平均流量法所算生态流量为 0.207m³/s，介于 Tennant 法和改进月保证率设定法中枯水期和鱼类产卵期的生态流量，三种计算结果均合理。因此，以三种计算方法所算最大值为妫水河枯水期和鱼类产卵期生态基流量，以 0.207m³/s 为妫水河枯水期生态基流，以 0.431m³/s 为妫水河鱼类产卵期生态流量。当需要同时满足水质水量要求时，妫水河生态基流取量质耦合法计算出的结果。

表 4-15　妫水河东大桥水文站生态流量计算结果　　　　　（单位：m³/s）

计算方法	Tennant 法		90% 保证率最枯月平均流量法	改进月保证率设定法		改进分布式模型计算方法			量质耦合法
	枯水期	鱼类产卵期		枯水期	鱼类产卵期	丰水年	平水年	枯水年	
生态流量	0.106	0.431	0.207	0.187	0.250	0.71	0.47	0.34	0.808

4.3　妫水河流域水质水量耦合模型

4.3.1　耦合思路

基于 SWAT 框架，用 HYDRUS、MODFLOW、EFDC 模型进行根区土壤水、地下水、地表河道水的模拟，代替 SWAT 中原有计算模块。各模型使用各自的计算网格，通过插值实现不同模型间的变量传递，通过边界条件、源项建立各模型的连接。以 1 天作为耦合时间步长，在耦合时间步长内，各模型以各自的时间步长推进，每推进 1 天进行 1 次耦合数据交换。对相关代码进行修改，直接在内存中进行数据传递，将其集成为一套完整的地表水地下水耦合计算代码。

（1）耦合关系

图 4-20 为流域水循环关系示意图，地面降水、灌溉一部分渗入土壤（包气带），另一部分形成地表径流，进入河网。包气带中的土壤水一部分被植物吸收，产生叶面蒸腾；另一部分继续下渗进入地下水。河道水沿河网汇流、分流，同时通过河床与地下水进行交换。在包气带土壤水、河道水的共同影响下，地下含水层发生水位变化、水量转移。图 4-21 为提炼出的各区域水循环耦合关系。

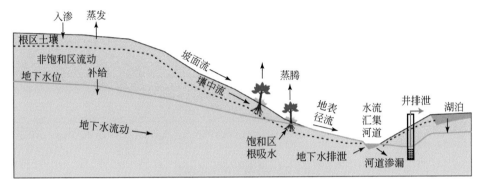

图 4-20　流域水循环关系示意图

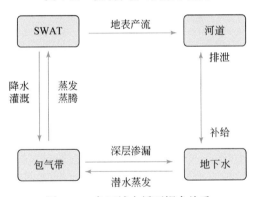

图 4-21　各区域水循环耦合关系

（2）数据交换方法

各区域中的子模型采用各自的独立网格进行计算，图 4-22 为网格示意图。由于各区域网格形式、分布规律不同，区域交界面网格单元不匹配，变量无法直接传递，通过基于面积加权平均的插值方法进行数据传递。

图 4-23 为交接面上两套网格示意图，通过两套网格交叉切割形成更小的交叉单元，每个交叉单元中的变量值与其所属的原始网格单元中的值一致。假设两套网格分别称为 R 网格与 S 网格，现由 S 网格向 R 网格传递变量 h，R 网格中第 i 个单元包含 n 个交叉单元，则其 h 值由这 n 个交叉单元的 h 值按面积加权平均获得，而这 n 个交叉单元又分属于 S 网格中的不同单元，交叉单元中的 h 值与其所属的 S 网格中对应单元的 h 值相同。插值计算公式为

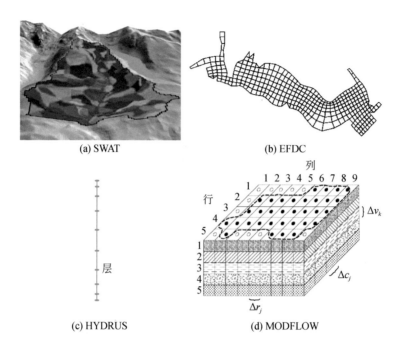

(a) SWAT

(b) EFDC

(c) HYDRUS

(d) MODFLOW

图 4-22　各模型网格示意图

$$h_{R,i} = \sum_{k=1}^{n} h_k \left(\frac{A_k}{A_{R,j}} \right) = \sum_{k=1}^{n} h_k A_k' \tag{4-6}$$

式中，$h_{R,i}$ 为 R 网格中第 i 个单元的 h 值；A_k 为交叉单元的面积；$A_{R,i}$ 为 i 个单元的面积；A_k' 为交叉单元的面积比例；h_k 为第 k 个交叉单元的 h 值，假设第 k 个交叉单元位于 S 网格第 j 个单元中，则 $h_k = h_{S,j}$。

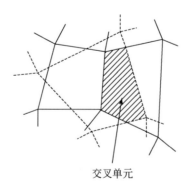

交叉单元

图 4-23　网格交叉切割

　　水文响应单元（hydrological response unit，HRU）是 SWAT 模型模拟的基本单元，同一 HRU 中土壤、植被类型、土地利用等参数相同，但其空间分布并不连续，且没有明确的空间位置信息。因此，为了进行数据交换，必须对同一 HRU 按空间分布再进行细分，形成多个子 HRU，这些子 HRU 中的变量值相同，只是具有不同的空间位置，通过子 HRU

进行数据插值。图 4-24 为子流域与 HRU 组成关系示意图，子流域由多个 HRU 组成，每个子流域由不同空间位置的 HRU 组成。一个子流域只有一个变量值，因此，虽然 HRU 离散分布在不同的空间位置，但其变量值相同。

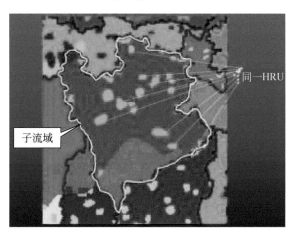

图 4-24　HRU 组成结构

HYDRUS 的网格为沿土壤深度方向的一维网格，与 HRU 一一对应，无须插值。其他网格需将其导入 GIS，在 GIS 中实现网格交叉切割，将交叉单元的面积及关联数据保存为文件，作为耦合计算的输入数据。

（3）耦合策略

以 SWAT 作为主平台，每隔 1 天进行一次数据交换，调用各子模型以其自身的时间步长向前推进 1 天。图 4-25 为耦合计算中数据交换、子模型调用流程，图 4-25 中省略了 SWAT 自身的计算流程。

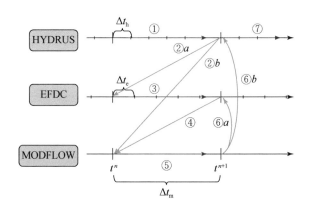

图 4-25　耦合计算流程

1）HYDRUS 以其自身时间步长向前推进 1 天，获得新的土壤水分分布及上下边界 1 天内的累计流量；

2）将 HYDRUS 算出的上边界产流量经 SWAT 处理后作为地表产流传给子流域中的主

河道（EFDC）；同时将下边界流量传递给地下水（MODFLOW）；

3）EFDC 以其自身时间步长向前推进 1 天。假设 1 天内进入河道的地表产流量恒定，河道下的地下水位恒定，算出河道水位变化、河床与地下水的交换量；

4）将 EFDC 算出的河床与地下水交换量给 MODFLOW；

5）MODFLOW 向前推进一个时间步，算出新的地下水位；

6）将新的地下水位传给 HYDRUS 和 EFDC；

7）下一耦合时间步长推进。

4.3.2 耦合 HYDRUS

将 HYDRUS 中基于达西定律的 Richards 方程，代替 SWAT 中原有的土壤分层入渗计算公式。实际模拟的问题中，地下水位埋深较大，因此忽略地下水对包气带水流下渗的影响，只模拟地表以下 1~2m 深的土壤水运动，采用自由排水下边界。

（1）计算方法对比

1）SWAT 原始方法。SWAT 只模拟非饱和土壤水运动，土层中可以下渗的水量为超过田间持水量的水量，从一个土层向下一层运动地方水分采用库容演算方法。从最底层土层渗漏的水分进入包气带。包气带为土壤剖面底部与含水层顶部之间的部分。

2）新方法。采用 HYDRUS 一维模型模拟根区土壤水分运移，HYDRUS 具有多种一类、二类边界条件，可模拟降雨入渗、土表蒸发、自由排水，同时可模拟分布式根系吸水，表 4-16 给出了 HYDRUS 边界条件类型。

表 4-16　HYDRUS 边界条件

边界位置	边界类型
上边界	定水头
	定流量
	大气边界
	带径流大气边界
	变水头
	变水头/流量
下边界	定水头
	定流量
	变水头
	变流量
	自由排水
	深层排水
	渗漏面
	水平排水

（2）代码修改

1）基于变量封装的数据交换接口。采用直接在内存中进行数据交换的方法，设计基于变量封装的数据交换接口。

主要工作如下。

其一，收集分类土壤渗流模拟模块中的输入输出数据。

其二，数据交换接口设计。

采用 module 保存输入输出数据，并根据对输入输出数据的分类，分别定义不同的 type 类型变量用于存储相关数据。

其三，修改土壤渗流模拟模块中输入文件读取程序。

将原始土壤渗流模拟模块中的从文件读写输入输出数据修改为从 module 中获得输入数据，并将结果数据赋值给相关结果变量。

其四，修改土壤水资源评估模块中土壤水分运动计算程序。

分析土壤水分运动模块中的原有代码，对涉及土壤水分运动计算的代码进行修改，将土壤水分数据赋给 module 中相关变量，在合适的位置调用土壤渗流模拟子程序，然后从 module 中取出渗流模拟结果交由土壤水分运动程序继续迭代计算，主要涉及：

- 降雨、灌溉入渗；
- 表土蒸发；
- 植物蒸腾；
- 底部渗漏；
- 侧向流动。

2）HYDRUS 输入数据自动生成。编写与 HYDRUS 格式匹配的网格生成子程序，无须通过其他软件提前划分，在首次计算时自动生成该 HRU 的一维网格，土壤深度与原 SWAT 中的相同，网格单元间距为 1cm，土壤参数直接由 SWAT 中数据转换获得。

3）计算稳定性分析。在实现耦合计算后，发现 HYDRUS 容易出现计算发散，通过对代码、计算工况的深入分析，发现导致计算发散的原因为：①土壤层间参数差异较大；②地表降雨、灌溉量较大。

本书采用两个措施来提高土壤渗流计算的稳定性：

其一，自适应时间步长。当局部水流通量较大时，需要较小的时间步长才能保证收敛，而实际的水流通量与计算工况及土壤参数都有关系，因此可对给定的工况预估一个最大水流通量，然后计算合适的时间步长。

本书根据降水量、灌溉量、地表初始积水深度、饱和导水率计算出可能的最大水分运动速率，然后由第一层网格尺度计算出与最大水分运动速率对应的特征时间，将该特征时间乘以一个系数作为土壤渗流计算的时间步长。

其二，改进时间迭代算法。离散后的 Richards 方程可用矩阵表示为

$$[P_w]^{j+1,k}\{h\}^{j+1,k+1} = \{F_w\} \tag{4-7}$$

其中，

$$[P_w] = \begin{bmatrix} d_1 & e_1 & 0 & & & & 0 \\ e_1 & d_2 & e_2 & 0 & & & 0 \\ 0 & e_2 & d_3 & e_3 & 0 & & 0 \\ & & & \cdots & & & \\ & & & \cdots & & & \\ 0 & & 0 & e_{N-3} & d_{N-2} & e_{N-2} & 0 \\ 0 & & & 0 & e_{N-2} & d_{N-1} & e_{N-1} \\ 0 & & & & 0 & e_{N-1} & d_N \end{bmatrix} \tag{4-8}$$

$$d_i = \frac{\Delta x}{\Delta t} C_i^{j+1,k} + \frac{K_{i+1}^{j+1,k} + K_i^{j+1,k}}{2\Delta x_i} + \frac{K_i^{j+1,k} + K_{i-1}^{j+1,k}}{2\Delta x_{i-1}} \tag{4-9}$$

$$e_i = -\frac{K_i^{j+1,k} + K_{i+1}^{j+1,k}}{2\Delta x_i} \tag{4-10}$$

$$f_i = \frac{\Delta x}{\Delta t} C_i^{j+1,k} + h_i^{j+1,k} - \frac{\Delta x}{\Delta t}(\theta_i^{j+1,k} - \theta_i^j) + \frac{K_{i+1}^{j+1,k} - K_{i-1}^{j+1,k}}{2}\cos\alpha - S_i^j \Delta x \tag{4-11}$$

注意到式（4-11）中存在含水率变量，原始代码中采用容水度来计算含水率，即

$$\theta_i^{j+1,k+1} = \theta_i^{j+1,k} + C_i^{j+1,k}(h_i^{j+1,k+1} - h_i^{j+1,k}) \tag{4-12}$$

当含水率变化不大时，该方法能正常收敛，当含水率剧烈变化时（如降雨快速渗入特别干燥的土壤中），该方法将导致解的剧烈振荡，有时解即使收敛但也是非物理解。本书将含水率改为直接通过土壤水分特征曲线进行计算，避免了计算发散以及非物理解的出现，同时为了进一步提高稳定性，对迭代计算中的负压水头采用了亚松弛技术。

4.3.3 耦合 EFDC

EFDC 的耦合涉及两方面，一方面是地表产流进入河道；另一方面是河道水通过河床与地下水交换，这两方面的流量均通过体积源项的形式加入 EFDC 控制方程求解。

（1）计算方法对比

1）SWAT 原始方法。

SWAT 采用曼宁公式来计算水流的流量和速率，采用变量存储演算方法或 Muskingum 演算方法模拟河道容量变化。时间步长结束时，河道中的水存储量为

$$V_{\text{stored},2} = V_{\text{stored},1} + V_{\text{in}} - V_{\text{out}} - t_{\text{loss}} - E_{\text{ch}} + \text{div} + V_{\text{bnk}} \tag{4-13}$$

式中，$V_{\text{stored},2}$ 为时间步长结束时，河道中的水存储量；$V_{\text{stored},1}$ 为时间步长开始时，河道中的水存储量；V_{in} 为时间步长内进入河道的水量；V_{out} 为时间步长内流出河道的水量；t_{loss} 为通过河床的水流传播损失；E_{ch} 为模拟日河道的蒸发量；div 为调水对河道水量的改变；V_{bnk} 为岸边存储通过回归流增加的河道水量。

2）EFDC 河道流动控制方程。

EFDC 模型的控制方程为浅水方程，使用有限差分法求解水深、压力、三个方向速度。在水平方向上，使用的笛卡儿坐标也适用于一般的曲线正交网格；在垂向上，引入静水压

强以简化计算。

（2）地表产流

地表产流与河道为单向耦合，即地表产流量影响河道水流，河道水流对地表产流无影响，因此只需将地表产流量传递给 EFDC。地表产流由每个 HRU 产生，经过坡面流延迟处理后汇集为子流域当天的平均产流量，EFDC 只模拟主河道的流动，未考虑坡面流，因此将子流域看成一个整体与 EFDC 耦合。计算开始前，通过 GIS 获得每个子流域包含的 EFDC 网格单元编号，即位于该子流域中的河道网格单元，将网格单元编号保存至文件中，作为耦合计算的输入数据。计算中，根据子流域中 EFDC 网格单元面积，将一个子流域当天的产流量分配至多个 EFDC 网格单元，以恒定体积源项的形式加入 EFDC 控制方程的求解，EFDC 以自身的时间步长推进 1 天后暂停计算，等待下一天的时间推进。

（3）河床水流交换

河床水流交换为 EFDC 与 MODFLOW 的耦合关系时，存在两种交换方向，一种是河道水经过河床进入地下水；另一种是地下水经过河床进入河道，交换方向由河道水水头与地下水水头的大小决定。图 4-26 给出了河床水流通量计算方法。

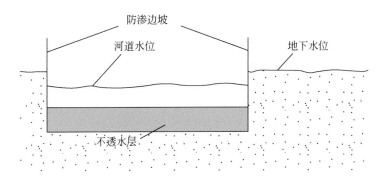

图 4-26　河道水与地下水交换

$$Q_{R,i} = C_{R,i}(h_{R,i} - h_{G,i}) \tag{4-14}$$

式中，$Q_{R,i}$ 为 EFDC 中第 i 个单元的河床水流通量；$h_{R,i}$ 为河道水水头；$h_{G,i}$ 为同一位置的地下水水头；$C_{R,i}$ 为与河床厚度、导水率相关的系数。

$h_{G,i}$ 由 MODFLOW 的计算结果，通过交叉单元切割插值方法获得。计算前，将 EFDC 网格与 MODFLOW 网格导入 GIS，在 GIS 中完成两套网格交叉切割，形成交叉单元，将交叉单元的面积、关联数据存入文件，作为耦合计算的输入数据。

地下水水位、水流的变化相对河道水来讲较慢，且地下水的计算时间步长也较大，因此将河床水流交换计算放在 EFDC 的计算中。假设 EFDC 的时间步长为 1s，MODFLOW 的时间步长为 1 天，EFDC 时间推进时，1 天内地下水水头保持恒定，但河道水水头每秒都在变化，则河床水流通量也是每秒变化 1 次。EFDC 完成 1 天的时间推进后，获得当天河床水流通量每秒的变化历程，计算当天的累计通量，将其传递给 MODFLOW。

（4）代码修改

EFDC 源代码使用 FORTRAN 77 编写，代码中使用了大量的 COMMON 全局变量，且未使用显式变量声明，因此首先采用 module 及动态数组对耦合计算中涉及的变量声明进行修改；然后对原有代码进行修改，同时增加新的子程序，主要包括：

1）初始化。读入 EFDC 原始输入文件，读入交叉网格切割文件，修改 EFDC 计算参数；构建用于表示地表产流的源项变量，构建用于表示河床交换的源项变量；执行 EFDC 代码至开始时间推进前。

2）地表产流。逐个将子流域的产流量转换为各 EFDC 网格单元的源项，将数值放入对应的源项数组。

3）地下水水头。直接访问 MODFLOW 中的水头变量，根据插值方法求出 EFDC 中各网格单元位置的地下水水头。

4）时间推进。修改时间推进参数，开始时间推进计算，直至本次累计推进时间达到 1 天，每推进一个时间步调用一次河床水流通量计算程序。

5）累计河床水流通量。求出 1 天内每个 EFDC 网格单元中河床水流通量的累计值，以备 MODFLOW 访问。

4.3.4　耦合 MODFLOW

（1）计算方法对比

1）SWAT 原始方法。SWAT 将地下水分为非承压含水层与承压含水层，分别计算进出地下含水层的水量。浅层含水层的水量平衡方程如下：

$$aq_{sh,i} = aq_{sh,i-1} + w_{rchrg,i} - Q_{gw,i} - w_{revap,i} - w_{deep,i} - w_{pump,sh,i} \tag{4-15}$$

式中，aq_{sh} 为浅层含水层的蓄水量；i，$i-1$ 为第 i 天，第 $i-1$ 天；$w_{rchrg,i}$ 为第 i 天进入浅层含水层的水量；$Q_{gw,i}$ 为第 i 天进入主河道的地下水流或基流水量；$w_{revap,i}$ 为第 i 天由于水分亏缺进入土壤层的水量；$w_{deep,i}$ 为第 i 天由浅层含水层渗漏进入深层含水层的水量；$w_{pump,sh,i}$ 为第 i 天从浅层含水量抽取的水量。

深层含水层的水量平衡方程如下：

$$aq_{dp,i} = aq_{dp,i-1} + w_{deep,i} - w_{pump,dp,i} \tag{4-16}$$

式中，aq_{dp} 为深层含水层的蓄水量；i，$i-1$ 为第 i 天，第 $i-1$ 天；$w_{deep,i}$ 为第 i 天从浅层含水层渗漏进入深层含水层的水量，$w_{pump,dp,i}$ 为第 i 天从深层含水层抽取的水量。

2）新方法。采用 MODFLOW 模拟地下水流动，控制方程为基于达西定律的三维饱和水运动方程：

$$\frac{\partial}{\partial x}\left(K_{xx}\frac{\partial h}{\partial x}\right) + \frac{\partial}{\partial y}\left(K_{yy}\frac{\partial h}{\partial y}\right) + \frac{\partial}{\partial z}\left(K_{zz}\frac{\partial h}{\partial z}\right) + W = S_s\frac{\partial h}{\partial t} \tag{4-17}$$

式中，K 为水力传导率；h 为水头；W 为源项；S_s 为多孔介质的比储水系数。

MODFLOW 采用有限差分方法求解该控制方程，空间上采用中心差分，时间上采用后项差分。MODFLOW 将其模拟功能称为程序包，主要包括水井、补给、河流、排水沟渠、蒸发蒸腾、通用水头边界，见表4-17。

表 4-17   MODFLOW 程序包

子程序包名称	英文缩写	子程序包功能		备注
基本子程包 计算单元间渗流子程序包	BAS BCF		指定边界条件、时间段长度、初始条件及结果打印方式； 计算多孔介质中地下水流有限差分方程组各项，即单元间流量和进入储存的流量	
水井子程序包 补给子程序包 河流子程序包 排水沟渠子程序包 蒸发蒸腾子程序包 通用水头边界子程序包	WEL RCH RIV DRN EVT GHB	水文地质子程序包	将流向水井的流量项加进有限差分方程组； 将代表面状补给的流量项加进有限差分方程组； 将流向河流的流量项加进有限差分方程组； 将流向排水沟渠的流量项加进有限差分方程组； 将代表蒸发蒸腾作用的流量项加进有限差分方程组； 将流向通用水头边界的流量项加进有限差分方程组	外应力子程序包
SIP 求解子程序包 SSOR 求解子程序包	SIP SOR	求解子程序包	采用强隐式方法通过迭代求解有限差分方程组； 采用连续超松弛迭代方法求解有限差分方程组	

（2）耦合变量

MODFLOW 的耦合也涉及两方面：一个是包气带土壤水入渗通量，另一个是河床水流交换通量。这两个通量均通过交叉单元切割法进行插值传递。包气带入渗通量由 HYDRUS 算出，每个 HRU 对应一个值，常规 HRU 在空间上不连续，因此需根据空间连续性将一个 HRU 分为多个子 HRU，每个子 HRU 对应一片连续的地表空间。包气带入渗量通过 MODFLOW 中的 Recharge Package 引入地下水计算中，河床交换通量通过 MODFLOW 中的 Well Package 引入地下水计算中。

（3）代码修改

1）初始化。读入 MODFLOW 原始输入文件，读入交叉网格切割文件，修改 MODFLOW 计算参数；修改原始 Recharge Package 和 Well Package，以使其便于表示包气带入渗通量和河床交换通量；执行 MODFLOW 代码至开始时间推进前。

2）包气带入渗。根据每个子 HRU 的插值比例系数，求出 MODFLOW 中顶层网格每个单元的入渗量，将其值放入 Recharge Package 对应变量中。

3）河床水流交换。根据每个 EFDC 单元的插值比例系数、当天的河床水流通量累计值，求出 MODFLOW 中第 i 行 j 列单元的水流通量，根据河底深度及 MODFLOW 各层网格的深度将水流通量平均分配至对应的层中，将其值放入 Well Package 对应变量中。

4）时间推进。修改时间推进参数，将时间向前推进 1 天，MODFLOW 时间步长一般等于 1 天，即只需推进一个时间步长。

4.3.5　EFDC 并行计算

为便于 EFDC 河道模拟的高效率计算，采用 MPI 并行方式加速 EFDC 计算，使其能够在大规模、高性能计算机上运行，并改进分区位置，采用非平均分区替代平均网格分区，对分区位置进行调整、合并，保持有效分区个数与目标一致。根据有效分区中的最大有效单元个数对负载均衡性进行判断，最大有效单元个数越小，负载均衡性越好。

图4-27为并行分区示意图，只在水平面上进行分区，深度方向不进行分区。图4-28为平均网格分区示意图，分别沿纵向和横向根据各自网格单元总个数进行平均划分，由于网格中存在无效单元，均匀分区导致每个分区中的有效单元个数不一致，甚至会出现有效单元个数为0的分区，严重影响并行计算的负载均衡性。为了提高并行计算负载均衡性，采用非均匀分区。图4-29为非均匀网格分区，有效单元少的地方分区尺度变大，有效单元多的地方分区尺度变小，使每个分区的有效单元个数趋于一致，从而提高并行计算负载均衡性。

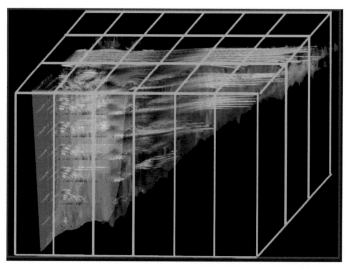

图4-27 并行分区示意图

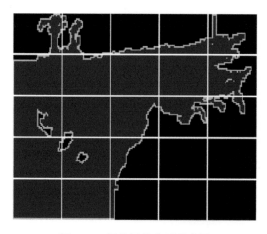

图4-28 平均网格分区示意图

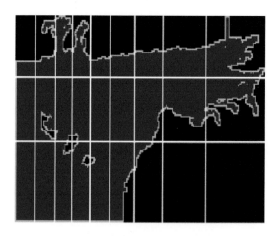

图4-29 非均匀网格分区示意图

妫水河EFDC计算模型水平方向上共约107万个单元，其中约2万个单元为有效单元。对不同核数的并行计算时间进行了对比，串行计算需要4.301h，8核并行计算需要

2.227h，16 核并行计算需要 0.96h。16 核并行计算时，并行效率为 28%，加速比为 4.5。

4.3.6 耦合测试

HYDRUS 的耦合变量主要涉及降雨、灌溉入渗、土表蒸发、植物蒸腾、底部渗漏、侧向流动。

EFDC 的耦合涉及两方面：一方面是地表产流进入河道，另一方面是河道水通过河床与地下水交换。这两方面的流量均通过体积源项的形式加入 EFDC 控制方程求解。

MODFLOW 的耦合也涉及两方面：一方面是包气带土壤水入渗通量，另一方面是河床水流交换通量。这两个通量均通过交叉单元切割法进行插值传递。包气带入渗通量由 HYDRUS 算出，每个 HRU 对应一个值，常规 HRU 在空间上不连续，因此需根据空间连续性将一个 HRU 分为多个子 HRU，每个子 HRU 对应一片连续的地表空间。包气带入渗量通过 MODFLOW 中的 Recharge Package 引入地下水计算中，河床交换通量通过 MODFLOW 中的 Well Package 引入地下水计算中。

对某流域进行耦合计算测试，图 4-30 为该流域地形图，周边白色线条为模拟区域边界，中间白色线条为河道。

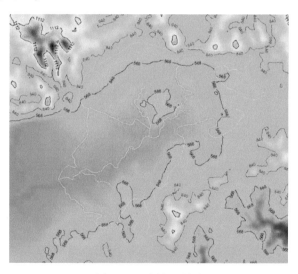

图 4-30 流域地形图

图 4-31 为该流域地下水计算网格，共 100 行、120 列、2 层计算单元，模拟了 1 年内该流域水循环变化。

图 4-32 为耦合计算中，每 1 天从土壤包气带底部渗漏进入地下水的平均流量，在第 216 天至第 271 天存在明显的包气带入渗。图 4-33 ~ 图 4-40 给出了部分时刻地下水位云图，并将无耦合与耦合时的计算结果进行了对比。结合图 4-31 可见，从第 216 天开始，当包气带入渗明显时，耦合计算中的地下水位也相应提高，当包气带入渗停止后，到第 365 天时，地下水位又基本恢复一致。

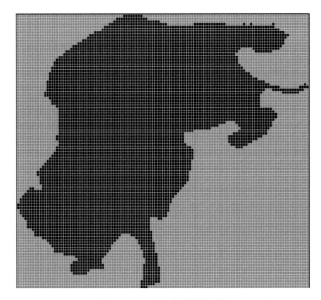

图 4-31　地下水计算网格

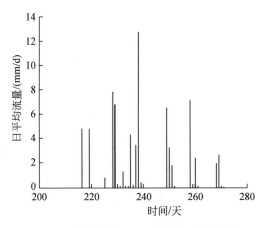

图 4-32　包气带进入地下水的日平均流量

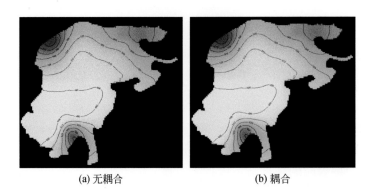

(a) 无耦合　　　　　　　　　　　(b) 耦合

图 4-33　第 210 天地下水位对比

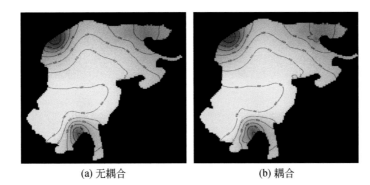

(a) 无耦合   (b) 耦合

图 4-34   第 216 天地下水位对比

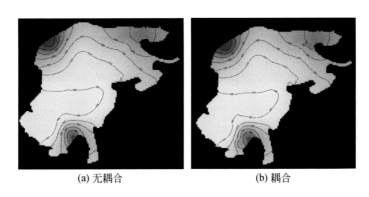

(a) 无耦合   (b) 耦合

图 4-35   第 219 天地下水位对比

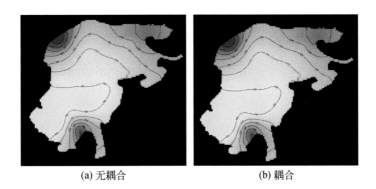

(a) 无耦合   (b) 耦合

图 4-36   第 220 天地下水位对比

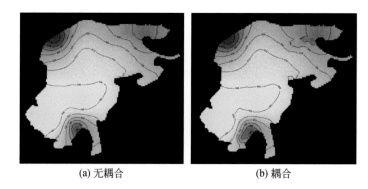

(a) 无耦合　　　　　　　　　　　(b) 耦合

图 4-37　第 229 天地下水位对比

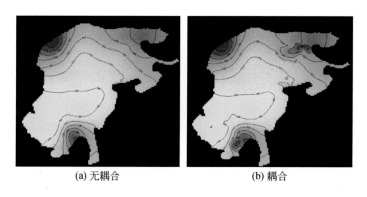

(a) 无耦合　　　　　　　　　　　(b) 耦合

图 4-38　第 238 天地下水位对比

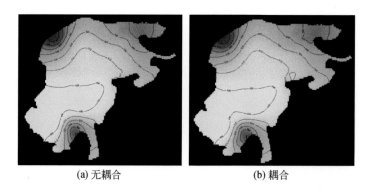

(a) 无耦合　　　　　　　　　　　(b) 耦合

图 4-39　第 269 天地下水位对比

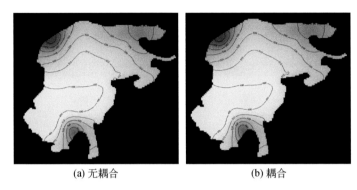

(a) 无耦合   (b) 耦合

图 4-40　第 265 天地下水位对比

4.3.7　分布式模型构建与率定

4.3.7.1　空间数据

DEM 用来提取流域水文信息，包括子流域信息；数字化河道信息属于可选内容，能提高 DEM 提取流域河道信息的精确度；水文响应单元根据土地利用和土壤数据来划分。

本书所用的数据包括：30m×30m 分辨率 DEM；2017 年土地利用数据；根据分布式模型需求分类的土壤类型数据及土壤属性数据；遥感反演的 2018 年 4 月 8 日至 9 月 24 日 11 景土壤相对湿度数据；2016～2018 年妫水河流域月尺度 ET 数据；研究区延庆气象站点的日数据，包括降水数据、最高最低气温、相对湿度、平均风速、日照实数；东大桥水文站的月径流量（1985～2017 年），以及与遥感解译对应的区域土壤相对湿度采样数据，具体见图 4-41。

(a) 30m×30m分辨率DEM

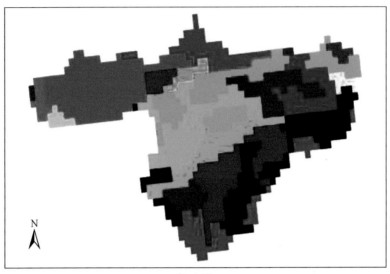

(b) 土壤

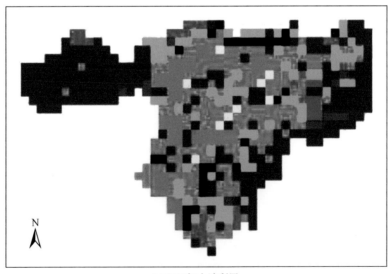

(c) 2017年土地利用

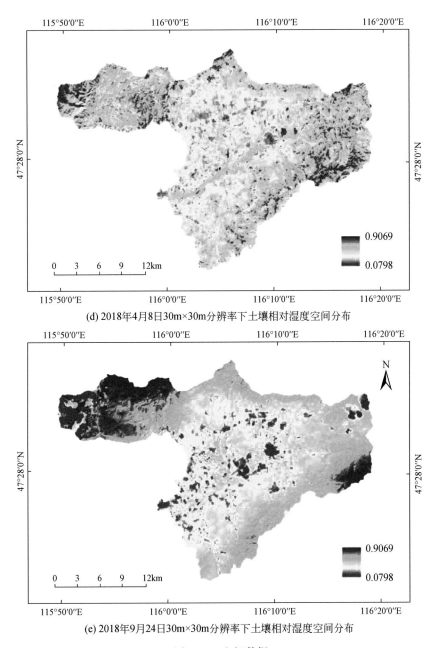

(d) 2018年4月8日30m×30m分辨率下土壤相对湿度空间分布

(e) 2018年9月24日30m×30m分辨率下土壤相对湿度空间分布

图 4-41　空间数据

4.3.7.2　模型参数率定

（1）径流

1）参数敏感性分析。通过多元回归模型进行参数敏感性分析，将拉丁超立方采样生成的参数与目标函数值进行回归分析，计算如下：

$$g = \alpha + \sum_{i=1}^{m} \beta_i b_i \qquad (4\text{-}18)$$

式中，g 为目标函数；α 和 β 为回归方程的系数；b_i 为参数值；m 为参数数目。

本书以 φ 为目标函数，通过 t 检验方法来判断各参数的敏感性（表4-18）。模型中跟径流有关的参数共有30个，敏感性分析表明，各参数对径流均有不同程度的相关性，第一敏感的参数为 CN2. mgt，该参数是下垫面特性的综合反映，直接决定着径流量的大小，CN2. mgt 值越大，下垫面的不透水性越强，径流量越大；第二敏感的参数为 ALPHA_BF. gw，该参数反映基流的大小和快慢，对水文过程有重要影响；其他参数如 OFLOWMX、OFLOWMN、SLSUBBSN、SOL_BD、HRU_SLP、SOL_K、SOL_AWC 和 SMFMX 等对径流的影响也较为敏感（表4-18）。

表 4-18　参数敏感性分析结果

参数名称	物理意义	t 值	p 值
SFTMP	降雪温度/℃	−1.42	0.11
SMTMP	融雪基温/℃	1.12	0.20
SMFMX	6月21日的融雪因子/（mm H_2O/℃）	−1.94	0.03
SMFMN	12月21日的融雪因子/（mm H_2O/℃）	0.88	0.30
TIMP	积雪温度滞后系数	1.33	0.13
SURLAG	地表径流滞后系数	−1.16	0.18
TLAPS	气温垂直递减率/（℃/km）	−0.26	0.70
SLSUBBSN	平均坡长/m	−4.85	0.00
HRU_SLP	平均坡度/（m/m）	4.30	0.00
CANMX	最大冠层截流量（mm H_2O）	0.57	0.48
OV_N	曼宁坡面漫流 n 值	−0.04	0.88
ESCO	土壤蒸发补偿系数	−1.74	0.05
EPCO	植物吸收补偿因子	0.60	0.46
CN2	湿润条件Ⅱ下的初始SCS径流曲线数	10.69	0.00
BIOMIX	生物混合效率	−0.07	0.85
SOL_Z	土壤表层到底层的深度/（mm）	0.25	0.71
SOL_BD	土壤饱和容重/（mg/m³）	4.76	0.00
SOL_AWC	土壤层有效水容量/［mm（H_2O）/mm（soil）］	2.26	0.01
SOL_K	土壤饱和水力传导度/（mm/h）	2.58	0.00
SOL_ALB	湿润土壤反照率	1.03	0.23
GW_DELAY	地下水延迟时间/天	0.43	0.58
ALPHA_BF	基流 α 因子/天	9.19	0.00
GWQMN	浅层含水层产生"基流"的阈值深度/mm	0.57	0.48
GW_REVAP	浅层地下水再蒸发系数	1.29	0.14

续表

参数名称	物理意义	t 值	p 值
REVAPMN	浅层含水层"再蒸发"或渗透到深层含水层的阈值深度/mm	0.92	0.28
RCHRG_DP	深含水层渗透比	0.18	0.76
CH_N2	主河道河床曼宁系数	0.84	0.32
CH_K2	主河道河床有效水力传导度/(mm/h)	-1.00	0.24
OFLOWMX	水库月尺度最大出流量/(m³/s)	8.90	0.00
OFLOWMN	水库月尺度最小出流量/(m³/s)	7.88	0.00

2）参数率定与模型验证。率定期为 1959~2003 年，采用 1959~1978 年的数据用于模型预热，以降低初始条件的影响，在具体分析计算时不予采用。验证期为 2004~2017 年（剔除白河堡水库补水的出流量参数），选用基于实测值和模拟值计算的决定系数，以及纳什效率系数来综合评价（图 4-42）。参数率定通过 SUFI-2 算法实现，结果表明东大桥水文站月径流模拟值与实测值的确定性系数 R^2 在 0.7 以上，纳什效率在 0.4 以上，月径流模拟效果较好。2003 年作为白河堡水库补水前后的分界线，有待进一步收集白河堡水库翔实的资料进行补充。

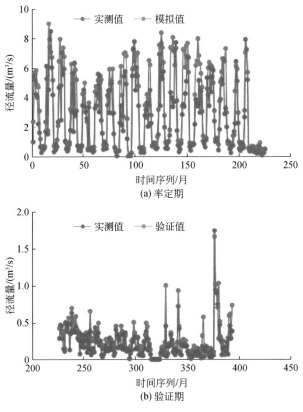

图 4-42 月径流模拟验证时间序列

（2）蒸发蒸腾量

1）参数敏感性分析。模型中跟月尺度蒸发蒸腾量有关的参数共有 19 个，敏感性分析表明，各参数对蒸发蒸腾量均有不同程度的相关性，第一敏感的参数为 GSI，该参数是植被叶片气孔特性的综合反映，GSI 值越大，蒸腾速率越大；第二敏感的参数为 ESCO，该参数反映土壤蒸发的补偿情况，对区域水文蒸散影响显著，其他参数如 SOL_AWC_C、ALPHA_BNK、EPCO、SOL_AWC_D、SOL_K 等对蒸散的影响也较为敏感（表 4-19）。

表 4-19 参数敏感性分析结果

参数名称	t 值	p 值
ALPHA_BF	0.14	0.89
GWQMN	0.14	0.89
SOL_BD	0.22	0.83
SOL_ZMX	0.31	0.76
CH_N2	0.33	0.74
GW_REVAP	0.38	0.7
CO2HI	0.41	0.68
CH_K2	0.57	0.57
GW_DELAY	0.67	0.5
SOL_AWC_B	0.82	0.41
CN2	0.82	0.41
CANMX	0.86	0.39
SOL_AWC_C	1.39	0.17
ALPHA_BNK	1.58	0.11
EPCO	1.8	0.07
SOL_AWC_D	2.11	0.04
SOL_K	3.63	<0.01
ESCO	5.37	<0.01
GSI	23.93	<0.01

2）参数率定与模型验证。率定期为 2016 年 1～12 月，验证期为 2017 年 1～12 月，选用基于实测值和模拟值计算的决定系数及纳什效率系数来综合评价。参数率定通过 SUFI-2 算法实现，结果表明典型三个子流域模拟值与实测值的确定性系数 R^2 在 0.7 以上，纳什效率在 0.2 以上，月尺度蒸散模拟效果一般（图 4-43）。

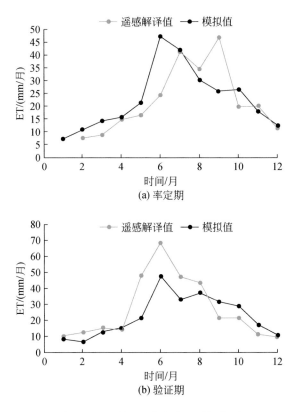

图 4-43 区域 ET 率定验证时间序列

4.4 多水资源配置和水质水量调度技术

4.4.1 经济社会发展预测

综合分析近 3 年延庆区经济社会的发展趋势，并结合《北京市延庆区国民经济和社会发展第十四个五年规划和二〇三五年远景目标纲要》有关成果，预计到 2025 年，妫水河流域总人口将达到 9.26 万人，城镇化率达到 79%；农业发展规模基本保持不变；由于流域内工业规模较少，本书不再预测（表 4-20）。

表 4-20 妫水河流域经济社会发展预测

水平年	行政区	人口/人			牲畜/头			有效灌溉面积/万亩	农业用地/万亩			林牧渔用水面积/万亩			
		总人口	城镇人口	乡村人口	大牲畜	小牲畜	合计		水浇地	菜田	小计	林果	草场	鱼塘补水	小计
2019年	永宁镇	26 659	10 030	16 629	424	10 376	10 800	1 538	1 196	407	1 603	106		3	109
	旧县镇	22 333	7 093	15 240	3 671	5 450	9 121	2 935	2 765	65	2 830	1 482		9	1 491

续表

水平年	行政区	人口/人			牲畜/头			有效灌溉面积/万亩	农业用地/万亩			林牧渔用水面积/万亩			
		总人口	城镇人口	乡村人口	大牲畜	小牲畜	合计		水浇地	菜田	小计	林果	草场	鱼塘补水	小计
2019年	沈家营镇	12 373	4 028	8 345	2 323	3 061	5 384	1 492	1 707	74	1 781	317		2	319
	大榆树镇	15 331	5 275	10 056	369	4 011	4 380	1 483	1 116	219	1 335	33			33
	井庄镇	12 763	4 250	8 513	1 408	3 197	4 605	1 859	41	52	93	861		3	864
	合计	89 459	30 676	58 783	8 195	26 095	34 290	9 307	6 825	817	7 642	2 799	0	17	2 816
2025年	永宁镇	27 600	14 904	12 696	424	10 376	10 800	1 538	1 196	407	1 603	106		3	109
	旧县镇	23 122	12 486	10 636	3 671	5 450	9 121	2 935	2 765	65	2 830	1 482		9	1 491
	沈家营镇	12 810	6 917	5 893	2 323	3 061	5 384	1 492	1 707	74	1 781	317		2	319
	大榆树镇	15 872	8 571	7 301	369	4 011	4 380	183	1 116	219	1 335	33			33
	井庄镇	13 241	7 135	6 078	1 408	3 197	4 605	1 859	41	52	93	861		3	864
	合计	92 645	50 013	42 604	8 195	26 095	34 290	8 007	6 825	817	7 642	2 799	0	17	2 816

4.4.2　经济社会需水量预测

经济社会需水量包括生活需水量、农业需水量和城镇生态环境需水量（由于流域内各乡镇工业规模较小，本书不预测）。具体如表 4-21 ~ 表 4-23 所示。

1）生活需水量。综合分析评估《延庆县"十三五"水务发展规划报告》实施情况，结合《延庆区水利发展"十四五"规划》初步成果，预计到 2025 年农村生活用水定额增加到 3000L/（月·人），城镇生活用水定额增加到 3500L/（月·人）。

2）农业需水量。农业需水量包括农田灌溉和林牧渔畜需水量。根据北京市委 2014 年 9 月发布的《关于调结构转方式发展高效节水农业的有关意见》，实施农业用水限额标准 500m³/亩、露地瓜菜 200m³/亩、大田作物 200m³/亩、果树牧草 100m³/亩，并结合《延庆区水利发展"十四五"规划》发展高效节水灌溉有关目标任务，到 2025 年农业灌溉水有效利用系数达到 0.75 以上。确定了多年平均、75% 和 95% 三个保证率下高、中、低三种节水强度下的灌溉综合定额，多年平均情况下分别为 180m³/亩、150m³/亩、100m³/亩，75% 为 250m³/亩、200m³/亩、150m³/亩，95% 年份为 300m³/亩、250m³/亩、200m³/亩。

经预测，妫水河流域 2025 年低强度节水情景下多年平均需水总量为 3539.47 万 m³，中强度节水情景下为 2981.31 万 m³，高强度节水情景下为 2422.78m³（表 4-21）；75% 保证率下低强度节水情景下需水总量为 4726.46 万 m³，中强度节水情景下为 3834.24 万 m³，高强度节水情景下为 3275.71 万 m³（表 4-22）；95% 保证率下低强度节水情景下需水总量为 5508.34 万 m³，中强度节水情景下为 4548.32 万 m³，高强度节水情景下为 3989.79 万 m³（表 4-23）。

表 4-21　妫水河流域需水量预测（多年平均）　　　（单位：万 m³）

节水情景	行政区	生活需水量			农业需水量					城镇生态环境需水量	合计
		城市生活	农村生活	第三产业	农田灌溉	鱼塘补水	林果	大牲畜	小牲畜		
低	永宁镇	68.79	45.71	57.43	415.21	0.16	12.72	0.46	5.68	29.81	635.97
	旧县镇	57.63	38.29	46.20	792.39	0.43	177.79	4.02	2.98	24.97	1144.70
	沈家营镇	31.93	21.21	26.89	402.71	0.08	38.05	2.54	1.68	13.83	538.92
	大榆树镇	39.56	26.28	28.10	400.43	0.00	3.96	0.40	2.20	17.14	518.07
	井庄镇	32.93	21.88	24.18	501.82	0.13	103.31	1.54	1.75	14.27	701.81
	合计	230.83	153.37	182.80	2512.55	0.80	335.82	8.97	14.29	100.03	3539.47
中	永宁镇	68.79	45.71	57.43	346.01	0.16	12.72	0.46	5.68	29.81	566.77
	旧县镇	57.63	38.29	46.20	660.32	0.43	177.79	4.02	2.98	24.97	1012.63
	沈家营镇	31.93	21.21	26.89	335.59	0.08	38.05	2.54	1.68	13.83	471.80
	大榆树镇	39.56	26.28	28.10	333.69	0.00	3.96	0.40	2.20	17.14	451.33
	井庄镇	32.93	21.88	24.18	278.79	0.13	103.31	1.54	1.75	14.27	478.78
	合计	230.83	153.37	182.80	1954.40	0.80	335.82	8.97	14.29	100.03	2981.31
高	永宁镇	68.79	45.71	57.43	230.67	0.16	12.72	0.46	5.68	29.81	451.43
	旧县镇	57.63	38.29	46.20	440.21	0.43	177.79	4.02	2.98	24.97	792.52
	沈家营镇	31.93	21.21	26.89	223.73	0.08	38.05	2.54	1.68	13.83	359.94
	大榆树镇	39.56	26.28	28.10	222.46	0.00	3.96	0.40	2.20	17.14	340.10
	井庄镇	32.93	21.88	24.18	278.79	0.13	103.31	1.54	1.75	14.27	478.78
	合计	230.83	153.37	182.80	1395.86	0.80	335.82	8.97	14.29	100.03	2422.77

表 4-22　妫水河流域需水量预测（75% 保证率）　　　（单位：万 m³）

节水情景	行政区	生活需水量			农业需水量					城镇生态环境需水量	合计
		城市生活	农村生活	第三产业	农田灌溉	鱼塘补水	林果	大牲畜	小牲畜		
低	永宁镇	68.79	45.71	57.43	576.68	0.16	20.67	0.46	5.68	29.81	805.39
	旧县镇	57.63	38.29	46.20	1100.54	0.43	288.90	4.02	2.98	24.97	1563.96
	沈家营镇	31.93	21.21	26.89	559.32	0.08	61.83	2.54	1.68	13.83	719.31
	大榆树镇	39.56	26.28	28.10	556.15	0.00	6.44	0.40	2.20	17.14	676.27
	井庄镇	32.93	21.88	24.18	696.98	0.13	167.87	1.54	1.75	14.27	961.53
	合计	230.83	153.37	182.80	3489.65	0.80	545.71	8.97	14.29	100.03	4726.46
中	永宁镇	68.79	45.71	57.43	461.34	0.16	19.08	0.46	5.68	29.81	688.46
	旧县镇	57.63	38.29	46.20	880.43	0.43	266.68	4.02	2.98	24.97	1321.63
	沈家营镇	31.93	21.21	26.89	447.45	0.08	57.07	2.54	1.68	13.83	602.68
	大榆树镇	39.56	26.28	28.10	444.92	0.00	5.94	0.40	2.20	17.14	564.54
	井庄镇	32.93	21.88	24.18	418.19	0.13	142.05	1.54	1.75	14.27	656.92
	合计	230.83	153.37	182.80	2652.33	0.80	490.82	8.97	14.29	100.03	3834.23

续表

节水情景	行政区	生活需水量			农业需水量					城镇生态环境需水量	合计
		城市生活	农村生活	第三产业	农田灌溉	鱼塘补水	林果	大牲畜	小牲畜		
高	永宁镇	68.79	45.71	57.43	346.01	0.16	19.08	0.46	5.68	29.81	573.13
	旧县镇	57.63	38.29	46.20	660.32	0.43	266.68	4.02	2.98	24.97	1101.52
	沈家营镇	31.93	21.21	26.89	335.59	0.08	57.07	2.54	1.68	13.83	490.82
	大榆树镇	39.56	26.28	28.10	333.69	0.00	5.94	0.40	2.20	17.14	453.31
	井庄镇	32.93	21.88	24.18	418.19	0.13	142.05	1.54	1.75	14.27	656.92
	合计	230.83	153.37	182.80	2093.79	0.80	490.82	8.97	14.29	100.03	3275.70

表 4-23　妫水河流域需水量预测（95% 保证率）　　　　　　（单位：万 m³）

节水情景	行政区	生活需水量			农业需水量					城镇生态环境需水量	合计
		城市生活	农村生活	第三产业	农田灌溉	鱼塘补水	林果	大牲畜	小牲畜		
低	永宁镇	68.79	45.71	57.43	692.01	0.16	23.85	0.46	5.68	29.81	923.90
	旧县镇	57.63	38.29	46.20	1320.64	0.43	333.35	4.02	2.98	24.97	1828.51
	沈家营镇	31.93	21.21	26.89	671.18	0.08	71.34	2.54	1.68	13.83	840.68
	大榆树镇	39.56	26.28	28.10	667.38	0.00	7.43	0.40	2.20	17.14	788.49
	井庄镇	32.93	21.88	24.18	836.37	0.13	193.70	1.54	1.75	14.27	1126.75
	合计	230.83	153.37	182.80	4187.58	0.80	629.67	8.97	14.29	100.03	5508.33
中	永宁镇	68.79	45.71	57.43	576.68	0.16	20.67	0.46	5.68	29.81	805.39
	旧县镇	57.63	38.29	46.20	1100.54	0.43	288.90	4.02	2.98	24.97	1563.96
	沈家营镇	31.93	21.21	26.89	559.32	0.08	61.83	2.54	1.68	13.83	719.31
	大榆树镇	39.56	26.28	28.10	556.15	0.00	6.44	0.40	2.20	17.14	676.27
	井庄镇	32.93	21.88	24.18	557.58	0.13	129.13	1.54	1.75	14.27	783.39
	合计	230.83	153.37	182.80	3350.26	0.80	506.97	8.97	14.29	100.03	4548.32
高	永宁镇	68.79	45.71	57.43	461.34	0.16	20.67	0.46	5.68	29.81	690.05
	旧县镇	57.63	38.29	46.20	880.43	0.43	288.90	4.02	2.98	24.97	1343.85
	沈家营镇	31.93	21.21	26.89	447.45	0.08	61.83	2.54	1.68	13.83	607.44
	大榆树镇	39.56	26.28	28.10	444.92	0.00	6.44	0.40	2.20	17.14	565.04
	井庄镇	32.93	21.88	24.18	557.58	0.13	129.13	1.54	1.75	14.27	783.39
	合计	230.83	153.37	182.80	2791.72	0.80	506.97	8.97	14.29	100.03	3989.77

4.4.3　流域水资源配置

4.4.3.1　配置思路

按照"节水优先，量水而行"的原则，针对流域水资源特点、经济社会发展用水需求及河湖生态功能要求，在优先保障居民生活用水和河道内生态用水条件下，统筹协调河道

内生态用水和河道外经济社会发展用水之间关系，强化河道外用水需求控制，通过实施农业高效节水工程、流域内节水降耗和水资源优化配置，全面提高河道内地表径流留用水平，枯水年份利用白河堡水库应急补水，改善河流水生态状况。

4.4.3.2 配置方案

按照适当削减地表水开发利用量、控制地下水开采，充分利用非常规水源的原则，充分考虑当地地表水、地下水和非常规水源，在合理调控河道外用水需求前提下，合理安排生活、生产和生态用水，使河道外经济社会用水和河道内生态用水关系基本协调。考虑到世界园艺博览会、冬季奥运会期间，妫水河河道内水量、水质特殊要求，配置采用 2 套方案：一是世界园艺博览会、冬季奥运会期间的短期方案，配置过程中将再生水全部排入河道，并从白河堡水库调水进行稀释，使之达到"水十条"Ⅲ类水质要求；二是世界园艺博览会、冬季奥运会结束后的长期方案，该期间河道保持低水位运行，为保证河道水质，再生水全部配置到流域内生产用水，不排入河道。采用 1985～2017 年水文系列，对妫水河流域不同水源和不同行业用水量进行配置，提出了 2025 年河道外水资源配置方案。

（1）世界园艺博览会、冬季奥运会期间河道高水位运行方案

到 2025 年，多年平均年份，低强度节水情景下用水总量 3539 万 m^3，可供水量 2687 万 m^3，生产缺水 852 万 m^3；中强度节水情景下用水总量为 2981 万 m^3，可供水量 2687 万 m^3，生产缺水 294 万 m^3；高强度节水情景下，需水总量为 2423 万 m^3，可供水量 2423 万 m^3，不缺水（表 4-24）。

75% 保证率年份，低强度节水情下用水总量 4726 万 m^3，可供水量 2300 万 m^3，生产缺水 2426 万 m^3；中强度节水情景下用水总量为 3834 万 m^3，可供水量 2300 万 m^3，生产缺水 1534 万 m^3；高强度节水情景下，需水总量为 3276 万 m^3，可供水量 2300 万 m^3，生产缺水 976 万 m^3（表 4-25）。

95% 保证率年份，低强度节水情下用水总量 5508 万 m^3，可供水量 2300 万 m^3，生产缺水 3208 万 m^3；中强度节水情景下用水总量为 4548 万 m^3，可供水量 2300 万 m^3，生产缺水 2248 万 m^3；高强度节水情景下，需水总量为 3990 万 m^3，可供水量 2300 万 m^3，生产缺水 1690 万 m^3（表 4-26）。

表 4-24　2025 年经济社会用水配置方案（高水位运行，多年平均）　　（单位：万 m^3）

节水情景	项目		生活	生产	生态	合计
低	需水量		567	2872	100	3539
	供水量	地表水		387	100	487
		地下水	567	1633		2200
		其他水				0
		小计	567	2020	100	2687
	缺水量		0	852	0	852

续表

节水情景	项目		生活	生产	生态	合计
中	需水量		567	2314	100	2981
	供水量	地表水		387	100	487
		地下水	567	1633		2200
		其他水				0
		小计	567	2020	100	2687
	缺水量		0	294	0	294
高	需水量		567	1756	100	2423
	供水量	地表		387	100	487
		地下	567	1369		1936
		其他水				0
		小计	567	1756	100	2423
	缺水量		0	0	0	0

表 4-25　2025 年经济社会用水配置方案（高水位运行，75% 保证率）（单位：万 m³）

节水情景	项目		生活	生产	生态	合计
低	需水量		567	4059	100	4726
	供水量	地表水				0
		地下水	567	1633		2200
		其他水			100	100
		小计	567	1633	100	2300
	缺水量		0	2426	0	2426
中	需水量		567	3167	100	3834
	供水量	地表水				0
		地下水	567	1633		2200
		其他水			100	100
		小计	567	1633	100	2300
	缺水量		0	1534	0	1534
高	需水量		567	2609	100	3276
	供水量	地表水				0
		地下水	567	1633		2200
		其他水			100	100
		小计	567	1633	100	2300
	缺水量		0	976	0	976

表 4-26 2025 年经济社会用水配置方案（高水位运行，95%保证率）（单位：万 m³）

节水情景	项目		生活	生产	生态	合计
高	需水量		567	4841	100	5508
	供水量	地表水				0
		地下水	567	1633		2200
		其他水			100	100
		小计	567	1633	100	2300
	缺水量		0	3208	0	3208
中	需水量		567	3881	100	4548
	供水量	地表水				0
		地下水	567	1633		2200
		其他水			100	100
		小计	567	1633	100	2300
	缺水量		0	2248	0	2248
低	需水量		567	3323	100	3990
	供水量	地表水				0
		地下水	567	1633		2200
		其他水			100	100
		小计	567	1633	100	2300
	缺水量		0	1690	0	1690

（2）世界园艺博览会、冬季奥运会结束后河道低水位运行方案

到 2025 年，多年平均年份，低强度节水情景下用水总量 3539 万 m³，可供水量 3539 万 m³，不缺水；中强度节水情景下用水总量为 2981 万 m³，可供水量 2981 万 m³，不缺水；高强度节水情景下，需水总量为 2423 万 m³，可供水量 2423 万 m³，不缺水（表 4-27）。

75%保证率年份，低强度节水情下用水总量 4726 万 m³，可供水量 3295 万 m³，生产缺水 1431 万 m³；中强度节水情景下用水总量为 3834 万 m³，可供水量 3295 万 m³，生产缺水 539 万 m³；高强度节水情景下，需水总量为 3276 万 m³，可供水量 3276 万 m³，不缺水（表 4-28）。

95%保证率年份，低强度节水情下用水总量 5508 万 m³，可供水量 3295 万 m³，生产缺水 2213 万 m³；中强度节水情景下用水总量为 4548 万 m³，可供水量 3295 万 m³，生产缺水 1253 万 m³；高强度节水情景下，需水总量为 3990 万 m³，可供水量 3295 万 m³，生产缺水 695 万 m³（表 4-29）。

表4-27   2025年经济社会用水配置方案（低水位运行，多年平均）   （单位：万 m^3）

节水情景	项目		生活	生产	生态	合计
低	需水量		567	2872	100	3539
	供水量	地表水		144	100	244
		地下水	567	1633		2200
		其他水		1095		1095
		小计	567	2872	100	3539
	缺水量		0	0	0	0
中	需水量		567	2314	100	2981
	供水量	地表水				0
		地下水	567	1319		1886
		其他水		995	100	1095
		小计	567	2314	100	2981
	缺水量		0	0	0	0
高	需水量		567	1756	100	2423
	供水量	地表水				0
		地下水	567	761		1328
		其他水		995	100	1095
		小计	567	1756	100	2423
	缺水量		0	0	0	0

表4-28   2025年经济社会用水配置方案（低水位运行，75%保证率）   （单位：万 m^3）

节水情景	项目		生活	生产	生态	合计
低	需水量		567	4059	100	4726
	供水量	地表水				0
		地下水	567	1633		2200
		其他水		995	100	1095
		小计	567	2628	100	3295
	缺水量		0	1431	0	1431
中	需水量		567	3167	100	3834
	供水量	地表水				0
		地下水	567	1633		2200
		其他水		995	100	1095
		小计	567	2628	100	3295
	缺水量		0	539	0	539

续表

节水情景	项目		生活	生产	生态	合计
高	需水量		567	2609	100	3276
	供水量	地表水				0
		地下水	567	1633		2200
		其他水		976	100	1076
		小计	567	2609	100	3276
	缺水量		0	0	0	0

表 4-29　2025 年经济社会用水配置方案（低水位运行，95% 保证率）（单位：万 m³）

节水情景	项目		生活	生产	生态	合计
低	需水量		567	4841	100	5508
	供水量	地表水				0
		地下水	567	1633		2200
		其他水		995	100	1095
		小计	567	2628	100	3295
	缺水量		0	2213	0	2213
中	需水量		567	3881	100	4548
	供水量	地表水				0
		地下水	567	1633		2200
		其他水		995	100	1095
		小计	567	2628	100	3295
	缺水量		0	1253	0	1253
高	需水量		567	3323	100	3990
	供水量	地表水				0
		地下水	567	1633		2200
		其他水		995	100	1095
		小计	567	2628	100	3295
	缺水量		0	695	0	695

4.4.4　河流生态缺水量分析

4.4.4.1　世界园艺博览会、冬季奥运会期间河道高水位运行方案

采用 1985～2017 年系列，以现状耗损率为基础，对妫水河流域进行供用耗排分析。经分析，到 2025 年，不同年份缺水量如下（表 4-30）。

1) 多年平均年份：天然径流量为 1303.0 万 m³，在低、中强度节水情景下河道外地表水供水量 487.0 万 m³，地表水耗水量为 389.6 万 m³，河道内生态系统留用量 913.4 万 m³，扣除上游河道蒸发渗漏量，流域出口下泄水量 440.2 万 m³，生态缺水量 1012.8 万 m³；高强度节水情景下河道外配置地表水 223.0 万 m³，河道内系统留用水量为 1124.6 万 m³，扣除上游河道蒸发渗漏量，流域出口下泄水量为 651.4 万 m³，生态缺水量 801.6 万 m³。

2) 75% 保证率年份：河道内天然径流量为 581.0 万 m³，在低、中、高强度节水情景下，河道外均不配置地表水，河道内生态系统留用水量均为 581.0 万 m³，扣除上游河道蒸发渗漏量，流域出口下泄水量均为 109.0 万 m³，生态缺水量 1344.0 万 m³。

3) 95% 保证率年份：河道内天然径流量为 175.0 万 m³，在低、中、高强度节水情景下，河道外均不配置地表水，河道内生态系统留用水量均为 175.0 万 m³，扣除上游河道蒸发渗漏量，流域出口下泄水量均为 0，生态缺水量 1453.0 万 m³。

表 4-30　河道内生态缺水量分析（高水位运行方案）　　　　（单位：万 m³）

节水情景	保证率	地表水资源	地表水供水量	地表水耗水量	河道内系统留用量	其中：流域出口下泄水量	河道内生态需水量	河道内缺水量
低	多年平均	1303.0	487.0	389.6	913.4	440.2	2548.0	1012.8
	75%	581.0	0.0	0.0	581.0	109.0	2548.0	1344.0
	95%	175.0	0.0	0.0	175.0	0.0	2548.0	1453.0
中	多年平均	1303.0	487.0	389.6	913.4	440.2	2548.0	1012.8
	75%	581.0	0.0	0.0	581.0	109.0	2548.0	1344.0
	95%	175.0	0.0	0.0	175.0	0.0	2548.0	1453.0
高	多年平均	1303.0	223.0	178.4	1124.6	651.4	2548.0	801.6
	75%	581.0	0.0	0.0	581.0	109.0	2548.0	1344.0
	95%	175.0	0.0	0.0	175.0	0.0	2548.0	1453.0

4.4.4.2　世界园艺博览会、冬季奥运会结束后河道低水位运行方案

妫水河流域 6~9 月降水量占全年的 70%~80%，为全年的丰水时段，10 月至次年 5 月为年内枯水时段。选取丰水时段多年平均径流量的 70%，枯水时段多年平均径流量的 60%，作为妫水河的目标生态环境需水量。经计算，妫水河的目标生态环境需水量东大桥水文站丰水时段维持 0.43m³/s 生态流量，枯水时段维持 0.21m³/s 生态流量时，达到最佳等级。全年生态需水量 817 万 m³。

采用 1985~2017 年系列，以现状耗损率为基础，对妫水河流域进行供用耗排分析。经分析，到 2025 年，不同年份缺水量如下（表 4-31）。

1) 多年平均年份：天然径流量为 1303.0 万 m³，在低强度节水情景下河道外地表水供水量 244.0 万 m³，地表水耗水量为 195.2 万 m³，河道内生态系统留用量 1107.8 万 m³，扣除上游河道蒸发渗漏量，流域出口下泄水量为 635.8 万 m³，生态缺水量 181.2 万 m³；

中、高强度节水情景下河道外不需要配置地表水,河道内系统留用水量为 1303.0 万 m³,扣除上游河道蒸发渗漏量,流域出口下泄水量为 831.0 万 m³,河道内不缺水。

2)75%保证率年份:河道内天然径流量为 581.0 万 m³,在低、中、高强度节水情景下,河道外均不配置地表水,河道内生态系统留用水量均为 581.0 万 m³,扣除上游河道蒸发渗漏量,流域出口下泄水量均为 109.0 万 m³,生态缺水量 708.0 万 m³。

3)95%保证率年份:河道内天然径流量为 175.0 万 m³,在低、中、高强度节水情景下,河道外均不配置地表水,河道内生态系统留用水量均为 175.0 万 m³,扣除上游河道蒸发渗漏量,流域出口下泄水量均为 0,生态缺水量 817.0 万 m³。

表 4-31　河道内生态缺水量分析（低水位运行方案）　　　　（单位:万 m³）

节水情景	保证率	地表水资源	地表水供水量	地表水耗水量	河道内系统留用量	其中:流域出口下泄水量	河道内生态需水量	河道内缺水量
低	多年平均	1303.0	244.0	195.2	1107.8	635.8	817.0	181.2
	75%	581.0	0.0	0.0	581.0	109.0	817.0	708.0
	95%	175.0	0.0	0.0	175.0	0.0	817.0	817.0
中	多年平均	1303.0	0.0	0.0	1303.0	831.0	817.0	0.0
	75%	581.0	0.0	0.0	581.0	109.0	817.0	708.0
	95%	175.0	0.0	0.0	175.0	0.0	817.0	817.0
高	多年平均	1303.0	0.0	0.0	1303.0	831.0	817.0	0.0
	75%	581.0	0.0	0.0	581.0	109.0	817.0	708.0
	95%	175.0	0.0	0.0	175.0	0.0	817.0	817.0

4.4.5　生态水量配置方案

4.4.5.1　配置思路

根据流域水资源特性、经济社会发展以及河湖生态功能要求,在优先保障居民生活用水和河道内基本生态用水条件下,协调河道内生态用水和经济社会发展用水。依照"保障河道内基本生态环境需水量"原则,制定 2025 年水量配置方案。

生态水量配置优先考虑当地径流,强化节水,充分利用再生水。在特枯年份适度应急补调水,保障生态环境需水量。

4.4.5.2　配置方案

(1)世界园艺博览会、冬季奥运会期间河道高水位运行方案

1)多年平均年份:生态需水量为 2548.0 万 m³。在中、低两种农业节水强度下,配置河道内地表水 440.2 万 m³,再生水为 1095.0 万 m³,从白河堡水库调水 1012.8 万 m³;

在高农业节水强度下，配置河道内地表水 651.4 万 m³，再生水为 1095.0 万 m³，从白河堡水库调水 801.6 万 m³（表 4-32）。

2）75% 保证率年份：生态需水量为 2548.0 万 m³。在中、低、高三种农业节水强度下，配置河道内地表水 109.0 万 m³，再生水为 1095.0 万 m³，从白河堡水库调水 1344.0 万 m³（表 4-32）。

3）95% 保证率年份：生态需水量为 2548.0 万 m³。在该年份下，河道内无天然径流，在中、低、高三种农业节水强度下，配置再生水为 1095.0 万 m³，从白河堡水库调水 1453.0 万 m³（表 4-32）。

表 4-32　河道内生态流量配置表（高水位运行方案）　　　（单位：万 m³）

节水情景	保证率	生态需水量	地表水	再生水	外调水
低	多年平均	2548.0	440.2	1095.0	1012.8
	75%	2548.0	109.0	1095.0	1344.0
	95%	2548.0	0.0	1095.0	1453.0
中	多年平均	2548.0	440.2	1095.0	1012.8
	75%	2548.0	109.0	1095.0	1344.0
	95%	2548.0	0.0	1095.0	1453.0
高	多年平均	2548.0	651.4	1095.0	801.6
	75%	2548.0	109.0	1095.0	1344.0
	95%	2548.0	0.0	1095.0	1453.0

（2）世界园艺博览会、冬季奥运会结束后河道低水位运行方案

1）多年平均年份。生态需水量为 817.0 万 m³。在低农业节水强度下，配置河道内地表水 635.8 万 m³，从白河堡水库调水 181.2 万 m³；在中、高农业节水强度下，配置河道内地表水 817.0 m³（表 4-33）。

2）75% 年份。生态需水量为 817.0 万 m³。在中、低、高三种农业节水强度下，配置河道内地表水 109.0 万 m³，从白河堡水库调水 708.0 万 m³（表 4-33）。

3）95% 年份。生态需水量为 817 万 m³。在该年份下，河道内无天然径流，在中、低、高三种农业节水强度下，从白河堡水库调水 817.0 万 m³（表 4-33）。

表 4-33　河道内生态流量配置表（低水位运行方案）　　　（单位：万 m³）

节水情景	保证率	生态需水量	地表水	再生水	外调水
低	多年平均	817	635.8	0	181.2
	75%	817	109	0	708
	95%	817	0	0	817
中	多年平均	817	817	0	0
	75%	817	109	0	708
	95%	817	0	0	817

续表

节水情景	保证率	生态需水量	地表水	再生水	外调水
高	多年平均	817	817	0	0
	75%	817	109	0	708
	95%	817	0	0	817

4.5 本章小结

第一，在妫水河流域开展浮游生物调研工作，采用 CCA 法分析其与环境因子的关系，表明妫水河的浮游植物以硅藻、绿藻和蓝藻为主；环境因子中 TN、TP、DO、COD 和叶绿素 a 是影响妫水河浮游植物群落结构变化的关键因素。妫水河的浮游动物以原生动物和轮虫为主，枝角类和桡足类的种类和数量较少；水温、pH、DO 和 NH_4^+-N 等是影响妫水河浮游动物群落结构变化的重要因素。

第二，基于浮游生物调研结果，筛选出对水质具有指示作用的妫水河优势物种——栅藻，通过实验研究，得到栅藻与 NH_4^+-N 及 TP 的响应关系。浮游生物优势种栅藻、小环藻、钟虫、冠饰异尾轮虫与 TP、NH_4^+-N 有不同程度的显著相关性，其中栅藻与 NH_4^+-N（$R^2=0.9150$）、TP（$R^2=0.8587$）的相关性最明显。研究不同水质条件下栅藻与水质的响应关系，结果表明，NH_4^+-N 及 TP 浓度与栅藻叶绿素 a 浓度呈极显著负相关（$p<0.01$，R^2 分别为 0.8163 及 0.9645）。

第三，妫水河流域多年降水量为 315.4~608.2mm，平均降水量为 443.6mm，变差系数 C_v 为 0.18，且妫水河流域年内降水量分布不均，多集中在 6~9 月，占年降水量的 73.8%。25%、50%、75%、95% 频率年径流量分别为 0.18 亿 m^3、0.11 亿 m^3、0.06 亿 m^3、0.02 亿 m^3。通过 Tennant 法、90% 保证率最枯月平均流量法和改进月保证率设定法三种水文学方法计算得出妫水河枯水期生态基流为 $0.207m^3/s$，妫水河丰水期生态基流为 $0.431m^3/s$。当需要同时满足水质水量要求时，基于量质耦合法计算的妫水河生态基流为 $0.808m^3/s$。

第四，基于东大桥水文站点长时间序列计算的生态流量，制定了妫水河流域水资源联合配置的原则、思路和方案，论述了社会经济系统用水和生态环境用水的相互制约关系，并结合延庆区未来规划，拟定了未来规划水平年的需水方案集、配置方案集，提出了基于分布式水文模型框架的水质水量耦合模型，分析了妫水河流域地下水与河道互给关系，通过情景分析优选出规划水平年妫水河水量水质联合配置推荐方案。

|第5章| 妫水河流域农村面源污染综合控制与精准配置技术

在妫水河流域面源污染源诊断及"山水林田湖草"时空格局的演变过程综合解析的基础上，结合多个目标实现妫水河流域山水林田湖草空间格局优化；从生产、生活和生态三个不同空间，研究妫水河流域"源头控制–过程拦截–末端治理"农村面源污染综合防治技术最佳配置模式；宏观格局优化和微观具体措施布设协同调控，实现农村面源污染综合防治技术精准配置；针对北京冬季奥运会与中国北京世界园艺博览会的景观要求，研发农村面源污染控制措施景观功能提升技术，着力打造集面源污染控制、水土保持生态修复、雨洪管理等多功能于一体的"冬奥小镇"；最终实现"源头控制–过程拦截–末端治理–整体景观提升"四位一体的农村面源污染综合控制技术体系集成。

5.1 妫水河流域面源污染关键源区识别

近年来，面源污染已经成为水质管理中的热点问题（Ongley et al.，2010）。面源污染受土壤特征、气象和地质等多方面的影响，随着气候、地形的空间变异性以及与人类活动的密切关系的变化，面源污染的防治也日趋复杂（Randhir and Tsvetkova，2011）。然而，面源污染由于其分散性几乎是无法准确测量的，当河流监测设施不发达或水质数据不足的时候，确定其真正污染来源的难度就更大了（Kovacs et al.，2012）。因此，模型模拟成为确定面源污染关键源区的一种必要方法。

随着遥感、GIS 和全球定位系统的发展，模型已被广泛应用于面源污染的研究中。目前，广泛应用的模型主要有用以评价农业流域的非点源污染模型 AGNPS（Young et al.，1989）和用来模拟影响水量、流域的泥沙和养分负荷的水文全过程的 SWAT 模型（Abbaspour et al.，2007）。目前，我国流域水文模型中 SWAT 模型应用较为广泛，张展羽等（2013）运用 SWAT 模型，分析了长江下游岔河小流域的氮磷流失时空分布规律，对不同灌溉方式下非点源氮磷流失变化进行了模拟。李颖等（2014）运用 SWAT 模型模拟了吉林前郭灌区水文过程和农田面源污染物迁移、转化过程。然而，目前所应用的模型大多需要完善的流域基础资料，对于缺乏数据资料以及一些无测站流域，这些模型的使用则具有一定的局限性。

PhosFate 模型是一款流域尺度的磷排放模型，能够识别流域磷污染的关键源区，为河流的水质治理提供决策支持。而 SWAT 作为一款广泛使用的模型，可模拟流域内氮污染面源的污染特征，因此本章使用 PhosFate 模型与 SWAT 模型分析北京山区妫水河流域面源污染情况，模拟流域土壤侵蚀模数、流域面源污染特征，进行面源污染关键源区识别等，为妫水河及其他类似流域的水质管理提供依据，为流域管理方案提供技术支撑。

5.1.1 妫水河流域面源污染识别

5.1.1.1 蔡家河小流域土壤侵蚀量变化研究

研究以1987年、2000年、2008年、2013年为代表分析1987～2015年小流域土壤侵蚀分布的变化。从图5-1可以看出，1987～2000年蔡家河小流域土壤侵蚀分布范围及侵蚀量都大幅减少，2000～2013年小幅减少。从侵蚀分布来看，1987～2015年流域土壤侵蚀的主要区域未发生重大变化，主要还是集中在流域中部。从总体来看，流域内土壤侵蚀大部分属于微度侵蚀，即<200 [t/(km² · a)]，仅小部分面积土壤侵蚀量较大，主要分布在流域中部农田区域，尤其是靠近小流域北山具有一定坡度的农田，土壤侵蚀量较大。

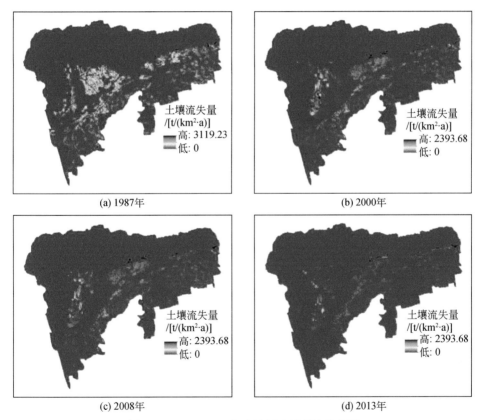

图 5-1　1987～2015年小流域土壤侵蚀分布图

分析蔡家河小流域土地利用情况可知，小流域土地利用方式在1980～2013年发生了巨大的变化，尤其是村庄与林地这两种土地利用方式。1980年小流域内村庄用地为1.73km²，2013年增长至6.54km²，说明随着经济发展，小流域城镇面积不断扩大，不可避免地，流域内人类活动引起的面源污染与土壤侵蚀也会随之上升。同时，随着退耕还林、京津冀风沙源治理等项目的开展，流域内林草面积不断扩大，由1980年的20.03km²增长至2008年的31.89km²，流域内生态环境得到显著提升。由此可见，林草措施对土壤侵蚀的控制效益显著。随着林草面积的增加、农田面积的减少，流域土壤侵蚀量也随之减少。

同时，分析这4年的降水量可以发现，2008年与2013年降水量远大于1987年与2008年，2013年夏半年与冬半年降水量总和为640.90mm，1987年与2000年降水量分别为489.8mm与428.70mm。降水量对流域径流有较大的影响，而降雨与径流作为土壤侵蚀的主要动力也同样对流域土壤流失量具有一定影响，虽然2013年降水量比1987年大，但土壤流失量与分布均比1987年小，这说明流域内的林草措施起到了关键性的作用。

5.1.1.2　蔡家河小流域面源污染特征分析

图5-2显示了1987~2015年蔡家河小流域入河溶解态磷（DP）量的变化情况。从整体来看，采用不同土地利用数据的四个时间段的入河溶解态磷量没有显著的区别（$P > 0.05$）。1987~1995年入河溶解态磷量平均值为0.0028t/a，1996~2002年入河溶解态磷量平均值为0.0018t/a，2003~2008年和2009~2015年入河溶解态磷量平均值为0.0024t/a和0.0014t/a。由此可见土地利用变化对入河溶解态磷量影响不明显。

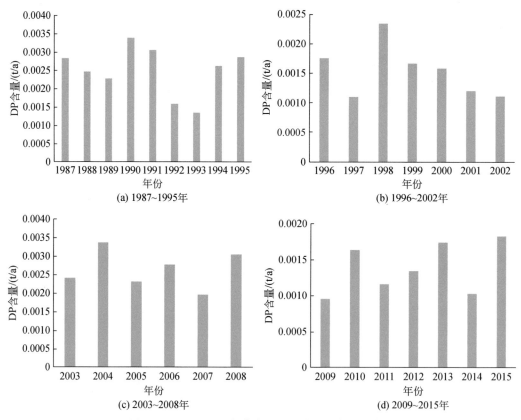

图 5-2　1987~2015年蔡家河小流域入河溶解态磷量

图 5-3 显示了 1987～2015 年蔡家河小流域入河颗粒态磷（PP）量的变化情况。颗粒态磷主要吸附于土壤中，因此入河颗粒态磷量受土壤侵蚀量影响。从整体来看，采用不同土地利用数据的四个时间段内，小流域入河颗粒态磷量差别不大，但 2009～2015 年的小流域入河颗粒态磷量最大。

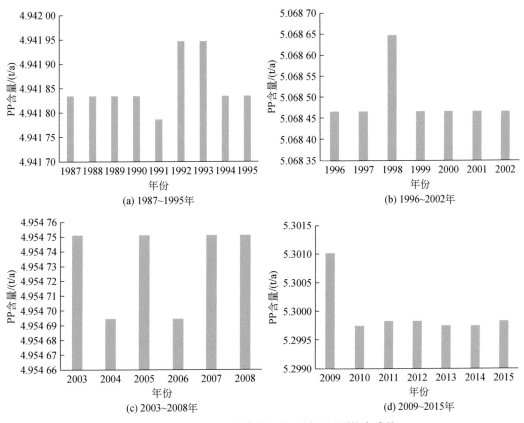

图 5-3　1987～2015 年蔡家河小流域入河颗粒态磷量

5.1.1.3　蔡家河小流域面源污染关键源区识别

图 5-4 显示了 1987～2015 年小流域内颗粒态磷流失量分布变化情况。从其分布状况来看，流域内颗粒态磷流失分布情况与土壤侵蚀量相似，泥沙是流域内颗粒态磷输出的主要载体，因而泥沙来源与颗粒态磷的来源有着直接联系。同时，可以发现，流域内农田分布的区域，尤其是部分坡度较大的农田地块也是颗粒态磷流失分布的重点源区。

图 5-5 则显示了 1987～2015 年小流域溶解态磷流失量分布变化情况。从图 5-5 可知 1987～2015 年妫水河流域溶解态磷流失量的变化不明显。而从 1987 年、2000 年、2008 年与 2013 年的小流域溶解态磷流失量分布图可以看出，流域中部小河屯村周边（白框范围）溶解态磷流失量不断增大，且该区域有扩大趋势，分析土地利用情况可知该区域为流域村镇较密集区域，属于河道下游区且距离河道较近。从其他分布区域也可以看出，小流域内

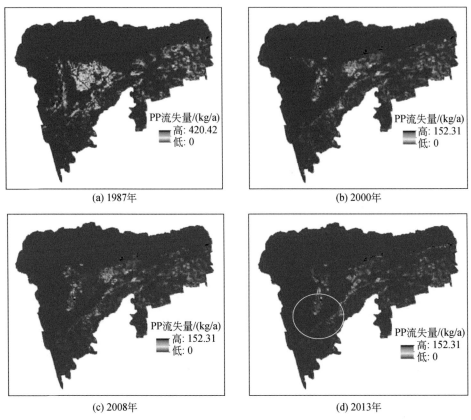

(a) 1987年   (b) 2000年

(c) 2008年   (d) 2013年

图 5-4　1987～2015 年小流域颗粒态磷流失分布图

溶解态磷流失量主要分布在村落，尤其是城镇越集中的地方流失量越大。其他流失关键区大致分布在河道周围，由于径流的带动，在河滨带区域的溶解态磷能更快且更容易进入河网中，因此在治理中还应将河滨带作为治理的重点。

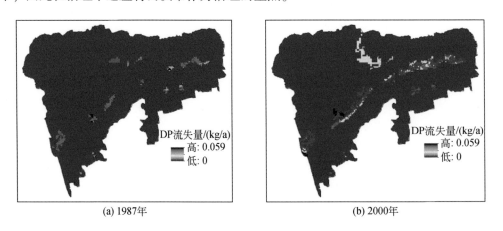

(a) 1987年   (b) 2000年

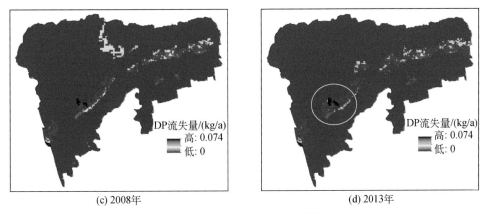

(c) 2008年 (d) 2013年

图 5-5 1987～2015 年小流域溶解态磷流失分布图

基于 SWAT 模型对张山营小流域 2016～2019 年各年的 TP 和 NH$_4^+$- N 污染负荷空间分布进行模拟，结果分别见图 5-6 和图 5-7。整体来看，2016～2019 年张山营小流域 TP 污染负荷的变化呈减少的态势，其中 2017 年相对最高，流域年负荷总量达 206t。流域中部小

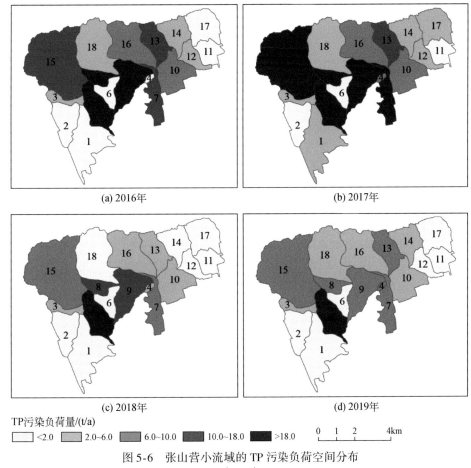

(a) 2016年 (b) 2017年

(c) 2018年 (d) 2019年

TP污染负荷量/(t/a)

□ <2.0 ▨ 2.0~6.0 ▨ 6.0~10.0 ▨ 10.0~18.0 ■ >18.0

图 5-6 张山营小流域的 TP 污染负荷空间分布

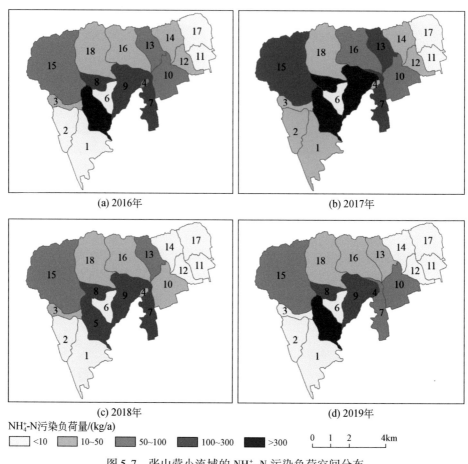

(a) 2016年   (b) 2017年

(c) 2018年   (d) 2019年

NH_4^+-N污染负荷量/(kg/a)

<10   10~50   50~100   100~300   >300   0 1 2 4km

图 5-7 张山营小流域的 NH_4^+-N 污染负荷空间分布

河屯村区域（5 号子流域）TP 污染负荷量一直较稳定，且高于其他区域子流域的 TP 污染负荷量，分析土地利用情况可知，该区域为流域村镇较密集区域，且小河屯村内农田和果园面积分布较多，该子流域又位于河道的下游区。从 8 号和 9 号子流域污染负荷较高的空间分布特征也可以看出，小流域内 TP 污染负荷量产生的关键源区分布在河道周围，随着径流的带动，TP 污染负荷量更为严重。因此，本书考虑将小河屯村及沿河道等污染关键源区作为示范区，并布设一系列的工程措施来控制面源污染。

张山营小流域 NH_4^+-N 污染负荷空间分布结果与 TP 污染负荷空间分布结果相似，2017 年 NH_4^+-N 污染负荷量相对最高为 2550.6kg。从空间上看，相对其他子流域来说，2016 ~ 2017 年张山营中部平坦区的 5 号子流域 NH_4^+-N 污染负荷一直保持较稳定的量且为最高；其次是 8 号、9 号子流域 NH_4^+-N 污染负荷量较大，分析可知，相比于该流域内其他村镇生活区，5 号子流域（小河屯村）的 NH_4^+-N 污染最为严重，小河屯村村庄分布集中，南部农田与果园用地面积大，污染相对较大，因此选择小河屯村作为治理的重点。

5.1.2　面源污染的时空分布特征

研究使用 PhosFate 模型分析蔡家河小流域面源污染情况，模拟小流域内土壤侵蚀情况、流域面源污染特征，进行小流域面源污染关键源区识别。结果表明，小流域小河屯村周边与河滨带为土壤侵蚀与面源污染的重点区，可布设针对性的措施，为小流域治理方案的制定提供技术支撑。具体研究结果为如下。

1）流域土壤侵蚀的主要区域在 1987～2015 年未发生重大变化，主要集中在流域中部。总体来看，流域内土壤侵蚀大部分属于微度侵蚀，即<200 [t/(km²·a)]，仅小部分面积土壤侵蚀量较大，主要分布在流域中部农田区域，尤其是靠近小流域北山具有一定坡度的农田区域。

2）1987～2015 年蔡家河小流域入河溶解态磷量没有显著的区别（$P>0.05$），土地利用变化对入河溶解态磷量影响不明显。颗粒态磷主要吸附于土壤中，因此入河颗粒态磷量受土壤侵蚀量影响，从整体来看，小流域入河颗粒态磷量变化不大，但 2009～2015 年小流域入河颗粒态磷量最大。

3）流域内颗粒态磷流失分布情况与土壤侵蚀量相似，流域内农田分布的区域，尤其是部分坡度较大的农田地块也是颗粒态磷流失分布的重点源区。

4）流域中部小河屯村周边溶解态磷流失量不断增大，且有扩大趋势。小流域内溶解态磷流失量主要分布在村落，尤其是城镇越集中的地方，其流失量越大。其他流失关键区大致分布在河道周围，由于径流的带动，河滨带区域的溶解态磷能更快且更容易进入河网中，因此在治理中应将河滨带作为治理的重点。

5）张山营小流域 TP 和 NH_4^+-N 污染负荷量呈减少态势，流域中部小河屯村区域（5 号子流域）TP 污染负荷量和 NH_4^+-N 污染负荷量一直稳定较大，污染严重，其他区域的污染物也将随径流的带动进入蔡家河，因此本书考虑将小河屯村及沿河道等污染关键源区作为示范区，并布设一系列的示范工程措施。

5.2　妫水河流域农村面源污染控制关键技术研究

5.2.1　单项面源污染控制关键技术研究

5.2.1.1　台田雨水净化技术研究

（1）材料与方法

1）试验设计。台田雨水净化技术研究选在坡度为 10° 的坡地上修建 7 个尺寸为 6m×2m（长×宽）的台田坡面试验小区，其中包括对照坡面试验小区、一级土坎台田坡面试验小区、二级土坎台田坡面试验小区、三级土坎台田坡面试验小区、一级石坎台田坡面试验小区、二级石坎台田坡面试验小区、三级石坎台田坡面试验小区。各台田坡面试验小区中级数为一级的台田的设计尺寸为 2m×0.3m×0.5m（长×宽×高），各台田坡面试验小区中级数为二级的台田的设计尺寸为 2m×0.15m×0.5m（长×宽×高），各台田坡面试验小区中级数为三级的台田的设计尺寸为 2m×0.1m×0.5m（长×宽×高），所有台田坡面试验小区中台面总宽度设计尺寸是一样的，都是设计 0.3m 的总宽度。前期台田试验未铺设植物边沟，后期将台田台面内侧铺设植物边沟，再进行有无植物边沟条件下台田对水土流失和面源污染控制效果的对照试验。后期试验中的植物边沟尺寸为 2m×0.6m（长×宽），试验所选取的植物边沟植物是常见的高羊茅，高羊茅植株平均株高超过 15cm，为成熟的植株高度，具体台田试验装置见图 5-8。

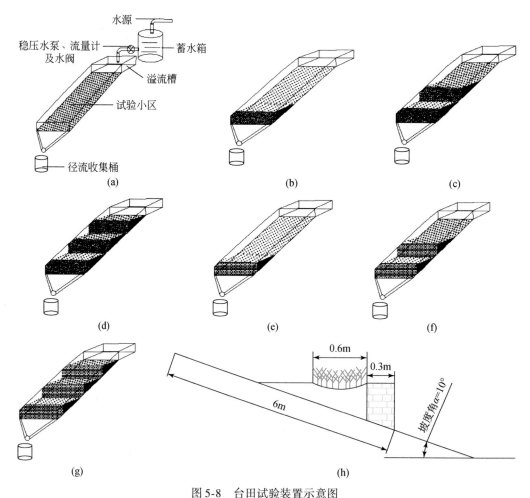

图 5-8　台田试验装置示意图

（a）~（g）为台田配置模式，（h）为一级石坎台田+植物边沟配置的侧视图和俯视图

试验地点位于北京市延庆区小河屯村（115°52′18″ ~ 115°53′01″E，40°29′12″ ~ 40°30′47″N），野外放水冲刷试验期间对放水冲刷台田坡面产生的径流量、泥沙量进行收

集；同时需要监测天然降雨，在天然降雨后，及时对每个试验小区底部集流桶中的水质样品进行收集，并及时送去水质检测机构对水质污染物指标含量进行检测。

本次野外试验采取不同流量条件下坡面放水冲刷的方法，首先将溢流槽规格设计为2m×0.2m×0.25m（长×宽×高），溢流槽一侧焊接一块与地面呈45°的铁片，用于将溢流槽中的水均匀布入台田坡面，溢流槽安放在台田坡面试验小区的顶部位置；然后在溢流槽的底部位置铺设一定数量长方体形状的砖块，用来确保溢流槽下部的地表平整、稳定；最后使用溢流槽底部的水平旋转螺母对溢流槽进行调平操作，溢流槽调平有利于溢流槽一侧的铁片均匀布水，进而使台田坡面试验小区中的坡面产流均匀。将底边长为2m，两边腰长为1.5m的等腰三角形集水槽设置于台田坡面试验小区的底部位置，用于汇集整个台田坡面的产流，在出流口下部放置集流桶，对坡面产流进行收集。台田坡面试验小区的顶部溢流槽与水源管道相连通，并用标准流量计在试验前进行放水冲刷流量的调节，使每次试验溢流槽都能平稳、均匀地布水，产生均匀的坡面径流，提高试验科学性和准确性。表5-1即为台田坡面试验小区设计因素。

表5-1 台田坡面试验小区设计因素

坡面类型	台田布设方式	坡度/(°)
对照坡面	无	10°
土坎台田	一级台田	10°
土坎台田	二级台田	10°
土坎台田	三级台田	10°
石坎台田	一级台田	10°
石坎台田	二级台田	10°
石坎台田	三级台田	10°
石坎台田+植物边沟	一级石坎台田+高羊茅植物边沟	10°

2）产流产沙收集。试验在7个台田坡面试验小区和配置植物边沟后的一级石坎台田试验小区中进行，设置3个坡面放水冲刷流量，分别为0.5m³/h、1.0m³/h、1.5m³/h，每个冲刷流量收集径流和泥沙样品15个，共进行315个处理，再对每个处理进行多达4次的重复试验，取平均值以减少野外试验带来的误差，因此在七个台田小区共进行有效试验1260次。

在台田坡面试验小区进行坡面放水冲刷试验前，对水源出水口处的放水冲刷流量进行微调，使放水冲刷的流量符合本次试验设计下的标准流量，对冲刷流量进行微调并确定标准流量后，再对冲刷流量进行多次的人工校核，使放水冲刷流量在试验期间始终恒定，以确保台田坡面放水冲刷流量在试验过程中的准确性和稳定性。在台田坡面放水冲刷试验过程中，以30min作为1个放水冲刷试验的周期（采用秒表计时，下同），在每一个试验周期内，采用游标卡尺测定并记录坡面流6个观测点径流断面的水深数据；采用流量计测定入流观测断面流量并记录，采用体积法计算出流观测断面流量，从而得到断面单宽流量数据；采用水温温度计测定并记录坡面流水流温度数据。同时，在每个试验周期内，收集集水区下方采样点径流和泥沙样，从坡面产生径流开始（此时记为 0s）到 30s 时收集第一个径流和泥沙样，每 2min 收集一次，每次收集样品时间为 30s，在收集到的泥沙和径流样中加入适量明矾，静置 1h。静置后，将上层清液倒入量筒测定径流量，把下层泥沙样品放入105℃的烘箱中 8h 烘干，烘干后进行称重处理，对每组放水冲刷试验重复的 4 次试验数据取平均值，以此平均值作为试验数据进行分析，以减少试验中的误差影响，增加数据的科学性和准确性。

3）面源污染指标检测。本次研究通过监测 2018 年 8 月 8 日～17 日的 4 次天然降雨，及时收集天然降雨后各台田试验小区集水桶中收集到的水质样品，将收集到的水质样品及时送至检测机构（清华大学环境质量检测中心）进行水质检测，获得水质中面源污染物指标的研究数据，面源污染物指标选取以下 5 个具有代表性的指标，包括 TN、TP、NH_4^+-N、COD 及 BOD_5。

（2）台田雨水净化技术对面源污染的影响分析

1）不同台田布设方式下产流产沙控制特征。本书选取 $0.5m^3/h$、$1.0m^3/h$、$1.5m^3/h$ 三种不同冲刷流量下台田坡面的产流产沙数据进行分析，冲刷流量是根据北京山区年均降水量进行的模拟，比较典型。将径流小区的径流和泥沙产生量作为试验指标，通过 3 种不同冲刷流量以及 7 种台田布设方式下产流产沙量的分析研究，对不同台田布设方式下的水土流失防治效果进行评估。对 $0.5m^3/h$ 冲刷流量下，不同台田布设方式对产流量和产沙量的影响进行分析，见图 5-9 和图 5-10。

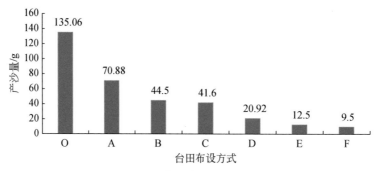

图 5-9　$0.5m^3/h$ 冲刷流量下产沙量

图中 O 代表对照坡面；A、B、C 代表一级、二级、三级土坎台田坡面；
D、E、F 代表一级、二级、三级石坎台田坡面；本章下同

在 $0.5m^3/h$ 冲刷流量下，不同的台田布设方式对产沙量和产流量的影响存在差异，据图 5-9 显示，对照坡面的产沙量最大，而一级台田次之，二级台田的产沙量低于一级台田，三级台田最少。其中，对照坡面产沙量为 135.06g，一级台田平均值为 45.90g，控制效果达 66.02%；二级台田平均值为 28.5g，控制效果达 78.90%；三级台田平均值为 25.55g，控制效果达 81.07%。因此，台田级数越多，产沙量越少，台田对产沙量的控制效果越强。图 5-10 表明，产流量也与台田布设方式有关，其中一级台田小区产流量<二级

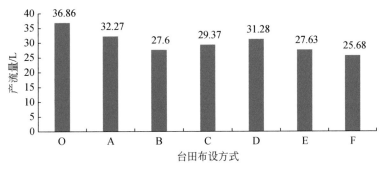

图 5-10 0.5m³/h 冲刷流量下产流量

台田小区产流量<三级台田小区产流量，其中对照坡面产流量为 36.86L，一级台田平均值为 31.78L，控制效果达 13.80%；二级台田平均值为 27.62L，控制效果达 25.08%；三级台田平均值为 27.53L，控制效果达 25.33%。因此，台田级数布设越多，阻力越强，拦截径流能力越强，从而控制了坡面径流的产生，总体呈现径流量随台田级数增加而降低的趋势。

对 1.0m³/h 冲刷流量下，不同台田布设方式对产流量和产沙量的影响进行分析（图 5-11 和图 5-12）。

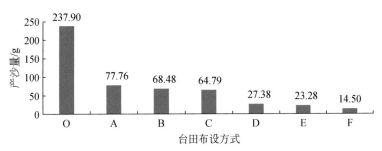

图 5-11 1.0m³/h 冲刷流量下产沙量

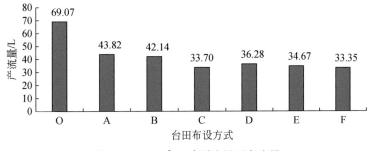

图 5-12 1.0m³/h 冲刷流量下产流量

在 1.0m³/h 冲刷流量下，不同的台田布设方式对产沙量、产流量的影响也与 0.5m³/h 冲刷流量下存在类似情况。图 5-11 显示，对照坡面的产沙量最大，而一级台田次之，二级台田的产沙量低于一级台田，三级台田最少。其中，对照坡面产沙量为237.90g，一级台田平均值为52.57g，控制效果达77.90%；二级台田平均值为45.88g，控制效果达80.72%；三级台田平均值为39.65g，控制效果达83.34%，径流量控制效果与0.5m³/h冲刷流量时相比大致一样。因此，台田级数布设越多，产沙量越少，且产沙量控制率的规律特征随着冲刷流量的增加变化不大。图5-12表明，产流量也与台田布设方式有关，其中对照坡面产流量为69.07L，一级台田平均值为40.05L，控制效果达42.02%；二级台田平均值为38.41L，控制效果达44.39%；三级台田平均值为33.53L，控制效果达51.46%，径流量控制效果与0.5m³/h冲刷流量时相比虽有一些提升，但相差无几。因此，台田级数布设越多，阻力越强，拦截径流能力越强，台田对于径流量的控制效果随冲刷流量变化不大。

对1.5m³/h冲刷流量下，不同台田布设方式对产流量和产沙量的影响进行分析（图5-13和图5-14）。

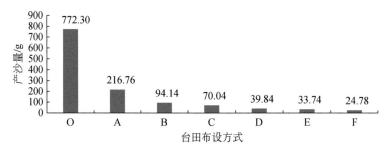

图5-13　1.5m³/h冲刷流量下产沙量

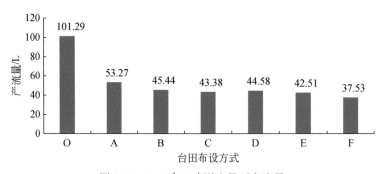

图5-14　1.5m³/h冲刷流量下产流量

在1.5m³/h冲刷流量下，不同的台田布设方式对产沙量和产流量的影响与在0.5m³/h、1.0m³/h冲刷流量下存在类似情况。图5-13显示，对照坡面的产沙量最大，而一级台田次之，二级台田的产沙量低于一级台田，三级台田最少。其中，对照坡面产沙量为772.30g，一级台田平均值为128.30g，控制效果达83.39%；二级台田平均值为63.94g，控制效果达91.72%；三级台田平均值为47.41g，控制效果达93.86%，径流量控制效果与0.5m³/h、1.0m³/h冲刷流量时相比大致一样。因此，台田级数布设越多，产沙量越少，且产沙量控制率随冲刷流量的增加变化不大。图5-14表明，产流量也与台田布设方式有关，其中对照坡面产流量为101.29L，一级台田平均值为48.93L，控制效果达51.69%；二级台田平均值为 43.98L，控制效果达 56.58%；三级台田平均值为 40.46L，控制效果达 60.06%，径流量控制效果与 0.5m³/h 冲刷流量时相比虽有一些提升，但与之前两个流量下差异不大。因此，台田级数布设越多，阻力越强，拦截径流能力越强，台田对于径流量的控制效果与冲刷流量关系不大。

2）不同台田类型下产流产沙控制特征。对 0.5m³/h 冲刷流量下，不同台田类型对产流量和产沙量的影响进行分析（图 5-15 和图 5-16）。

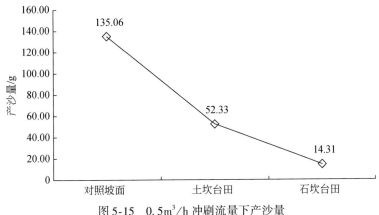

图 5-15　0.5m³/h 冲刷流量下产沙量

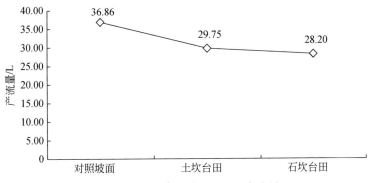

图 5-16　0.5m³/h 冲刷流量下产流量

在 0.5m³/h 冲刷流量下，不同台田类型对产沙量和产流量的影响存在差异。图 5-15 显示，对照坡面的产沙量最大，而土坎台田次之，石坎台田的产沙量最少。其中，对照坡面产沙量为 135.06g，土坎台田产沙量为 52.33g，控制效果达 61.25%；石坎台田产沙量为 14.31g，控制效果达 89.41%。由此可知，石坎台田产沙量最少，控制效果最好；土坎台田次之。图 5-16 表明，产流量也与台田类型有关，其中对照坡面的产流量最高，土坎台田坡面的产流量次之，石坎台田坡面的产流量最低。对照坡面产流量 38.86L，土坎台田的产流量为 29.75L，控制效果为 23.44%，石坎台田的产流量为 28.20L，控制效果为 27.43%，因此台田类型不同，拦截径流能力也不同，台田类型对产流产沙量的控制效果不同。

对 1.0m³/h 冲刷流量下，不同台田类型对产流量和产沙量的影响进行分析（图 5-17 和图 5-18）。

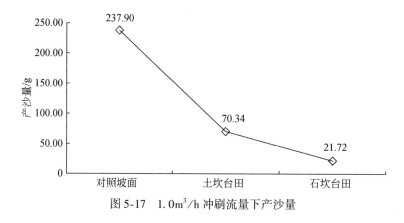

图 5-17　1.0m³/h 冲刷流量下产沙量

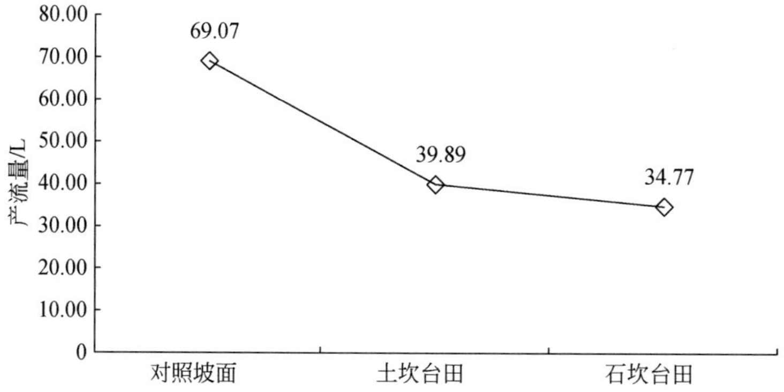

图 5-18　1.0m³/h 冲刷流量下产流量

在 1.0m³/h 冲刷流量下，不同台田类型对产沙量和产流量的影响也存在不同。图 5-17 显示，对照坡面的产沙量最大，而土坎台田次之，石坎台田的产沙量最少。其中，对照坡面产沙量为 237.90g，土坎台田产沙量为 70.34g，控制效果达 70.43%；石坎台田产沙量为 21.72g，控制效果达 90.87%，可知石坎台田产沙量最少，控制效果最好，土坎台田次之。图 5-18 表明，产流量也与台田类型有关，其中对照坡面的产流量最高，土坎台田坡面的产流量次之，石坎台田坡面的产流量最低。对照坡面产流量为 69.07L，土坎台田的产流量为 39.89L，控制效果为 42.25%；石坎台田的产流量为 34.77L，控制效果为 49.66%。因此，台田类型不同，拦截径流能力也不同，台田类型对产流产沙量的控制效果存在不同。

对 1.5m³/h 冲刷流量下，不同台田类型对产流量和产沙量的影响进行分析（图 5-19 和图 5-20）。

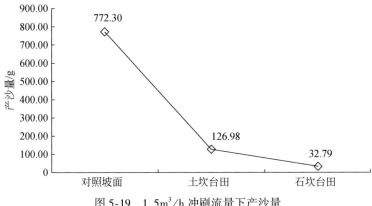

图 5-19　1.5m³/h 冲刷流量下产沙量

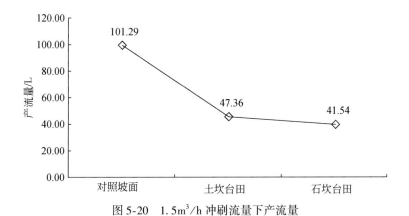

图 5-20　1.5m³/h 冲刷流量下产流量

在 1.5m³/h 冲刷流量下，不同台田类型对产沙量和产流量的影响也存在不同。图 5-19 显示，对照坡面的产沙量最大，而土坎台田次之，石坎台田的产沙量最少。其中，对照坡面产沙量为 772.30g，土坎台田产沙量为 126.98g，控制效果达 83.56%；石坎台田产沙量为 32.79g，控制效果达 95.75%，可知石坎台田产沙量最少，控制效果最好，土坎台田次之。图 5-20 表明，产流量也与台田类型有关，其中对照坡面的产流量最高，土坎台田坡面的产流量次之，石坎台田坡面的产流量最低。对照坡面产流量 101.29L，土坎台田的产流量为 47.36L，控制效果为 53.24%；石坎台田的产流量为 41.54L，控制效果为 58.99%。因此，台田类型不同，拦截径流能力也不同，台田类型对产流产沙量的控制效果存在不同。

3）不同台田、植物边沟配置下产流产沙控制特征。研究不同台田、植物边沟配置下（对照破面、土坎台田、土坎台田+植物边沟、石坎台田、石坎台田+植物边沟）产流产沙数据，并对产流产沙的控制效果进行分析（图 5-21）。

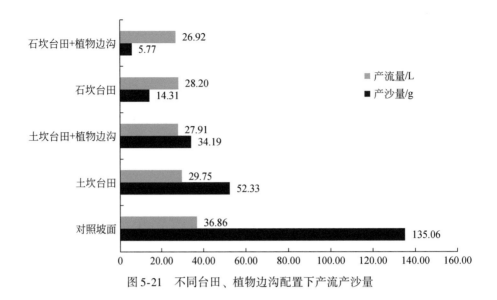

图 5-21 不同台田、植物边沟配置下产流产沙量

如图 5-21 所示，不同台田植物边沟配置下产流量存在如下特征：石坎台田+植物边沟<土坎台田+植物边沟<石坎台田<土坎台田<对照坡面。其中，台田+植物边沟的平均产流量为 27.42L，相对于对照坡面的产流量，控制率为 25.61%；台田的平均产流量为 28.98L，相对于对照坡面的产流量，控制率为 21.38%。产沙量存在如下特征：石坎台田+植物边沟<石坎台田<土坎台田+植物边沟<土坎台田<对照坡面。其中，台田+植物边沟的平均产沙量为 19.98g，相对于对照坡面的产沙量，控制率为 85.21%；台田的平均产沙量为 33.32g，相对于对照坡面的产沙量，控制率为 75.33%。由此可知，工程措施下的台田与植物措施下的植物边沟综合配置，可以更有效的保持水土，减少水土流失的问题。

4）不同台田布设方式下面源污染控制特征。通过监测 2018 年 8 月 8 日~17 日的 4 次天然降雨，采集 4 次天然降雨水样数据进行检测，根据检测结果对径流水质有机物污染指标 BOD_5 和 COD，以及养分流失指标 TN、TP、NH_4^+-N 的数据进行分析，研究不同台田布设方式下面源污染指标变化，对不同台田布设方式下面源污染控制效果进行分析。

对不同台田布设方式下 4 次天然降雨的面源污染中 TN 指标的变化进行分析（图 5-22）。

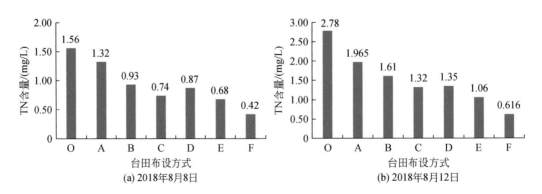

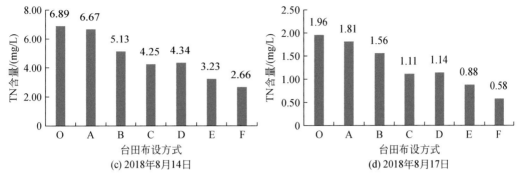

图 5-22 不同台田布设方式下 TN 的变化特征

图 5-22 结果显示，在 2018 年 8 月 8 日~17 日的 4 次天然降雨中，台田不同布设方式下 TN 的控制率呈如下规律：一级土坎台田<二级土坎台田<一级石坎台田<三级土坎台田<二级石坎台田<三级石坎台田。其中，一级台田 4 次降雨平均控制率为 26.21%；二级台田 4 次降雨平均控制率为 42.84%；三级台田 4 次降雨平均控制率为 55.66%。因此，可知台田级数越多，台田对面源污染物的控制效果越明显。

对不同台田布设方式下 4 次天然降雨的面源污染中 TP 指标的变化进行分析(图 5-23)。

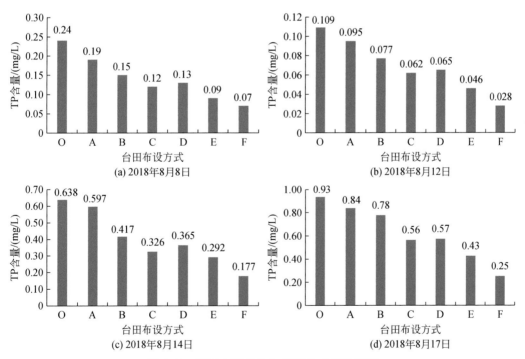

图 5-23 不同台田布设方式下 TP 的变化特征

图 5-23 结果显示，在 2018 年 8 月 8 日~17 日的 4 次天然降雨中，台田不同布设方式下 TP 的控制率呈如下规律：一级土坎台田<二级土坎台田<一级石坎台田<三级土坎台田<

二级石坎台田<三级石坎台田。其中，一级台田 4 次降雨平均控制率为 25.61%；二级台田四次降雨平均控制率为 40.48%；三级台田 4 次降雨平均控制率为 58.45%；因此可以看到台田级数越多，台田对于面源污染物的控制效果越明显。

对不同台田布设方式下 4 次天然降雨的面源污染中 NH_4^+-N 指标的变化进行分析（图 5-24）。

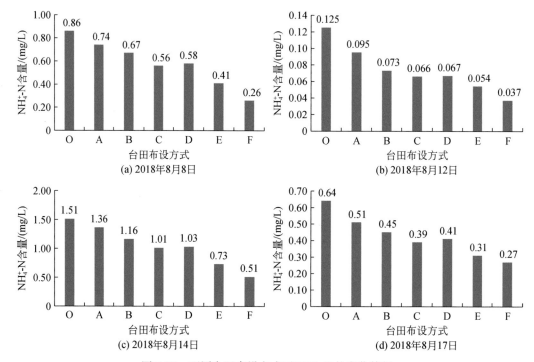

图 5-24　不同台田布设方式下 NH_4^+-N 的变化特征

图 5-24 结果显示，2018 年 8 月 8 日～17 日的 4 次天然降雨，台田不同布设方式下 NH_4^+-N 的控制率呈如下规律：一级土坎台田<二级土坎台田<一级石坎台田<三级土坎台田<二级石坎台田<三级石坎台田。其中，一级台田 4 次降雨平均控制率为 23.60%；二级台田 4 次降雨平均控制率为 38.52%；三级台田 4 次降雨平均控制率为 50.51%；因此可以看到台田级数越多，台田对于面源污染物的控制效果越明显。

不同台田布设方式下 4 次天然降雨的面源污染中 COD 指标变化分析如图 5-25 所示。

图 5-25 结果显示，2018 年 8 月 8 日～17 日的 4 次天然降雨，台田不同布设方式下 COD 的控制率呈如下规律：一级土坎台田<二级土坎台田<一级石坎台田<三级土坎台田<二级石坎台田<三级石坎台田。其中，一级台田 4 次降雨平均控制率为 23.64%；二级台田 4 次降雨平均控制率为 38.16%；三级台田 4 次降雨平均控制率为 51.68%；因此可以看到台田级数越多，台田对于面源污染物的控制效果越明显。

对不同台田布设方式下 4 次天然降雨的面源污染中 BOD_5 指标的变化进行分析（图 5-26）。

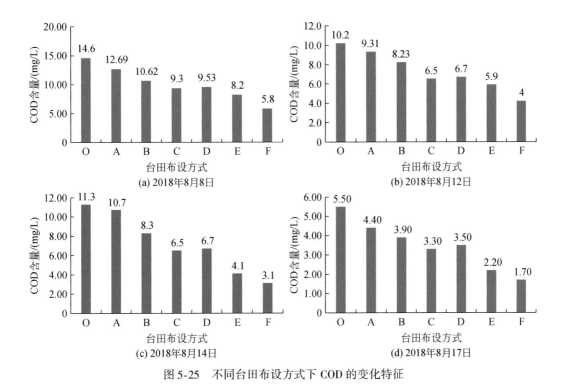

图 5-25　不同台田布设方式下 COD 的变化特征

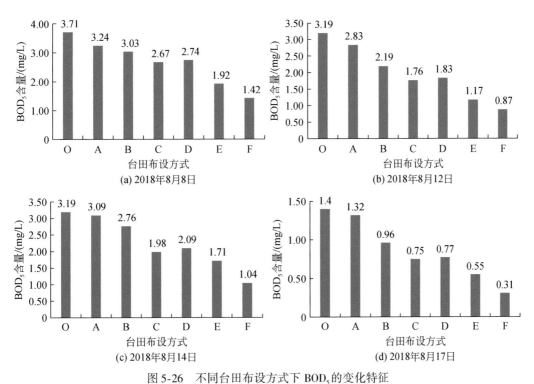

图 5-26　不同台田布设方式下 BOD$_5$ 的变化特征

图 5-26 结果显示：2018 年 8 月 8 日～17 日的 4 次天然降雨，台田不同布设方式下 BOD_5 的控制率呈如下规律：一级土坎台田<二级土坎台田<一级石坎台田<三级土坎台田< 二级石坎台田<三级石坎台田。其中，一级台田 4 次降雨平均控制率为 22.27%；二级台田 4 次降雨平均控制率为 37.98%；三级台田 4 次降雨平均控制率为 53.13%；可以看到台田 级数越多，台田对面源污染物的控制效果越明显。

5）不同台田类型下面源污染控制特征。通过监测 2018 年 8 月 8 日～17 日的 4 次天然 降雨，采集 4 次天然降雨水样进行检测，根据检测结果对径流水质有机物污染指标 BOD_5 和 COD，以及养分流失指标 TN、TP、NH_4^+-N 的数据进行分析，研究不同台田类型下（以 对照坡面、土坎台田、石坎台田为例）面源污染指标变化，对不同台田类型下面源污染控 制效果进行分析。

对不同台田类型下 4 次天然降雨的面源污染中 TN 指标的变化进行分析（图 5-27）。

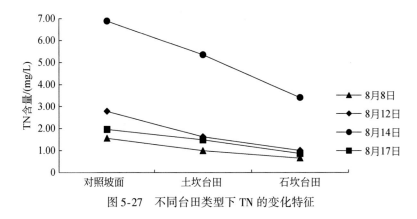

图 5-27　不同台田类型下 TN 的变化特征

图 5-27 结果显示，在 2018 年 8 月 8 日～17 日的 4 次天然降雨中，不同台田类型下 TN 的控制率呈如下规律：土坎台田<石坎台田。其中，土坎台田 4 次降雨平均控制率为 28.20%，石坎台田 4 次降雨平均控制率为 54.89%，因此石坎台田坡面对面源污染物的控 制效果更好。

对不同台田类型下 4 次天然降雨的面源污染中 TP 指标的变化进行分析（图 5-28）。

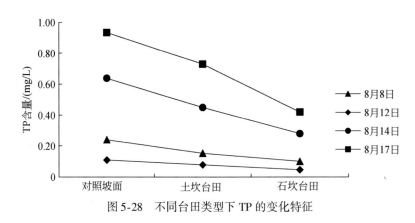

图 5-28　不同台田类型下 TP 的变化特征

图 5-28 结果显示，在 2018 年 8 月 8 日 ~ 17 日的 4 次天然降雨中，不同台田类型下 TP 的控制率呈如下规律：土坎台田<石坎台田。其中，土坎台田 4 次降雨平均控制率为 26.86%，石坎台田 4 次降雨平均控制率为 56.27%，因此台田级数越多，台田对面源污染物的控制效果越明显。

对不同台田类型下 4 次天然降雨的面源污染中 NH_4^+-N 指标的变化进行分析（图 5-29）。

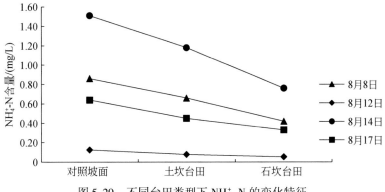

图 5-29　不同台田类型下 NH_4^+-N 的变化特征

图 5-29 结果显示，在 2018 年 8 月 8 日 ~ 17 日的 4 次天然降雨中，不同台田类型下 NH_4^+-N 的控制率呈如下规律：土坎台田<石坎台田。其中，土坎台田 4 次降雨平均控制率为 24.68%，石坎台田 4 次降雨平均控制率为 50.37%，因此石坎台田坡面对面源污染物的控制效果优于土坎台田坡面。

对不同台田类型下 4 次天然降雨的面源污染中 COD 指标的变化进行分析（图 5-30）。

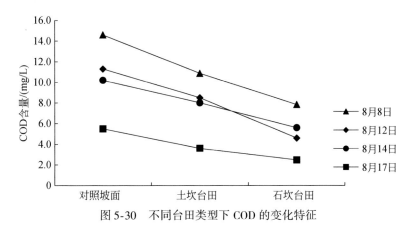

图 5-30　不同台田类型下 COD 的变化特征

图 5-30 结果显示，在 2018 年 8 月 8 日 ~ 17 日的 4 次天然降雨中，不同台田类型下 COD 的控制率呈如下规律：土坎台田<石坎台田。其中，土坎台田 4 次降雨平均控制率为 24.88%，石坎台田 4 次降雨平均控制率为 50.78%，因此台田级数越多，台田对面源污染物的控制效果越明显。

对不同台田类型下 4 次天然降雨的面源污染中 BOD$_5$ 指标的变化进行分析（图 5-31）。

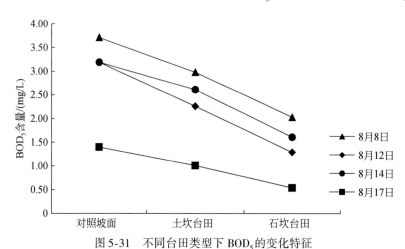

图 5-31　不同台田类型下 BOD$_5$ 的变化特征

图 5-31 结果显示，在 2018 年 8 月 8 日 ~ 17 日的 4 次天然降雨中，不同台田类型下 BOD$_5$ 的控制率呈如下规律：土坎台田<石坎台田。其中，土坎台田 4 次降雨平均控制率为 22.89%，石坎台田 4 次降雨平均控制率为 52.36%，因此台田级数越多，台田对面源污染物的控制效果越明显。

6）不同台田、植物边沟配置下面源污染控制特征。研究不同台田、植物边沟配置下（以对照坡面、土坎台田、土坎台田+植物边沟、石坎台田、石坎台田+植物边沟为例）面源污染物含量变化，对不同台田、植物边沟配置下面源污染控制效果进行分析（图 5-32）。

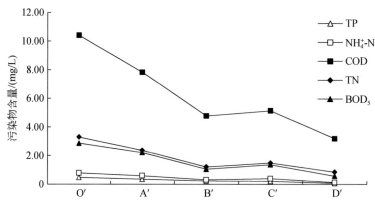

图 5-32　不同台田、植物边沟配置下面源污染物含量

图中 O′、A′、B′、C′、D′分别代表对照坡面、土坎台田坡面、土坎台田+植物边沟坡面、
石坎台田坡面、石坎台田+植物边沟坡面

由图 5-32 可见，不同台田、植物边沟配置下产流量存在如下特征：石坎台田+植物边沟<土坎台田+植物边沟<石坎台田<土坎台田<对照坡面。其中，台田+植物边沟的平均产流量为 27.43L，相对于对照坡面的产流量，控制率为 74.38%；台田的平均产流量为

28.98L，相对于对照坡面的产流量，控制率为21.38%。产沙量存在如下特征：石坎台田+植物边沟<石坎台田<土坎台田+植物边沟<土坎台田<对照坡面。其中，台田+植物边沟的平均产沙量为19.98g，相对于对照坡面的产沙量，控制率为85.21%；台田的平均产沙量为33.32g，相对于对照坡面的产沙量，控制率为75.33%。由此可知，工程措施下的台田与植物措施下的植物边沟综合配置，可以更有效地保持水土，减少水土流失问题。

（3）台田雨水净化技术的效益评价

不同台田、植物边沟配置对水土流失和面源污染的削减率统计如下（表5-2、表5-3）。

1）在水土流失削减率方面。

表5-2 水土流失削减率统计 （单位:%）

台田配置类型	径流削减率	泥沙削减率
一级土坎台田（长×宽×高：2m×0.3m×0.5m）	12.45	47.52
二级土坎台田（长×宽×高：2m×0.15m×0.5m）	25.12	67.05
三级土坎台田（长×宽×高：2m×0.1m×0.5m）	31.17	69.19
一级石坎台田（长×宽×高：2m×0.3m×0.5m）	26.80	84.51
二级石坎台田（长×宽×高：2m×0.15m×0.5m）	33.18	90.74
三级石坎台田（长×宽×高：2m×0.1m×0.5m）	35.76	92.97
一级土坎台田+植物边沟（长×宽×高：2m×0.3m×0.5m，植物边沟宽：0.6m）	24.28	74.68
一级石坎台田+植物边沟（长×宽×高：2m×0.3m×0.5m，植物边沟宽：0.6m）	26.97	95.73

2）在面源污染削减率方面。

表5-3 面源污染削减率统计 （单位:%）

台田配置类型	面源污染削减率				
	TN	TP	NH_4^+-N	COD	BOD_5
一级土坎台田（长×宽×高：2m×0.3m×0.5m）	7.85	9.68	20.31	20	5.71
二级土坎台田（长×宽×高：2m×0.15m×0.5m）	20.41	16.13	29.69	29.09	31.43
三级土坎台田（长×宽×高：2m×0.1m×0.5m）	43.37	39.78	39.06	40	46.43
一级石坎台田（长×宽×高：2m×0.3m×0.5m）	41.84	38.71	35.94	36.36	45
二级石坎台田（长×宽×高：2m×0.15m×0.5m）	55.10	53.76	51.56	60	60.71
三级石坎台田（长×宽×高：2m×0.1m×0.5m）	70.41	73.12	57.81	69.09	77.86
一级土坎台田+植物边沟（长×宽×高：2m×0.3m×0.5m，植物边沟宽：0.6m）	63.33	52.08	60.26	54.13	54.13
一级石坎台田+植物边沟（长×宽×高：2m×0.3m×0.5m，植物边沟宽：0.6m）	74.24	85.42	83.33	69.33	80.14

综上所述，可以得到以下结论：①在径流量削减方面，三级石坎台田（长×宽×高：2m×0.1m×0.5m）模式为最优台田配置模式；②在泥沙量削减方面，一级石坎台田+植物边沟（长×宽×高：2m×0.3m×0.5m；植物边沟宽：0.6m）模式为最优台田配置模式；③在面源污染削减方面，一级石坎台田+植物边沟（长×宽×高：2m×0.3m×0.5m；植物边沟宽：0.6m）模式为最优台田配置模式。

5.2.1.2 林下生态过滤沟技术研究

（1）材料与方法

2018年6月进行野外实地考察并选取样地，同年7月对样地进行径流小区布设，并进行样地植被调查与土壤基本性质测定（表5-4）。

表5-4 土壤基本理化性质

土层深度/cm	土壤容重/（g/cm）	田间持水量/%	土壤孔隙度/%	有机质含量/（g/kg）	NH$_3$含量/（g/kg）	NO$_3$含量/（g/kg）
0~20	1.36	26.02	43.85	3.92	29.55	26.35
20~40	1.38	24.39	43.24	3.916	28.8	17.2
40~60	1.42	39.54	59.32	2.376	28.15	14.2
60~80	1.44	22.31	43.71	2.04	27.85	14
80~100	1.39	18.91	39.97	1.29	27.1	12

根据实地调查结果，进行合理选点，应避开有较大石块的地点，选择坡度大致相同的地块。2018年8月对研究区进行径流小区的布设，规格均为长6m、宽2m的矩形径流小区。径流小区具体布设情况如下。

1）试验前进行土地平整，割除研究区表面杂草，使各径流小区环境影响因素大致相同。

2）用轴线定位法框出径流小区边界6m×2m，根据试验设计对边界内植被渗滤沟措施进行布设，具体情况见表5-5。

3）除坡面最下方的边界处外，其余边框均插入PVC板，将PVC板插入地表以下约10cm深处，并夯实，以免试验时造成径流泥沙渗出。

4）在坡面最下方挖一条长约0.5m、深约1.2m的集水渠，并用防水革及塑料薄膜铺垫，防止水分渗出。

5）在集水渠下部留出边长约25cm的出口，在出口下方挖一条界面边长约25cm的导水渠，并用防水革及塑料薄膜铺垫，防止水分渗出。

6）在导水渠出口的下方挖一个深约1.5m的集水坑，并将塑料集水桶放入集水坑内部，用地板革将径流小区下部集水渠到集水坑进行覆盖，防止地上径流进入对试验造成影响。

径流小区布设具体情况如下。

表 5-5 径流小区布设情况

径流小区编号	渗滤沟条数/条	渗滤沟宽度/m	渗滤沟植被覆盖	坡度/(°)
C-1	4	0.15	高羊茅	5
C-2	1	1.5	高羊茅	5
C-3	1	1	高羊茅	5
C-4	1	0.6	果岭	5
C-5	1	0.6	果岭、高羊茅	5
C-6	1	0.6	早熟禾、高羊茅	5
C-7	1	0.6	早熟禾、果岭	5
C-8	3	0.2	高羊茅	5
C-9	1	0.6	早熟禾、果岭、高羊茅	5
C-10	2	0.3	高羊茅	5
C-11	1	0.6	早熟禾	5
C-12	1	0.6	高羊茅	5
C-13	0	0	无	5

7）植被渗滤沟为矩形生态过滤沟，沟深约 1000mm。生态过滤沟内铺设 2 层渗滤材料，下层为 400mm 厚、直径为 12~15mm 的碎石，中层为 400mm 厚、直径为 8~10mm 的碎石，上层覆盖 200mm 厚的土层以适应草皮生长。具体情况见图 5-33。

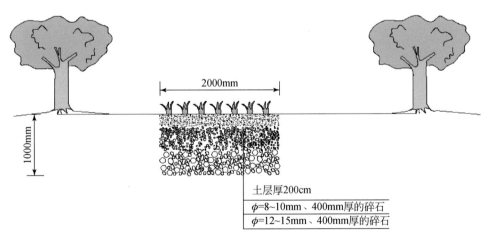

图 5-33 简易径流小区布设图

针对植被渗滤沟的草皮，本书基于植物生长特性、当地气候条件、实际经济价值以及植被抗性，选择了高羊茅、果岭、早熟禾三种草皮。三种植被的具体情况见表 5-6。

表5-6 三种植被特性

植物名称	拉丁文	植物特性	水保特性
果岭（矮生百慕大）	*Cynodon dactylon*	叶片纤细，密集，节间短，低矮	耐盐碱、耐寒、耐旱
早熟禾	*Poa annua* L.	秆直立或倾斜，质软，高可达30cm	生长速度快，竞争力强，再生力强，抗修剪，耐践踏
高羊茅	*Festuca elata*	成活率高，秆成疏丛或单生，直立	耐高温，对肥料反应敏感，抗逆性强，耐酸、耐瘠薄，抗病性强

野外试验径流小区见图5-34、图5-35。

图5-34 野外径流小区布设实际图

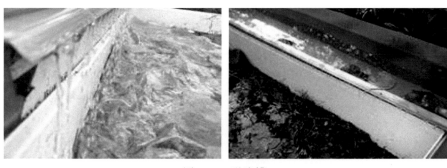

图5-35 溢流槽

（2）林下生态过滤沟技术对面源污染的影响分析

1）天然降雨。坡面流是造成坡面土壤被分散、剥蚀、冲刷的关键性因素，研究坡面产流产沙特征对研究植被抗侵蚀能力，以及研究径流小区的产流产沙特征对植被渗滤沟的截流阻沙作用有重要意义。研究区降雨主要集中在7~8月，本次试验选择三次较大天然降雨（分别为2018年的8月7日、8月11日、8月15日），三次降雨均采集到产流，较有代表性，三次降雨特性见表5-7。通过研究三次降雨的产流产沙特征来定量地分析研究研究区坡面侵蚀，对延庆不同植被渗滤沟减流减沙效益进行评价，选出最适宜当地的植被渗滤沟配置措施。

表 5-7　天然降雨特性

降雨日期	降水量/mm	最大雨强/（mm/h）	平均雨强/（mm/h）	降雨历时/h
8 月 7 日	130.6	56.3	14.51	9
8 月 11 日	20.8	20.9	4.16	5
8 月 15 日	44.3	14.9	7.38	6

2）冲刷试验中不同径流小区。本书对于不同配置的植被渗滤沟进行冲刷试验，设计流量根据当地降雨情况依次为 0.48m³/h、0.72m³/h、0.96m³/h，模拟产流产沙过程。冲刷时长设置为 30min，试验过程当中，每隔 2min 进行取样，记录每次的初始产流时间与植被渗滤沟的蓄水时间。

通过研究不同配置植被渗滤沟的径流小区在同一雨强条件下，以及相同径流小区在不同雨强条件下的降雨侵蚀规律的差异性，对坡面不同植被配置径流小区进行产流产沙结果特征分析，其在 0.48m³/h、0.72m³/h，0.96m³/h 流量下初始产流时间见表 5-8。

表 5-8　不同植被渗滤沟初始产流时间

不同植被渗滤沟	0.48m³/h 流量下 初始产流时间	0.72m³/h 流量下 初始产流时间	0.96m³/h 流量下 初始产流时间
C-1	5′54″61	4′54″62	3′21″23
C-2	4′41″63	2′54″15	1′34″14
C-3	7′45″74	5′54″2	5′29″0
C-4	9′53″86	8′54″88	5′03″62
C-5	4′58″64	3′39″42	1′14″37
C-6	3′53″86	2′29″43	2′26″86
C-7	3′27″47	2′04″3	1′27″47
C-8	7′45″52	4′25″52	2′47″59
C-9	5′44″42	3′31″50	2′17″7
C-10	3′54″7	2′52″2	3′04″7
C-11	4′25″93	3′18″23	2′15″18
C-12	3′20″17	2′28″4	2′16″3
C-13	1′47″0	1′04″5	0′49″0

产流时间可以很好地反映植被的拦截效益。由表 5-8 可以看出，无论流量大小为多少，在无任何措施的荒地径流小区（C-13）中，产流时间均小于其余各个流量下有植被渗滤沟的径流小区，这表明，植被渗滤沟对延缓径流有一定的作用，水土保持效果较好。比较各个流量下初始产流时间，当设计流量为 0.48m³/h 时，沟道宽度为 0.6m 的果岭渗滤沟

（C-4）产流时间最长，可达到9′53″86，是荒地径流小区的5倍左右，在三种草皮中，拦截径流效果较好，高羊茅草皮的保水性能较差，高羊茅（C-12）渗滤沟的产流时间约是荒地径流小区的1.86倍，果岭草（C-4）植被渗滤沟的1/3；对于不同宽度的表面覆盖高羊茅草皮的植被渗滤沟，宽度为1m时的产流时间较其余植被渗滤沟时间长。根据蓄水能力分析可知，土壤湿润程度不同可能与试验时间不同，当地降雨后，雨水未完全蒸发有关。对比三种数量的植被渗滤沟，设置3条植被渗滤沟时，产流时间最长，且表面植被丰富的径流小区，产流时间较长。当设计流量为0.72m³/h时，以荒地径流小区（C-13）为对照，各个径流小区的产流时间仍较长，但小于设计流量为0.48m³/h时的产流时间。对于不同条数的植被渗滤沟，产流时间排序为1条<3条<2条<4条，结合当地降雨因子影响，土壤饱和较快，易产流。对比设计流量为0.96m³/h的各个径流小区初始产流时间，可以得出相似结论。

对各个径流小区在不同流量下的初始产流时间进行横向对比，可以得出在较小流量下，各个植被渗滤沟初始产流时间较长，且均大于对照组荒地径流小区。当设计流量由0.48m³/h增加到0.72m³/h时，初始产流时间将会缩短43~200s。当设计流量由0.72m³/h增加到0.96m³/h时，初始产流时间将会缩短3~231s。直观地看出，当设计流量为0.72m³/h时，径流小区C-10的初始产流时间小于设计流量为0.96m³/h的径流小区的初始产流时间。

3）植被渗滤沟对面源污染控制效果分析。北京降水主要集中在夏季，尤其是7~8月，在这段时间内，降水强度大、降水集中，约占全年降水量的75%~80%。高强度、大面积的降雨极易对土壤造成侵蚀，不仅会形成溅蚀、面蚀，甚至会形成侵蚀沟，破坏大量的良田土地。降雨形成的地表径流还会挟带大量的土壤养分，不断地对土壤进行侵蚀，造成水土流失，农田破坏，土地生产力下降，农业产量减少。

第一，天然降雨下植被渗滤沟对面源污染的影响。本次研究收集了3次主要天然降雨的数据进行处理，并对各项面源污染指标进行分析（图5-36）。

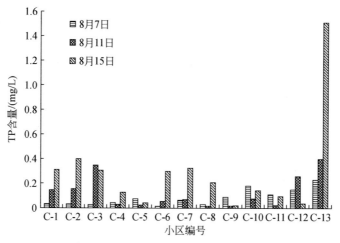

图5-36　天然降雨条件下各个径流小区TP含量

图 5-36 表示 12 种不同配置的植被渗滤沟在天然降雨条件下 TP 随径流的流失量，并设计了 C-13 号荒地径流小区作为空白对照组。试验处理后，监测结果显示不做处理的 C-13 荒地径流小区在 3 次降雨后收集到的 TP 含量最高，最高可达到 1.5mg/L，表明植被渗滤沟对 TP 有一定的阻截作用，3 次天然降雨下，各个植被渗滤沟对 TP 的削减率控制在 34.780%~97.152%。对比 3 次的天然降雨，当降雨较大时，各个植被渗滤沟均对 TP 有一定的削减作用，且无明显差异，单一配置为高羊茅草皮的径流小区（C-12）对 TP 的削减作用不明显，削减率仅为 34.7%。对比相同宽度（0.6m）植被渗滤沟，三种草皮（早熟禾、高羊茅、果岭）中，表面植被为早熟禾与果岭的径流小区（C-7）对 TP 的削减作用最强可达到 82.41%。对比同种植被（高羊茅）不同宽度的植被渗滤沟，宽度为 1.5m 的径流小区 TP 含量较少。在表面植被为果岭与高羊茅、早熟禾与高羊茅还有果岭的径流小区中，植被渗滤沟对 TP 的阻截作用较好。有两条植被渗滤沟的径流小区的 TP 含量较其余小区少。

各个径流小区在 4 次降雨条件下的 TN 含量见图 5-37。

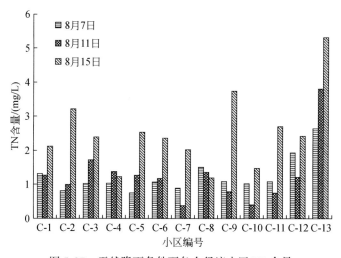

图 5-37　天然降雨条件下各个径流小区 TN 含量

对径流小区径流样中的 TN 含量进行检测，可以看出不同植被渗滤沟配置对 TN 的控制也不同，在 3 场天然降雨下，对照径流小区（C-13）的 TN 含量均为最大，最大可达到 5.31mg/L。同一场降雨条件下，12 个具有植被渗滤沟的径流小区的 TN 含量均小于对照径流小区（C-13）。在天然降雨条件下，除径流小区 C-13 外，其余 12 个径流小区对 TN 的削减范围大致为 19.68%~57.20%。在 2018 年 8 月 8 日天然降雨条件下，各个径流小区中 TN 含量差异不明显。径流小区 C-4 在 3 次降雨条件下均表现出较好的控制作用，即 3 种不同植被（早熟禾、高羊茅、果岭）中，果岭草对 TN 的控制效果较好。

图 5-38 为 3 次天然降雨条件下各个径流小区 NH_4^+-N 含量对比。在 3 次天然降雨条件下，不同配置的植被渗滤沟对 NH_4^+-N 的拦截效益不同，但其 NH_4^+-N 均小于荒地径流小区（C-13）。3 次降雨对于 NH_4^+-N 的削减率平均值控制在了 53.64%~80.90%，NH_4^+-N 的流失

量与降水量关系不显著。总体来看，宽度（0.6m）和沟道数量（1 条）相同时，三种草皮（早熟禾、高羊茅、果岭）中，渗滤沟表面植被为早熟禾的径流小区（C-11）NH_4^+-N 的削减作用较强，可达到 93.42%。分析不同宽度、不同沟道数量的植被渗滤沟的径流小区，无明显规律。

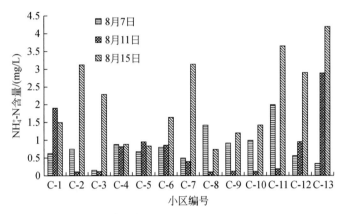

图 5-38　天然降雨条件下各个径流小区 NH_4^+-N 含量

COD 是一个重要的面源污染监测指标，COD 高意味着水中含有大量还原物质，主要是有机污染物，荒地径流小区 COD 最大值为 55.5mg/L。图 5-39 为 3 次天然降雨后的 COD 对比。不同降水量条件下，径流小区的 COD 含量不同，植被渗滤沟对 COD 的阻截效益不同。总体来看，对比相同宽度（0.6m）植被渗滤沟，3 种草皮（早熟禾、高羊茅、果岭）中，表面植被为果岭（C-4）的径流小区 COD 含量最少。植被丰富度可以有效地增强对 COD 的控制：3 种植被覆盖下的径流小区的 COD 含量较单一植被覆盖下的径流小区的 COD 含量大；同种宽度（0.6m）下，表面覆盖有 3 种植被的渗滤沟（早熟禾、高羊茅、果岭）的 COD 含量较少；在表面植被两两混交配置的植被渗滤沟中，早熟禾和果岭混交的渗滤沟的径流小区的 COD 含量较其余径流小区少。其余条件一定时，有 3 条植被渗滤

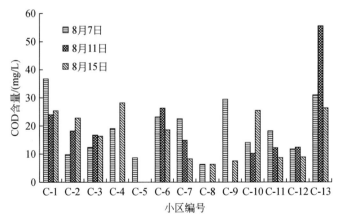

图 5-39　天然降雨条件下各个径流小区 COD 含量

沟的径流小区对 COD 的削减作用可达 76.00%~98.60%，远大于有 4 条植被渗滤沟的径流小区。对比同种植被（高羊茅草），不同宽度的植被渗滤沟，表面植被为高羊茅草皮的宽为 1.5m 的植被渗滤沟的径流小区中的 COD 含量最少。

图 5-40 为 3 次天然降雨条件下各个径流小区中的生化需氧量对比，不同配置的植被渗滤沟，对于面源污染指标生化需氧量有较好的削减作用，下降趋势较明显。不同降水量条件下径流小区的生化需氧量不同。总体来看，径流小区 C-5、C-10、C-11、C-12 的生化需氧量较其余小区少。对比相同宽度（0.6m）植被渗滤沟，三种草皮（早熟禾、高羊茅、果岭）中，表面植被为高羊茅和早熟禾的径流小区中生化需氧量最少。对比同种植被（高羊茅）不同宽度的植被渗滤沟，有 4 条植被渗滤沟的径流小区的削减作用远不如有 2 条植被渗滤沟的径流小区。对于不同的植被配置，表面植被为果岭和高羊茅混交的渗滤沟的削减作用较好，削减率控制在 77.94%~94.76%。

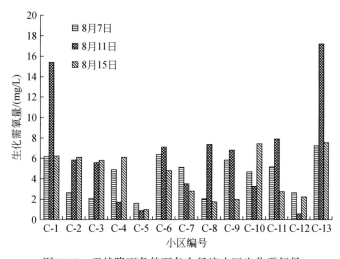

图 5-40 天然降雨条件下各个径流小区生化需氧量

第二，冲刷试验中植被渗滤沟对面源污染的影响。将 30min 内所得样品中的养分含量定义为径流小区养分含量。

当冲刷流量为 0.48m³/h 时，荒地径流小区（C-13）TN、TP、NH_4^+-N、COD、生化需氧量均为其余小区的最大值（图 5-41），这表明植被渗滤沟对面源污染的控制有一定的作用。对于四个不同植被渗滤沟数量的径流小区（C-1、C-8、C-10、C-12），配置有 4 条植被渗滤沟的径流小区（C-1）的 TP、TN、NH_4^+-N 含量较其余小区少，且以荒地径流小区为对照，其对 TP 的削减率可达 99.37%，对 TN 的削减率为 66.22%，对 NH_4^+-N 的削减率为 91.59%，而对于 COD 与生化需氧量的削减不明显。分析可知，当其他条件一定时，植被渗滤沟数量越多，对 TP、TN、NH_4^+-N 的削减作用越强。对于有不同宽度植被渗滤沟的径流小区（C-2、C-3、C-12），宽度为 1.5m 的径流小区（C-2）中的 TP、TN、NH_4^+-N、生化需氧量、COD 较少，相比荒地径流小区，其削减率分别为 98.75%、76.79%、90.89%、90.55%、70.96%。对于覆盖不同植被的渗滤沟的径流小区（C-4、C-11、C-12

以及 C-5、C-6、C-7、C-9），C-9 号及 C-11 号径流小区中 TP、TN、NH$_4^+$-N、生化需氧量、COD 较少，这表明早熟禾对于氮、磷、微生物等的拦截效益较高羊茅和果岭好，且植被种类配置越丰富，其对于面源污染的拦截效应越好。

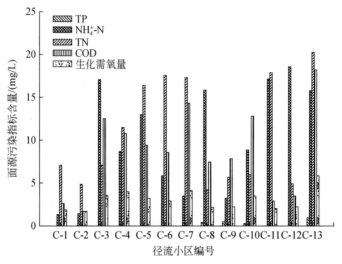

图 5-41　0.48m³/h 流量下各个径流小区面源污染指标

当冲刷流量为 0.72m³/h 时，荒地径流小区（C-13 号）TN、TP、NH$_4^+$-N、COD、生化需氧量依旧为所有小区的最大值，但其值均小于流量为 0.48m³/h 时的值（图 5-42）。各个径流小区中植被渗滤沟对 TP 的削减率范围为 97%～99%，无明显规律。对于四个不同植被渗滤沟数量的径流小区，C-1 控制面源污染效果较好，对 TP 的削减效果最好，可达 99.46%，而对 TN 的削减率仅有 39.38%。对于三个有不同宽度植被渗滤沟的径流小区，对于 NH$_4^+$-N、TN、生化需氧量、COD，宽度为 1.5m 的 C-2 径流小区中，植被渗滤沟表现

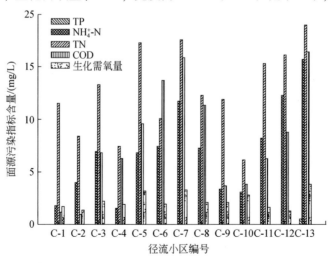

图 5-42　0.72m³/h 流量下各个径流小区面源污染指标

出较好的控制效益，对于 COD 的控制效果可达 94.27%。对于覆盖不同植被的渗滤沟的径流小区，C-9 径流小区中 TP、TN、NH_4^+-N、生化需氧量、COD 含量较少；表面覆盖有果岭的 C-4 径流小区中，NH_4^+-N 削减率可达到 90%，而表面为高羊茅的 C-12 径流小区对面源污染指标的削减率较低。

当冲刷流量为 0.96m³/h 时，C-1、C-5、C-9、C-10、C-11 径流小区中的 TP 含量极低，除 C-13 荒地径流小区外，其余各个修建有植被渗滤沟的径流小区对面源污染各项指标都表现出一定的控制潜力（图 5-43）。对 TP 的控制量为 18.03%~100%，对 NH_4^+-N 的控制量为 20%~99.56%，对 TN 的控制量为 6.7%~64.56%，对 COD 和生化需氧量的削减率为 21.1%~94.86% 和 54.03%~100%。植被渗滤沟对 TP 的控制效果最好，而对 TN 和 NH_4^+-N 的控制效果较差。在较大流量下，表面覆盖有果岭的植被渗滤沟对 TP 的控制量仅有 18.03%，对 TN 的削减率为 64.56%，但对 NH_4^+-N 的削减率却高达 99%，高于植被渗滤沟表面覆盖有三种植被的径流小区，因此可以在为富含氮的农地土地配置植被渗滤沟时，考虑用果岭草作为表面植被。

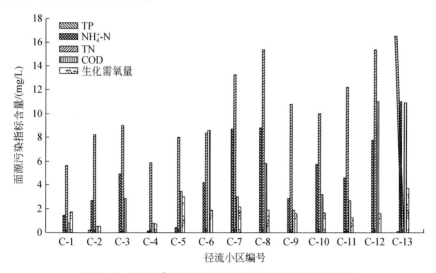

图 5-43 0.96m³/h 流量下各个径流小区面源污染指标

（3）林下生态过滤沟技术效果评价

本书以北京延庆不同配置的植被渗滤沟为研究对象，按照不同宽度（0.6m、1.0m、1.5m）、不同植被配置及组合（高羊茅、果岭、早熟禾）、不同数量（1 条、2 条、3 条、4 条）设置了不同的植被渗滤沟，并且以荒地作为对照径流小区，采用天然降雨及野外放水冲刷试验与实验室内实验相结合的方式，对研究区的产流产沙特征以及对样品的 TN、TP、NH_4^+-N、COD、生化需氧量五个面源污染指标进行检测，研究北京山区农地不同配置的植被渗滤沟对面源污染的影响，得出的结论如下。

1）天然降雨条件下，农田植被渗滤沟对于 TP 的削减率控制在 34.78%~97.152%，对于 TN 的削减率大致为 19.68%~57.2%，对于 NH_4^+-N 的削减率为 53.64%~80.90%，对 COD、生化需氧量的削减率为 16.18%~99.87%、7.95%~94.76%。植被丰富度可以有效地增强对面源污染的控制，植被渗滤沟数量和宽度也是影响其控制面源污染效应的重要因素。

2）植被渗滤沟对于面源污染的控制有一定的作用。当其他条件一定时，植被渗滤沟数量越多，TP、TN、NH_4^+-N 含量越少，即对面源污染控制效果越好。植被渗滤沟越宽，TP、TN、NH_4^+-N、生化需氧量、COD 较少，拦截土壤中微生物效果越好。早熟禾对于氮、磷、微生物等的拦截效益较羊茅和果岭高，且植被种类配置越丰富，对于面源污染的拦截效应越好。而表面为高羊茅的 C-12 径流小区对于面源污染指标的削减效果较差。

3）冲刷流量对于植被渗滤沟控制面源污染有重要影响。在较小流量下，表面覆盖有果岭的植被渗滤沟对于 TP 的削减率为 98.02%，对于 TN 的削减率为 44.97%。在较大流量下，对于 TP 的控制量仅有 18.03%，对于 TN 的削减率为 64.56%，但对于 NH_4^+-N 的削减率却高达 99%，高于植被渗滤沟表面覆盖有三种植被的径流小区。较大流量下，植被渗滤对于 TP 的控制量为 18.03%~100%，对于 NH_4^+-N 的控制量为 20%~99.56%，对于 TN 的控制量为 6.7%~64.56%，对于 COD 和生化需氧量的削减率为 21.1%~94.86% 和 54.03%~100%。

5.2.1.3　植被缓冲带技术研究

（1）材料与方法

1）不同草被覆盖对面源污染的影响。

本试验研究区位于北京延庆张山营镇小河屯村，以研究区内的撂荒坡地为主要研究地点，以当地典型自然淋溶褐土为主要研究对象。选取研究区主要生长的且水土保持效益良好的草本植物狗尾草和青蒿作为试验坡面草被，两种草本植物为不同根系草本，狗尾草为须根植物，青蒿为直根植物。试验前期种植狗尾草和青蒿，对草被坡面进行定期养护，在草本植物生长期间给予充分的光照和水分供给，并给予适当调整，提前去除生长较差不符合试验要求的草株。同时，对裸坡进行翻耕、去根等处理，并进行前期养护，保证裸坡下垫面与草被坡面下垫面一致，从而达到对照试验要求。

本书根据研究样地的实际条件，选择研究区内的撂荒坡地（坡度为 8°缓坡），布设简易径流小区进行野外人工模拟降雨试验。径流小区规格均为 6m×2m（垂直投影长度），主要布设步骤如下。

按照指定选址沿径流小区两侧及上部边界挖一道浅沟，将厚度为 1cm 的 PVC 板埋入浅沟中约 10cm，地上露出约 20cm，控制边界条件一致。径流小区下方边界不设置 PVC 板，用塑料布铺设成漏斗状以便于收集径流泥沙样，同时沿塑料布周围铺设防水革，防止渗水。在径流小区的下方出口处，挖一个半径 0.4m、深 0.8m 的桶状集水槽，集水槽中放置集流桶以收集径流。后期对所有简易径流小区坡面砾石及其他杂物进行剔除。

试验设计的径流小区共 8 种（表 5-9 和图 5-44），选取 2 种草本植物覆盖（狗尾草和青蒿）、3 种草被覆盖坡位格局（坡上、坡中、坡下）、4 种草被覆盖密度（25%、50%、75%、100%）及对照裸坡进行布设，共 15 个径流小区。

表 5-9　径流小区布设

坡面编号	草被覆盖坡位格局	草被覆盖度/%	坡度/(°)
1	—	0	8
2	坡上	—	8
3	坡中	—	8
4	坡下	—	8
5	—	25	8
6	—	50	8
7	—	75	8
8	—	100	8

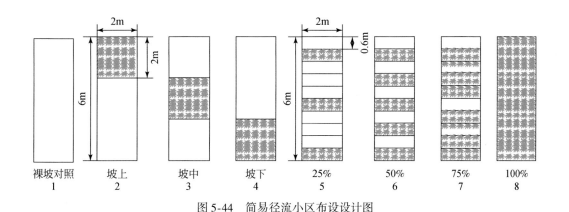

图 5-44　简易径流小区布设设计图

试验开始前，采集各径流小区土样分析土壤机械组成及其理化性质。在试验开始前对各径流小区进行降雨，使得各径流小区处于土壤含水量基本饱和但还未产生径流的状态，并用塑料布覆于径流小区上保湿静置 48h，而后采用人工模拟降雨器进行既定降雨试验，以此降低土壤前期的含水率对试验结果的影响。同时，人工整理去除径流小区内枯落物等，保证坡面仅有试验草被覆盖，并对对照裸坡进行翻耕、去根等处理，保证对照裸坡的变量唯一性。

在进行试验前，调节降雨器参数至符合试验要求，待各参数稳定运行后开始试验。试验设置降雨强度为 40mm/h、60mm/h、80mm/h，当坡面开始产流时记录坡面产流时间，并以 2min 为一个周期持续更换集流桶收集降雨产流过程汇总的径流泥沙样，设计总降雨历时为 30min（从坡面产流开始算起）。降雨试验结束后，在所收集的径流泥沙样中加入明矾促进泥沙快速沉淀，水样澄清后记录径流量，再将同一径流小区中的上清液倒至一个塑料桶中，取塑料桶中混合上清液送至第三方测定 COD、NH_4^+-N、TN、TP 指标，具体测定方法及标准见表 5-10。

表 5-10　径流小区水样指标测定方法

序号	分析项目	单位	方法	执行标准
1	TP	g/kg	水质—总磷的测定—钼酸铵分光光度法	GB/T 11893—1989
2	TN	g/kg	碱性过硫酸钾消解紫外分光光度法	HJ 636—2012
3	$NH_4^+ - N$	g/kg	纳氏试剂分光光度法	HJ 535—2009
4	COD	g/kg	重铬酸盐法	HJ 828—2017

2）不同植被覆盖对面源污染的影响。

在坡面坡度均为 8°的坡面上建造规格均为 6m×2m（垂直投影长度）的径流小区，主要布设步骤见 5.2.3.1 节（1）。径流小区主要包括研究区内乔木、灌木、草地在内的不同植被类型及一个荒地对照小区，本书选择研究区内植物并进行纯草小区、乔草混交小区、灌草混交小区、乔灌草小区的不同配置。野外径流小区布设结束后，在天然降雨条件下对小区产生的径流泥沙进行采集取样，具体试验步骤如下。

第一步，径流收集。采用体积法进行径流测定。在监测小区导水渠下方配置一个集水桶，在每次天然降雨后用卷尺测量集水桶中径流深，同时在小区外空旷的地方布设标准雨量筒测定降水量。使用水保法（成因分析法）计算径流小区减流作用。径流量的计算方法如下：

$$R_t = S \times H \tag{5-1}$$

$$\alpha_t(\%) = \frac{R_t}{P_t} \times 100\% \tag{5-2}$$

式中，R_t 为天然降雨径流量，L；S 为集水桶底面积，m^3；H 为桶中径流深，m；α_t 为径流系数；P_t 为天然降雨降水量，mm。

第二步，径流水质取样及测定。每次降雨产流后，测定集水桶中的径流深，采集集水桶中清水样品，对径流样品的 TN、TP、$NH_4^+ - N$、COD、生化需氧量 5 个面源污染指标进行测定，测定方法见表 5-11。

表 5-11　试验小区土壤面源污染指标测定方法

序号	测定项目	方法	执行标准
1	$NH_4^+ - N$	纳氏试剂分光光度法	HJ 535—2009
2	TN	碱性过硫酸钾消解紫外分光光度法	HJ 636—2012
3	TP	水质—总磷的测定—钼酸铵分光光度法	GB/T 11893—1989
4	COD	重铬酸盐法	HJ 828—2017
5	生化需氧量	稀释与接种法	HJ 505—2009

为详细分析不同植被配置对 TN、TP、$NH_4^+ - N$、COD、生化需氧量 5 个指标对照荒地小区的削减程度，综合分析 8 次天然降雨条件下各养分流失模数和对照荒地小区，并对二者进行比较，其中削减率 i 为

$$i = \frac{\left|\left(\sum_{j=1}^{3} M_j\right)/8 - \overline{M_{荒}}\right|}{\overline{M_{荒}}} \times 100\% \qquad (5\text{-}3)$$

式中，M 为各植被小区养分流失模数；$\overline{M_{荒}}$ 为 8 次降雨条件下荒地小区平均流失模数；i 为各植被类型小区对各面源污染指标的削减率。

（2）植被缓冲带技术对面源污染的影响分析

1）不同草被覆盖对面源污染的影响。

第一，不同坡位条件对径流中面源污染的削减控制作用。根据对各场降雨条件下不同坡位径流中面源污染指标 TN、TP、NH$_4^+$-N、COD 削减率的测定，将结果列于表 5-12。

表 5-12 不同草被坡位格局覆盖条件下面源污染削减率 （单位：%）

草本植物	小区编号	坡位格局	TN	TP	NH$_4^+$-N	COD
狗尾草	G-2	坡上	48.72	31.61	33.91	31.71
	G-3	坡中	53.86	46.53	41.64	24.58
	G-4	坡下	73.42	60.06	45.43	53.27
青蒿	Q-2	坡上	47.85	40.53	49.18	26.80
	Q-3	坡中	72.23	27.57	63.02	19.04
	Q-4	坡下	88.25	56.65	63.07	54.05

表 5-12 可知，草被覆盖措施对于面源污染的控制有较好的作用。当坡位格局为坡上时，狗尾草覆盖下径流中 TN 削减率为 48.72%，坡中格局为 53.86%，坡下格局为 73.42%，TN 削减率逐步增加，青蒿呈现一致规律，且整体削减效果较狗尾草好。狗尾草坡上覆盖条件下径流中 TP 削减率为 31.61%，坡中格局为 46.53%，坡下格局为 60.06%；青蒿整体削减效果较狗尾草差，其坡上覆盖条件下径流中 TP 削减率为 40.53%，坡中格局为 27.57%，坡下格局为 56.65%，其中坡中格局的 TP 削减效果最差，该结果与李婧等（2017）对模拟降雨条件下不同坡位草被覆盖条件径流中磷的削减情况一致。主要原因可能为坡面的坡上位置以雨滴击溅为主要侵蚀形式，使得附着在土壤颗粒上的磷溶解在径流中并随之流失；坡下位置主要受雨滴击溅和上方径流冲刷的双重作用，布设草被可有效拦挡两种作用所造成的污染物，而坡中位置布设草被相当于坡面侵蚀发生最为严重的两个区域没有采取相应的措施进行防护，造成面源污染物流失更为严重。坡下格局对 NH$_4^+$-N 和 COD 的削减效果最优。对比 4 个面源污染指标在不同坡位格局的平均削减率可以发现，TN 的削减效果最佳，坡面措施对 TN 的削减作用最大（削减率>69.4%）。

第二，不同覆盖度对径流中面源污染的削减控制作用。本书对不同覆盖度下草被覆盖对径流中 TN、TP、NH$_4^+$-N 和 COD 的削减率进行统计，旨在探究其对面源污染的削减控制作用，结果见表 5-13。

表 5-13   不同草被覆盖度下面源污染削减率   （单位：%）

草本植物	小区编号	覆盖度	TN	TP	NH_4^+-N	COD
狗尾草	G-5	25	25.24	37.68	16.53	33.42
	G-6	50	46.68	52.48	24.22	50.07
	G-7	75	58.18	64.67	29.64	65.57
	G-8	100	76.07	71.87	45.76	74.47
青蒿	Q-5	25	63.14	25.28	39.55	29.63
	Q-6	50	77.94	41.86	59.64	47.42
	Q-7	75	86.31	48.86	77.46	62.39
	Q-8	100	92.04	65.77	89.66	72.42

由表 5-13 可以看出，青蒿径流中面源污染物削减效果普遍优于狗尾草。

TN 是水体中各种形态无机氮和有机氮的总量，对于径流中的 TN 来说，在 3 种降雨强度下，不同覆盖度狗尾草径流中 TN 平均削减率为 25.24%~76.07%，青蒿径流中 TN 平均削减率为 63.14%~92.04%，青蒿对径流中面源污染的削减控制作用效果理想，且随覆盖度增加逐渐减少，75% 和 100% 覆盖度的削减控制效果良好。

对于径流中的 TP 来说，在 3 种降雨强度下，不同覆盖度狗尾草径流中 TP 平均削减率为 37.68%~71.87%，青蒿径流中 TP 平均削减率为 25.28%~65.77%。

NH_4^+-N 是水体中以游离形式存在的氮（游离 NH_3、NH_4^+ 离子等），对于径流中的 NH_4^+-N 来说，在 3 种降雨强度下，不同覆盖度狗尾草径流中 NH_4^+-N 平均削减率为 16.53%~45.76%，青蒿径流中 NH_4^+-N 平均削减率为 39.55%~89.66%。狗尾草 NH_4^+-N 削减率随覆盖度的增大有所上升，但整体削减率低于 50%，削减效果一般。青蒿 NH_4^+-N 削减率随覆盖度的增大而显著增大，100% 覆盖度下 NH_4^+-N 削减率达 89.66%，削减效果良好。

COD 表示水样中需要被氧化的还原性物质的量，可基本表示水样中的所有有机物。对于径流中的 COD 来说，在 3 种降雨强度下，不同覆盖度狗尾草径流中 COD 平均削减率为 33.42%~74.47%，青蒿径流中 COD 平均削减率为 29.63%~72.42%。狗尾草和青蒿的削减效果基本一致，二者 COD 削减率均随覆盖度的增加而增加。

2）不同植被覆盖对面源污染的影响。

本书对不同植被配置在 8 次天然降雨条件下对径流中 TN、TP、NH_4^+-N、COD 和生化需氧量的平均削减率进行统计，旨在探究其对面源污染的削减控制作用，结果见表 5-14。

表 5-14   不同植被配置覆盖下面源污染削减率   （单位：%）

坡位格局	TN	TP	NH_4^+-N	COD	生化需氧量
灌草地	60.01	84.60	65.25	71.39	72.90
乔灌草地	56.08	63.67	54.97	59.48	62.65
草地	56.85	51.27	61.68	49.88	60.29
乔草地	30.05	42.73	39.01	56.87	46.60

可以发现，灌草地对 TN 的削减率最大，为 60.01%，削减效果最好；草地和乔灌草地对 TN 的削减作用次之，二者相差不大；乔草地对 TN 的削减效果不理想，仅为 30.05%。

不同植被配置对 TP 的削减效果由大到小为灌草地>乔灌草地>草地>乔草地。其中，灌草地对 TP 的削减效果理想，削减率超过 80%，此为对 TP 削减的最佳配置。

不同植被配置对 NH_4^+-N 的削减效果由大到小为灌草地>草地>乔灌草地>乔草地。其中，灌草地和草地对 NH_4^+-N 的削减效果较好，削减率超过 60%，而乔草地对 NH_4^+-N 的削减效果一般，削减率低于 40%。

不同植被配置对 COD 的削减效果由大到小为灌草地>乔灌草地>乔草地>草地。其中，灌草地对 COD 的削减效果最佳，削减率超过 70%，几种植被配置的削减效果整体均较好，COD 削减率在 50% 以上，表明植被配置对 COD 的削减作用明显。

不同植被配置对生化需氧量的削减效果由大到小为灌草地>乔灌草地>草地>乔草地。其削减效果与 COD 的削减效果相差不大。

（3）植被缓冲带技术效益评价

1）不同草被覆盖对面源污染的影响。分析草被覆盖对径流中面源污染指标 TN、TP、NH_4^+-N、COD 的削减效果发现，草被覆盖措施对于面源污染的控制有较好的作用，青蒿对径流中面源污染物的削减效果普遍优于狗尾草。不同坡位条件下，TN 削减效果为坡下>坡中>坡上，TP 削减效果大小为坡下>坡上>坡中，主要原因为坡中位置布设草被相当于坡面侵蚀发生最为严重的两个区域没有采取相应的措施进行防护，造成面源污染物流失更为严重。不同坡位条件下，坡下格局对 NH_4^+-N 和 COD 的削减效果最优。对比 4 个面源污染指标在不同坡位格局的平均削减率可以发现，TN 的削减效果最佳，坡面措施对 TN 的削减作用影响最大（削减率>69.4%）。其中，青蒿的坡下布设措施为削减径流中面源污染物的最佳措施。狗尾草和青蒿在 25% 和 50% 覆盖度下，TN、TP、NH_4^+-N、COD 的削减控制效果不太理想，但当覆盖度达到 75% 和 100% 覆盖度后，削减率上升，削减效果较好。

2）不同植被覆盖对面源污染的影响。分析不同植被配置对径流中面源污染指标 TN、TP、NH_4^+-N、COD 和生化需氧量的削减效果发现，植被覆盖配置对于面源污染的控制有较好的作用。其中，灌草地对各面源污染指标的削减效果最佳，对 TP、COD 和生化需氧量的削减效果理想，削减率均超过 70%；对 TN 及 NH_4^+-N 的削减效果较佳，削减率均超过 60%，为削减径流中面源污染物的最佳植被配置。乔草地对面源污染物的整体削减效果最差，削减率基本小于 50%。

5.2.1.4 农田沿线渗滤沟技术研究

（1）材料与方法

在农田内设置 2 个 2m×6m 的径流小区，包括 1 个设置农田渗滤沟的试验小区及 1 个无任何措施的对照小区。渗滤沟为等腰梯形，底部宽 0.2m，顶部宽 0.5m，高 0.5m。底部填充约 0.3m 深的 200mm 级配碎石，顶部覆土并种植高羊茅，渗滤沟设置于小区下部，紧贴小区集水区。在小区出口处挖土形成集水区，利用塑料布汇聚雨水并使用塑料桶收集天然降雨。本试验用于模拟的每6m设置的农田沿线渗滤沟示意图见图5-45。

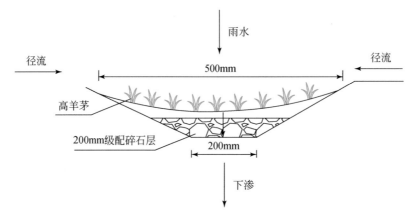

图 5-45　农田沿线渗滤沟示意图

（2）结果与分析

收集4场天然降雨，送检并测定各小区面源污染指标，结果见图5-46。

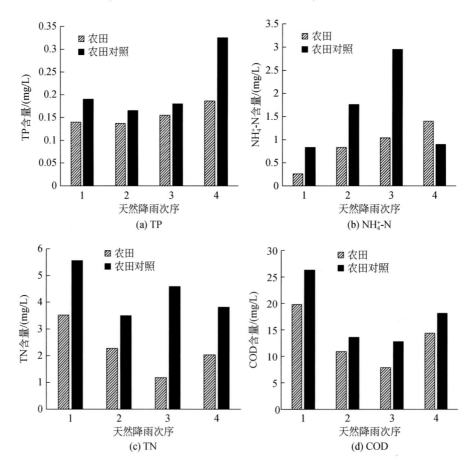

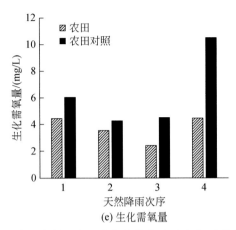

图 5-46 天然降雨条件下农田渗率沟技术对照试验面源污染指标对比

由图 5-46 可知，农田沿线渗滤沟对于控制农田面源污染具有良好的效果。设置农田沿线渗滤沟的小区，其各指标数值在前 3 次天然降雨中均小于对照小区。根据 4 次天然降雨试验结果的平均值，农田沿线渗滤沟对 TP 的削减率为 38.30%，对 NH_4^+-N 的削减率为 54.50%，对 TN 的削减率为 39.30%，对 COD 和生化需氧量的削减率分别为 32.40% 和 30.20%。

（3）农田沿线渗滤沟技术效益评价

每 6m 设置底部宽 0.2m，顶部宽 0.5m，高 0.5m，底部填充约 0.3m 深的 200mm 级配碎石，顶部覆土并种植高羊茅的等腰梯形渗滤沟，其面源污染控制率分别为 TP 38.30%，NH_4^+-N 54.50%，COD 32.40%。

5.2.1.5 道路生态边沟技术研究

（1）材料与方法

在村庄道路附近缓坡地设置 2 个 2m×6m 的径流小区，包括 1 个设置道路生态边沟的试验小区及 1 个相同位置的对照小区。生态边沟为等腰梯形，底部宽 0.2m，顶部宽 0.5m，高 0.5m，底部填充约 0.3m 深的 200mm 级配碎石，顶部覆土并种植高羊茅。除边沟区域外，2 个小区内部均种植狗尾草以模拟正常边坡。在小区出口处挖土形成集水区，利用塑料布汇聚雨水并使用塑料桶收集天然降雨。道路生态边沟示意图见图 5-47。

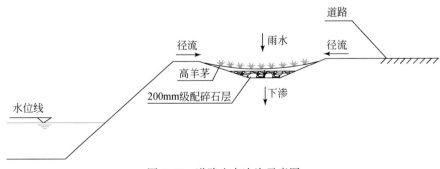

图 5-47 道路生态边沟示意图

（2）道路生态边沟技术对面源污染的影响分析

收集 4 场天然降雨，送检并测定各小区面源污染指标，结果见图 5-48。

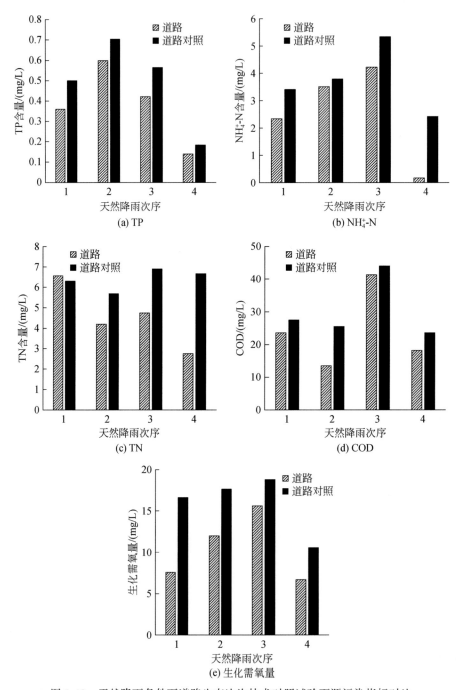

图 5-48　天然降雨条件下道路生态边沟技术对照试验面源污染指标对比

由图 5-48 可知，道路生态边沟技术对于控制道路边坡面源污染具有良好的效果。在大部分情况下，设置道路生态边沟的小区其各指标数值要小于对照小区。根据 4 次天然降雨试验结果的平均值，道路生态边沟对 TP 的削减率为 33.80%，对 NH_4^+-N 的削减率为 40.90%，对 TN 的削减率为 30.10%，对 COD 和生化需氧量的削减率分别为 34.80% 和 34.60%。

（3）道路生态边沟技术效益分析

道路边坡每 6m 设置底部宽 0.2m，顶部宽 0.5m，高 0.5m，底部填充约 0.3m 深的 200mm 级配碎石，顶部覆土并种植高羊茅的生态边沟，其面源污染控制率分别为 TP 33.80%、NH_4^+-N 40.90%、COD 34.80%。

5.2.1.6 小结

通过对单项面源污染控制关键技术的研究，总结出了各单项技术的关键技术参数与面源污染控制率，为示范区面源污染措施布设提供依据（表 5-15）。

表 5-15 面源污染控制技术最优配置

技术名称	面源污染控制率/%			措施配置
	TP	NH_4^+-N	COD	
台田雨水净化技术	85.42	83.33	69.33	石坎+植物边沟配置最优。每 6m 设置一级石坎，石坎修建宽×高为 0.3m×0.5m，植物边沟宽 0.6m
林下生态过滤沟技术	97.15	80.90	62.98	每 6m 设置 0.6m 渗滤沟，渗滤沟断面设计为矩形，沟深约 0.5m，底部填充约 0.3m 深的 100mm 级配碎石，上层覆盖 20cm 厚的土层，沟上种植高羊茅
植被缓冲带技术	71.87	45.76	74.47	坡面种植狗尾草，覆盖率为 100%
	60.01	65.25	71.39	在天然乔草、灌草、乔灌草、草地中，灌草地控制率最优
	60.06	45.43	53.27	每 6m 长坡面坡下种植 2m 狗尾草
农田沿线渗滤沟技术	38.30	54.50	32.40	每 6m 设置 0.5m 宽渗滤沟，渗滤沟为等腰梯形，底部宽 0.2m，顶部宽 0.5m，高 0.5m。底部填充约 0.3m 深的 200mm 级配碎石，顶部覆土并种植高羊茅
道路生态边沟技术	33.80	40.90	34.80	每 6m 设置 0.5m 宽生态边沟，边沟为等腰梯形，底部宽 0.2m，顶部宽 0.5m，高 0.5m。底部填充约 0.3m 深的 200mm 级配碎石，顶部覆土并种植高羊茅

5.2.2 面源污染控制措施景观功能提升技术研究

5.2.2.1 延庆植物概况

将延庆乡土植物按照植物类型（表 5-16）、植物观赏特性（表 5-17）、植物观赏季相

（表5-18）三种分类方式进行分类。

表 5-16　按植物类型分类植物统计

序号	植物类型	种类
1	乔木	北京杨
2		油松
3		火炬树
4		青杆
5		酸枣
6		香椿
7		旱柳
8		白蜡
9		臭椿
10		刺槐
11	灌木	紫穗槐
12		锦带花
13		榆叶梅
14		碧桃
15		海棠
16		荆条
17		重瓣粉海棠
18		金叶女贞
19		丁香
20		紫叶小檗
21	草本及地被	毛茛
22		茜草
23		野牛草
24		青蒿
25		石竹
26		高羊茅
27		龙芽草
28		打碗花
29		夏至草
30		结缕草

表 5-17　按植物观赏特性分类植物统计

序号	植物观赏特性	种类	备注
1	冬季观叶	金边黄杨	不落叶
2		金叶圆柏	
3		紫叶李	落叶
4		紫叶桃	
5		紫叶矮樱	
6		紫叶小檗	
7		金叶女贞	
8	冬季观干	红瑞木	红色
9		野蔷薇	
10		杏	
11		山杏	
12		山桃	古铜色
13		红桦	
14		梧桐	青绿色
15		棣棠	
16		青榨槭	
17		早园竹	
18		白皮松	白色
19		白桦	
20		胡桃	
21		毛白杨	
22		悬铃木	
23		紫竹	紫色
24	冬季观姿	刺槐	
25		楸树	
26		白蜡	
27		毛白杨	
28		馒头柳	
29		龙爪槐	
30		龙桑	
31		垂柳	
32		绦柳	

表 5-18　按植物观赏季相分类植物统计

序号	植物观赏季相	种类
1	常年观赏	油松
2		侧柏
3		青杆
4		白杆
5		白皮松
6		铺地柏
7		沙地柏
8		黄杨
9		大叶黄杨
10		金叶女贞
11		早园竹
12	春夏观赏	刺槐
13		杜仲
14		蒙椴
15		香椿
16		臭椿
17		白桦
18		锦带花
19		榆叶梅
20		碧桃
21		海棠
22		丁香
23	秋季观赏	元宝枫
24		五角枫
25		鸡爪槭
26		茶条槭
27		悬铃木
28		北京杨
29		银杏
30		火炬树
31		榉树
32		五叶地锦
33		山楂

续表

序号	植物观赏季相	种类
34		金边黄杨
35		金叶圆柏
39		紫叶小檗
40		金叶女贞
41		红瑞木
42		红桦
43		梧桐
44		棣棠
45		青榨槭
46	冬季观赏	早园竹
47		白皮松
48		白桦
49		胡桃
50		毛白杨
51		悬铃木
52		刺槐
53		楸树
54		白蜡
55		馒头柳
56		龙爪槐

5.2.2.2 冬季植物景观问题总结

（1）街巷空间

房前屋后巷道宽5m，为村落中的主要步行空间，道路两侧通常缺乏足够的种植空间（图5-49）。

图5-49 街巷空间植物风貌现状

（2）广场空间

在一些交叉路口存在设施简陋的运动广场，其空间相对开阔，绿化率低（图5-50）。

图 5-50　广场空间植物风貌现状

（3）滨水空间

水质普遍较差，水中浮萍水藻纵横，水质极不适合水生动物生存；植物种类单一，群落层次简单，缺乏季相变化（图5-51）。

图 5-51　滨水空间植物风貌现状

（4）田野空间

村落中农田多为玉米地、水稻田，以及其他种植蔬菜的圃地。周边防护林的树木种植密度较低，植物种类单一（图5-52）。

图 5-52　田野空间植物风貌现状

（5）道路空间

村庄周围的干道两侧种植主干通直、抗性强、易成活的乡土树种，如毛白杨、旱柳等。道路交叉路口、标志物处植物景观单调（图 5-53）。

图 5-53　道路空间植物风貌现状

5.2.2.3　植物景观优化配置策略

（1）街巷空间

由于巷道两侧缺少足够的种植空间，建议保留原有的种植模式，即按照村民意愿，在房前屋后种植果树、蔬菜等；增加建筑立面的垂直绿化，种植葫芦、葡萄等藤本植物。

（2）广场空间

在广场周边种植可食用且观赏价值较高的乡土植物群落，增添广场的生活气息，同时在广场角落种植高大乔木，提供交流休闲的林荫空间，郁闭度宜较低，留出通透的视线（图5-54）。

配置模式1。

上层：悬铃木（冬季观干）+龙爪槐（冬季观姿）；

中层：黄杨（常绿）/金叶女贞（常年异色叶）；

下层：千屈菜（春季开花）+野牛草（乡土植物）。

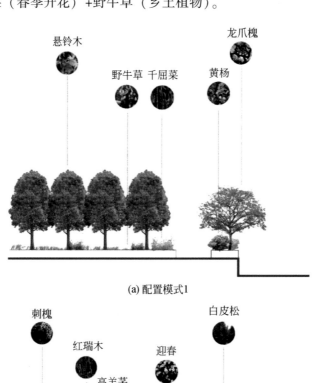

(a) 配置模式1

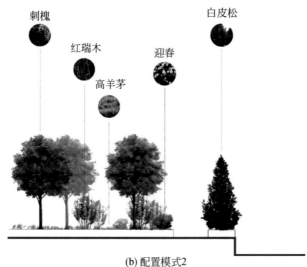

(b) 配置模式2

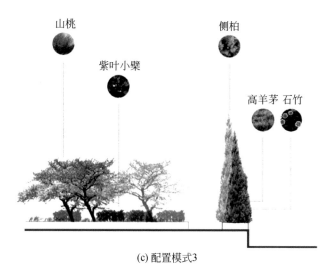

(c) 配置模式3

图 5-54　街巷及广场空间植物配置模式

配置模式 2。

上层：刺槐（冬季观姿）+白皮松（常绿、冬季观姿）；

中层：红瑞木（冬季观干）+迎春（春季观花）；

下层：高羊茅等（乡土植物）。

配置模式 3。

上层：侧柏（常绿）+山桃（春季观花）；

中层：紫叶小檗（常年异色叶）；

下层：高羊茅+石竹（春季观花）。

（3）滨水空间

疏浚河道淤泥，增加水生植物种类和植物群落层次（图 5-55）。

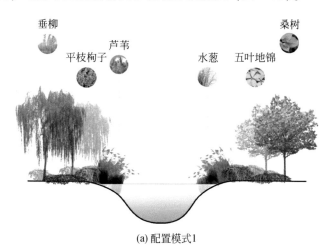

(a) 配置模式1

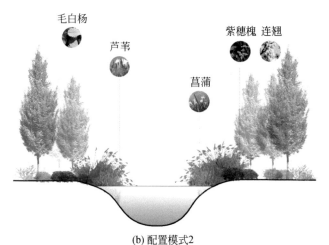

(b) 配置模式2

图 5-55　滨水空间植物配置模式

配置模式1。

上层：垂柳（冬季观姿）+桑树（秋季观叶）；

中层：芦苇（常年可观）；

下层：平枝栒子（常绿）+水葱+五叶地锦（秋季观叶）。

配置模式2。

上层：毛白杨（冬季观干）；

中层：紫穗槐（夏秋观花）+连翘（春季观花）+芦苇（常年可观）；

下层：菖蒲（夏花秋果）。

（4）田野空间

农田周边种植防护林，增强农田生态系统的抗干扰能力。其植物种类及群落的选择与村落防护林相似：乔木层主要以抗性较强且分生能力较强的乡土树种为主，辅助其他乡土灌木草本等，形成优势群落（图 5-56）。

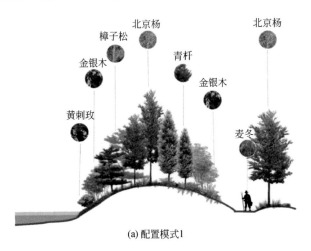

(a) 配置模式1

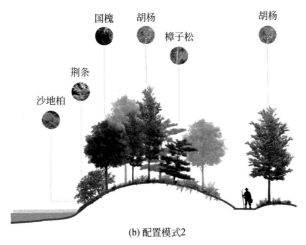

(b) 配置模式2

图 5-56 田野空间植物配置模式

配置模式 1。

上层：北京杨（乡土植物）+青杆（常绿）+樟子松（常绿）；

中层：金银木（秋季观果）+黄刺玫（春季观花）；

下层：麦冬（常绿、夏秋观花观果）。

配置模式 2。

上层：胡杨+国槐（全年观姿）；

中层：荆条（乡土植物、保持水土）+樟子松（常绿）；

下层：沙地柏（常绿）。

（5）道路空间

道路两侧种植长势良好、抗性较强的植物种类，形成稳定的植被群落，隔离道路污染且塑造出良好的道路景观。在道路两侧种植乡土行道树，如旱柳、北京杨、毛白杨、国槐等；在交叉路口、标志牌等特殊位置对乔灌草进行合理配置（图 5-57）。

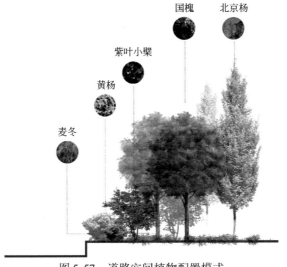

图 5-57 道路空间植物配置模式

配置模式。

上层：国槐（全年观姿）+北京杨（乡土植物）

中层：紫叶小檗（常年异色叶）+黄杨（常绿）

下层：麦冬（常绿、夏秋观花观果）

5.3 妫水河流域农村面源污染综合控制与精准配置技术

5.3.1 山水林田湖草空间格局分析

5.3.1.1 妫水河流域山水林田湖草空间格局划分

在完成妫水河流域 2008 年、2013 年和 2017 年 3 期遥感影像解译的基础上，采用绝对高程和坡度作为划分山地的关键性指标，并结合李炳元等对中国陆地基础地貌类型的划分标准，将妫水河流域地貌类型划分为低山丘陵、山前台地及山区（表 5-19、图 5-58）。

表 5-19　妫水河流域地貌类型划分

类型	划分指标
低山丘陵	绝对高程在 200～500m
山前台地	绝对高程在 500～2500m 且坡度小于 25°
山区	绝对高程在 500～2500m 且坡度大于或等于 25°

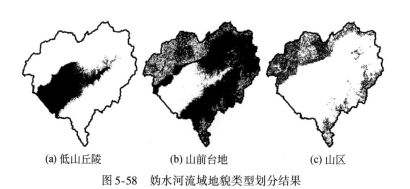

(a) 低山丘陵　　　(b) 山前台地　　　(c) 山区

图 5-58　妫水河流域地貌类型划分结果

5.3.1.2 妫水河流域山水林田湖草空间格局分析

在完成妫水河流域山水林田湖草空间格局划分的基础上，采用空间动态模型分析 2008 年、2013 年和 2017 年 3 期妫水河流域山水林田湖草空间格局特征；同时，选取全局 Moran I 和空间关联局域指标进一步解析山水林田湖草的空间自相关特征；最后，结合植被覆盖度探索不同空间格局的生态变化过程，以期为改善妫水河的生态格局和生态环境质量提供重要的参考信息。

（1）山水林田湖草空间格局时空演变特征

基于对山地区域划分的结果，采用空间动态模型分析 2008 年、2013 年和 2017 年 3 期妫水河流域山水林田湖草空间格局特征（图 5-59）。2008～2017 年低山丘陵区内分布着大面积的山田，但其面积存在明显的持续缩减趋势，面积减少约 26.6km²，一方面原因可能是城镇建设占用耕地；另一方面原因可能是向山林的转换。山林和山草面积变化趋势较为相似，2008～2013 年为面积急速增长期，2013～2017 年为面积平缓增长期，其面积分别增加 16.4km²、20.3km²。同时，山裸地的面积也有所增加，这可能是冬季奥运会、世界园艺博览会诸多工程的修建，短时间内在一定程度上破坏了生态环境。山水面积呈现缩减态势。

2008～2017 年山前台地区山田和山林的面积基数相对较大。山田主要分布在流域东北部以及南侧山地前缘，研究时段内山田面积减少 10.2km²，呈持续减少态势。由于地势原因，山前台地中的山林则多是与山区山林相间分布于流域南北两侧，2008～2017 年山林面积增加 24.8km²。山草格局面积变化趋势与山田一致，减少 9.72km²，山水面积经历了先减少后增加的过程，整体减少 0.4km²。而山裸地的面积则持续增加，这在一定程度上反映出山前台地区域生态环境发生退化。

山区内成片分布着大量山林，但其面积在研究时段内减少 3.2km²，原因可能在于近年来人类在山区的活动日益频繁，对山林植被造成了破坏，使其发生退化。2008～2017 年山区内的山草沿着北部山区底缘向南移动，2013 年以后山区山草主要出现在西庄科、张山营一带。除此以外，2013 年后流域西北部出现了明显的山裸地。山田和山水年际变化并不显著，可能因为其面积基数较小，使得格局面积年际变化程度也较小。

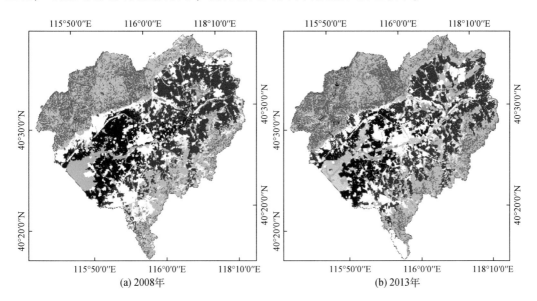

(a) 2008年　　　　　　　　　(b) 2013年

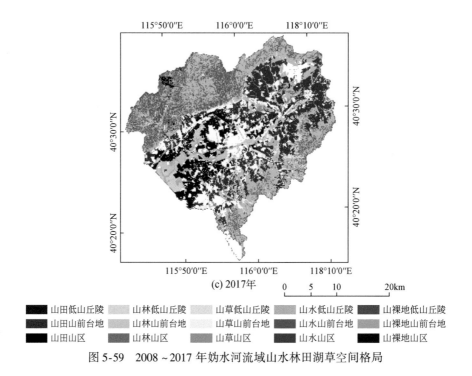

(c) 2017年

山田低山丘陵　　山林低山丘陵　　山草低山丘陵　　山水低山丘陵　　山裸地低山丘陵
山田山前台地　　山林山前台地　　山草山前台地　　山水山前台地　　山裸地山前台地
山田山区　　　　山林山区　　　　山草山区　　　　山水山区　　　　山裸地山区

图 5-59　2008～2017 年妫水河流域山水林田湖草空间格局

（2）山水林田湖草空间自相关特征

基于标准化后的山水林田湖草面积比例数据，利用全局 Moran I 分析妫水河流域低山丘陵、山前台地和山区内山水林田湖草空间自相关的演变特征（表 5-20）。对于整体而言，除 2008 年低山丘陵中的山草和山裸地全局空间自相关未通过显著性检验以外，山田、山林和山水格局均通过 $P<0.01$ 的显著性水平检验，且 Moran I 均为正值，表明不同格局的空间分布不是随机的，均在空间上表现出显著的集聚性特征，呈现出空间正自相关性。在低山丘陵区域，山田的空间集聚程度呈持续下降趋势，2008～2017 年 Moran I 减少 0.07，而山林的空间集聚程度却不断上升，研究时段内 Moran I 增加了 0.27。2008～2017 年山水格局的空间集聚程度经历了先急速下降后趋于平稳的过程，2013 年后稳定在 0.22 左右。在山前台地区域，尽管 2008～2013 年山田空间集聚性不断下降，但 2013 年后其 Moran I 稳定在 0.59 左右，依旧表现出较强的空间集聚特征。而山林、山草的空间集聚性不断上升，2017 年分别达到 0.66、0.37。此外，山水和山裸地的空间集聚性均表现出先减小后增大的特征。在地势较高的山区，成片分布着大面积的山林，因此山林表现出较强的空间集聚性，但 2008～2017 年这种集聚程度却不断下降，原因可能在于近年来人类活动对山区整体生态环境扰动加剧，使得山林受到破坏，完整性不断降低。2008～2017 年山草的空间集聚性经历了先增大后减小的过程，但整体波动幅度较小。而由于近年来山区的施工建设，山裸地空间集聚程度有较大程度的升高。除此以外，山区的山田和山水格局面积基数较小，空间集聚程度维持在相对较低的水平。

表5-20 山水林田湖草全局空间自相关显著性检验

格局		2008 年			2013 年			2017 年		
		Moran I	Z	P	Moran I	Z	P	Moran I	Z	P
低山丘陵	山田	0.51	11.48	<0.01	0.44	9.97	<0.01	0.44	9.98	<0.01
	山林	0.14	3.30	<0.01	0.39	8.92	<0.01	0.41	9.45	<0.01
	山草	0.01	−0.05	>0.05	0.42	9.88	<0.01	0.42	9.76	<0.01
	山水	0.67	15.26	<0.01	0.22	5.28	<0.01	0.23	5.46	<0.01
	山裸地	0.00	0.25	>0.05	0.07	2.36	<0.01	0.21	5.64	<0.01
山前台地	山田	0.69	26.98	<0.01	0.59	22.80	<0.01	0.60	23.37	<0.01
	山林	0.60	23.61	<0.01	0.66	25.76	<0.01	0.66	25.69	<0.01
	山草	0.32	12.60	<0.01	0.37	14.88	<0.01	0.37	14.96	<0.01
	山水	0.10	4.17	<0.01	0.05	2.90	<0.01	0.10	5.01	<0.01
	山裸地	0.30	13.54	<0.01	0.13	5.60	<0.01	0.20	8.66	<0.01
山 区	山田	0.14	4.55	<0.01	0.15	7.80	<0.01	0.16	8.61	<0.01
	山林	0.73	21.68	<0.01	0.68	19.66	<0.01	0.64	19.03	<0.01
	山草	0.36	11.30	<0.01	0.43	12.95	<0.01	0.41	12.60	<0.01
	山水	0.20	8.54	<0.01	0.09	9.83	<0.01	0.09	9.80	<0.01
	山裸地	0.09	3.68	<0.01	0.34	10.53	<0.01	0.47	17.01	<0.01

注：Z 为标准差的倍数；P 为概率；Z 与 P 相关联，$Z<-1.96$ 或 $Z>1.96$ 时 $P<0.05$，即置信区间大于95%

　　为了进一步揭示山水林田湖草空间格局面积比例的高值和低值空间集聚状态，了解局部的空间差异性，基于面积比例数据和空间权重分别获取低山丘陵、山前台地及山区的空间关联局部指标（LISA）空间分布图（图5-60~图5-62）。LISA 值为观测值和滞后值的乘积，当观测值为正，空间滞后值也为正时，结果为 HH（高值聚集）；当观测值为负，空间滞后值也为负时，结果为 LL（低值聚集）；当观测值为负，空间滞后值为正时，结果为 LH（高值包含低值异常）；当观测值为正，空间滞后值为负时，结果为 HL（低值包含高值异常）。

　　低山丘陵区内山田的面积相对较广，呈现显著的 HH、LL 集聚趋势，分别主要分布在流域中西部和东北部，2008~2017 年山田 HH 集聚区数量减少15.6%，而 LL 集聚区却增加了19.2%。2008 年山林主要呈现 LL 集聚趋势，分布在官厅水库周围及流域东北部，中部有零星的 HH 集聚区和 LH 异常区分布。2013 年以后 HH 和 LL 集聚区呈块状显著增加，可能是近年来田间造林所致。与山林相似，2008 年山草空间格局分布区域随机化，2013 年后官厅水库周围出现了 HH 集聚区域，东桑园、马坊以及榆林堡南部的山草呈现较显著的 LL 集聚趋势。2008~2017 年山水格局 HH、LL 集聚区呈分散趋势，这可能是由于近年来气候干旱、用水量增多，部分河道断流。除此以外，流域内山裸地 HL、LH 异常区域较为显著。

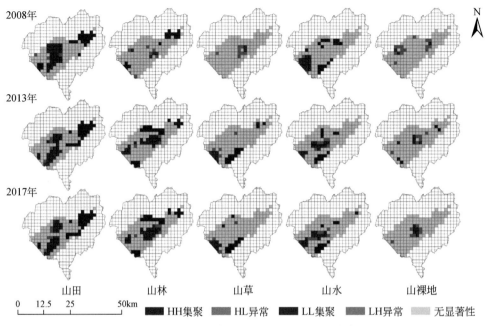

图 5-60　低山丘陵区山水林田湖草空间关联局部指标分布图（$P<0.05$）

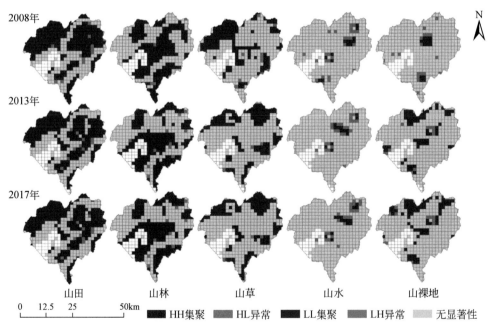

图 5-61　山前台地山水林田湖草空间关联局部指标分布图（$P<0.05$）

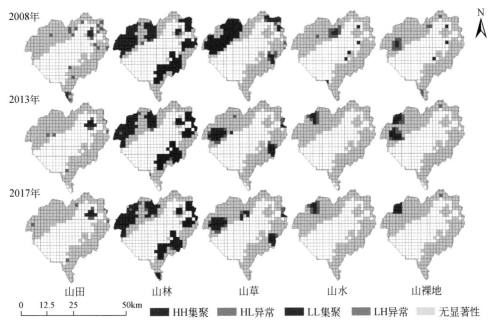

图 5-62　山区山水林田湖草空间关联局部指标分布图（P<0.05）

山前台地区域内的山田呈现显著的 HH、LL 集聚趋势，HH 集聚区主要分布在流域南部和东北部的山前平坦区，地势较为低洼，水源相对充足，山田面积比例较大且连片分布，而 LL 集聚区则主要出现在流域的北部。2008～2013 年 LL 集聚区面积呈收缩态势，面积减少 10.8%，2013 后 LL 集聚区面积基本维持不变；而 2008～2017 年尽管流域 HH 集聚区位置发生一定变化，但整体数量基本保持稳定。山林与山田类似，呈 HH、LL 集聚趋势，但其 HH 集聚区主要分布在流域南北两侧，而 LL 集聚区则几乎由西南向东北贯穿整个流域。2008～2017 年山林的 HH 集聚区面积增加 8.2%，LL 集聚区面积却减少 4.5%。山草主要呈现 LL 集聚趋势，2008～2017 年其 LL 集聚区位置不断向流域北侧边缘蔓延覆盖，表明 2008 年以后流域北侧山地出现了较多数量的低密度山草地。山水的 HH 集聚区与 LH 集聚区相间分布，说明山水格局的稳定性较低。2008 年以后流域北侧山裸地面积增加，LL 集聚区呈条带状分布于流域北侧。

在山区，山林呈现显著的 HH、LL 集聚分布，流域北部的山区山林面积较大且呈块状分布，而 LL 集聚区则主要分布在流域东南侧山区，2008～2017 年 HH、LL 集聚区面积均减少约 11.8%。2008 年山草主要在流域西北部呈现 LL 集聚趋势，但 2013 年以后山草逐渐转为 HH 集聚，但 HH 集聚区面积相较于 2008 年的 LL 集聚区面积有明显缩小，集中在西庄科、水峪及西五里营。2008 年山裸地主要呈现 LH 异常分布，而 2013 年以后出现块状的 HH 集聚区，这可能是因为近年来随着 2019 年世界园艺博览会和 2022 年北京冬季奥运会场馆及配套基础设施建设项目的施工，人们不得不从山区开凿管道，导致山区地表植被破坏。除此以外，山田、山水的 HH、LL 集聚区面积均相对较小，这可能是由于在山区这三种格局的面积基数较小。

（3）山水林田湖草生态变化过程分析

结合植被覆盖度，本书定量分析了不同山水林田湖草空间格局的生态环境质量变化特征（图5-63）。在低山丘陵区，山林、山草整体的植被覆盖度较高，但2008～2017年均有不同程度的下降，可见山林、山草空间格局的生态稳定性较差，生态退化较为严重，极易受人类活动和经济发展的影响。其中，山林2008年植被覆盖度最高，但随着时间的变化，植被覆盖度呈现明显的下降趋势；而山草随时间呈先增加后减少的趋势，2008年和2017年植被覆盖度差异较小。妫水河流域水面深度较浅，大量生长的植物将部分水体掩盖，因此山水中也存在一定的植被覆盖度，但2008～2017年山水的植被覆盖度降幅明显，2017年山水的植被覆盖度仅为0.23，其生态问题较为严峻。2008～2017年山田的植被覆盖度呈现稳步上升的趋势，2017年植被覆盖度达0.40。

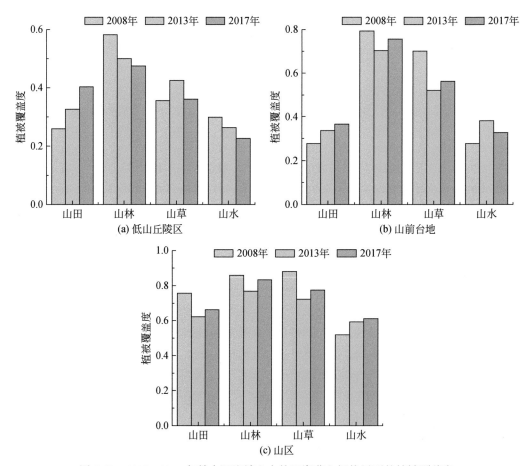

图5-63　2008～2017年妫水河流域山水林田湖草空间格局下的植被覆盖度

就山前台地而言，山林、山草的生态退化与改善趋势大致相同，植被覆盖度呈现先降低后升高的趋势，2008～2013年，山林、山草植被覆盖度减少了11.63%、25.39%，这是由于林地、草地面积的减少直接导致了其植被覆盖度的降低；随着时间的推移，其生态质量分别有所改善，但由于此类景观类型处于人类活动干扰强烈的耕地和城镇建设用地之间，生态恢复程度较慢。山田空间格局下植被覆盖度呈现持续上升趋势，2008～2017 年植被覆盖度增加了 32.15%。山水的植被覆盖度呈现先增高后降低的趋势，表明自 2013 年起山水空间格局的生态发生退化，严重影响了流域周边生产、生活活动。

相较山前台地和低山丘陵区域，山区的平均植被覆盖度较高且不同年份间不同组合类型的植被覆盖度差异较小，可见山区的生态环境较为稳定，且退化程度较弱。其中，山区格局中山林、山草植被覆盖度差异较相似，2008 年的植被覆盖度较高，分别达到了 0.86、0.88，但随着时间的流逝，山林、山草格局的生态均有不同程度的退化。山田植被覆盖度在 2008～2013 年急速下降然后趋于平缓，且有一定的恢复。

5.3.2 延庆绿地景观格局研究

5.3.2.1 基于形态学空间格局分析（MSPA）的生态源地识别分析

研究区域内核心区作为生态源地主要包括野鸭湖湿地公园、松山森林公园、玉渡山风景区、龙庆峡风景区、延庆世界地质公园、九眼楼自然风景区、莲花山森林公园、八达岭古长城自然风景区等生态斑块，总面积为 53 951.8hm^2，占生态景观总面积的 44.0%。总体上看，核心区主要围绕延庆区的自然山水格局，中间城镇开发面积大、生态斑块面积小且分布零散，连通性差。基于 MSPA 方法得到的景观格局分析结果见图 5-64。

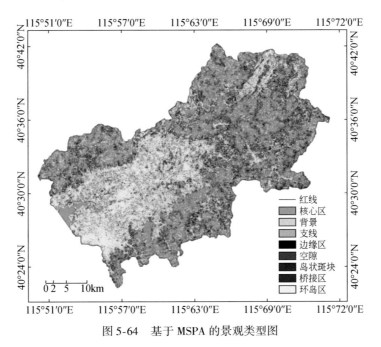

图 5-64 基于 MSPA 的景观类型图

5.3.2.2　生态网络构建分析

基于最小耗费距离模型得出各生态源地间可能链接的路径 450 条，其中最长路径长度为 68 907.5m。本书根据选取生态廊道不同距离阈值区间，通过网络分析法对生态连接度和成本比进行计算评价。结合成本比的变化情况，研究认为 20 000m 是延庆区生态网络生态连接度的最优绩效距离（图5-65）。在 20 000m 距离阈值时，廊道数为 409 条，占廊道总数的 90.9%，此时的 α 指数值为 0.73，β 指数值为 2.43，γ 指数值为 0.82，成本比为 0.98。

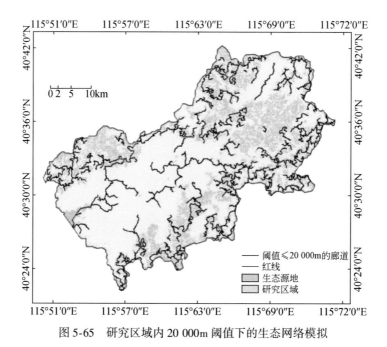

图5-65　研究区域内 20 000m 阈值下的生态网络模拟

5.3.2.3　潜在廊道分析

20 000m 距离阈值下的生态网络是最适合延庆区的，在此基础上，选取 100m 作为廊道宽度，此时的潜在廊道总面积为 21 507.9hm²，占整个研究区域的 10.8%。廊道的景观构成中，林地占潜在廊道总面积的比例最大，为 81.1%，主要是因为延庆区三面环山，林地在延庆区范围内是总面积最大的景观。水域占潜在廊道总面积的比例为 2.2%，尽管水域会对动物迁徙造成阻力，但是水域周边生态资源丰富，因此潜在生态廊道穿过一些小型水体是不可避免的，可以采取在水域周边人工造林，为动物的迁移过程提供更好的暂栖地，降低水体对动物迁徙的阻力。生态廊道中耕地占潜在廊道总面积的比例为 11.6%，是除林地以外最多的土地覆被类型，而草地占潜在廊道总面积的比例仅 2.3%，可以考虑通过退耕还林、还草的手段保护动物迁徙。建设用地在物种迁徙的过程中有着较大的阻力，占潜在廊道总面积的比例为 2.1%，其他用地占潜在廊道总面积的比例为 0.7%（表5-21）。

表 5-21 潜在廊道的景观组成

土地覆被类型	潜在廊道总面积/hm²	占廊道中的面积/hm²	占潜在廊道总面积的比例/%
水域	3 293.7	476.4	2.2
林地	122 468.0	17 452.9	81.1
草地	10 613.2	488.3	2.3
耕地	39 598.2	2 485.8	11.6
建设用地	16 967.5	448.4	2.1
其他用地	6 176.4	156.1	0.7

5.3.2.4 延庆区生态网络优化建议

（1）保护重要核心斑块和廊道

生态网络主要由核心斑块、其他斑块和生态廊道构成。其中，核心斑块作为最重要的物种源地和栖息地，是构建生态网络的重要功能节点，对物种迁徙和扩散有着非常重要的作用。半块豆腐山、鸭山、五座山、燕羽山等浅山系统生态本底良好，林地面积大，具有很高的重要性，应该给予重点保护；野鸭湖和白河堡水库是面积较大的水域，相对来说湿地面积也比较大，应该重点保护。其他斑块一般是分布在这些大型斑块周边的小型湿地、林地斑块，它们也有着重要的连接作用，应该加强它们与核心斑块之间的联系，以达到扩大斑块面积、提高景观连通度的目的。此外，应加强现存以及潜在生态廊道的保护和建设，增强区域生态景观的完整性和连通性。

（2）识别规划"踏脚石"斑块

"踏脚石"的建设对迁徙距离比较远的生物来说尤为重要，增加"踏脚石"的数量以及减少"踏脚石"之间的距离能够有效提高物种在迁徙过程中的存活率。廊道重合点是影响生态网络连通度的关键点，是生态网络优化的首选对象。同时，桥接区是连接核心区的重要区域，对生物的迁徙和经管的连通度具有重要的意义。因此，本书根据潜在生态廊道的交汇点以及两个核心区之间廊道通过的桥接区结合研究区域的实际情况，确定了 17 个"踏脚石"，其中 4 个位于永宁镇北部，延庆镇和大榆树镇各有 3 个，旧县镇、香营乡的南部各有 2 个，余下 3 个分别位于康庄镇东部、张山营镇南部和井庄镇北部（图 5-66）。

（3）修复生态断裂点

基于 QGIS 和 Global Mapper 得到的城市交通网络，可以得出潜在生态网络与城市交通网络的交叉点，这些交叉点证明生态网络被城市道路切割，形成了生态断裂点（图 5-67），延庆区内城市交通网络造成的生态断点共计 52 处，分别分布在国道 G101、G7、G6，省道 S323、S221、S3801 等与生态廊道的交叉点上。城市交通在生物迁徙的过程中会造成巨大的阻碍，生物难以跨越交通线特别是高等交通线，因为车辆撞击死亡的数量和概率非常高。因此，必须重视生态断裂点的修复，建设城市交通网络时应该把提供野生动物通道考虑进去，如设置野生动物涵洞、建设地下通道、隧道和天桥等。

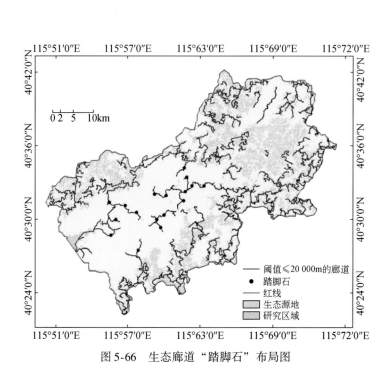

图 5-66　生态廊道"踏脚石"布局图

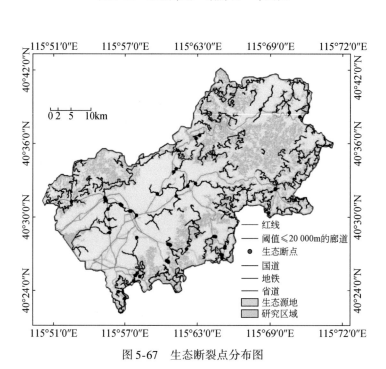

图 5-67　生态断裂点分布图

5.3.3 山水林田湖草空间格局配置优化

5.3.3.1 多目标土地配置优化模型

（1）妫水河流域土地配置优化指标体系的构建

从妫水河流域经济、资源、社会、环境、生态多个角度来选取不同的指标构建指标体系，建立妫水河流域的目标函数和约束条件（表5-22）。

表5-22 妫水河流域指标体系

目标层	准则层	措施层	指标来源	指标性质
综合效益	经济效益子系统	经济产值	第三产业 GDP 与地区 GDP 比值	正向
	资源效益子系统	能源消耗量	能源消耗量	负向
	社会效益子系统	社会保障	常住人口与总人口的比值	适度
	环境效益子系统	旅游收入	旅游获得的效益	正向
	生态效益子系统	绿当量	森林面积与土地总面积的比值	正向

（2）目标函数的建立

1）经济效益目标。据已有文献可知，妫水河流域的土地可产出带有经济价值的自然资源。妫水河流域的经济目标是让流域几种土地面积上的经济产出达到最高水准。经济效益目标函数模型为

$$\max F_1(x) = \sum_{i=1}^{5} a_i x_i \tag{5-4}$$

式中，a_i 为第 i 类土地配置类型产品的经济产出系数（经济产出系数＝第 i 类生产产值/生产该产品地类面积）；x_i 为第 i 类用地面积。

2）资源效益目标。据已有文献可知，妫水河流域土地配置的资源效益越少越好。妫水河流域的土地的资源消耗是负值，为了和其他求最大值的效益统一便于计算，将资源效益目标函数等式右边取负号，用式（5-5）来表示：

$$\max F_2(x) = -\sum_{i=1}^{5} b x_i \tag{5-5}$$

资源效益目标旨在资源效益最大化。b_i 为第 i 类产品的资源效益系数。

3）社会效益目标。根据已有文献可知，妫水河流域土地配置的社会效益主要是社会保障与稳定、林地观光收益和工作收入，可用式（5-6）求出：

$$\max F_3(x) = \sum_{i=1}^{5} c_i x_i \tag{5-6}$$

式中，c_i 为第 i 类产品的社会效益系数（社会效益系数＝第 i 类产品的年产量/第 i 类产品的生产规模）。

4）环境效益目标。据已有文献可知，妫水河流域土地配置的环境效益与流域内的旅

游收益相关，妫水河流域土地的环境效益可以用式（5-7）求出：

$$\max F_4(x) = \sum_{i=1}^{5} d_i x_i \tag{5-7}$$

式中，d_i 为第 i 类产品的面源污染排放系数。

5）生态效益目标。据已有文献可知，妫水河流域的生态效益可以用生态绿当量获得的效益来表示，具体见式（5-8）：

$$\max F_5(x) = \sum_{i=1}^{5} e_i x_i \tag{5-8}$$

式中，e_i 为第 i 类产品的生态效益系数。

（3）约束方程的建立

1）土地面积约束。妫水河流域的各类土地面积之和要大于等于流域现在利用的土地面积（S），如式（5-9）所示：

$$\sum_{i=1}^{n} x_i \geqslant S \tag{5-9}$$

2）土地配置率约束。根据妫水河流域的现状可知，当没有开发利用的土地面积减少时，土地的配置率会随着这个变化上升，二者是相反关系。所以，经过优化的流域土地配置率应高于现有的土地配置率，如式（5-10）所示：

$$\sum_{i=1}^{5} \frac{x_i}{S'} \geqslant \alpha \tag{5-10}$$

式中，S' 为妫水河流域土地规划总面积；α 为现状土地配置率。

3）经济约束。要发展妫水河流域的经济，则流域的水域、建筑用地应大于现状面积，结合《延庆县土地利用总体规划（2006—2020 年)》的建设用地面积，公式见式（5-11）、式（5-12）：

$$6409 \leqslant x_4 \leqslant 6589 \tag{5-11}$$

$$9469 \leqslant x_5 \leqslant 11\ 969 \tag{5-12}$$

4）流域开发强度约束。根据妫水河流域建设用地标准，妫水河流域建设用地的总量应该要满足式（5-13）的约束：

$$\frac{(x_4 + x_5)}{S'} \leqslant \beta \tag{5-13}$$

式中，S' 为妫水河流域土地规划总面积；β 为土地开发强度。

5）粮食需求量约束。保护妫水河流域的耕地即保护妫水河流域的粮食安全。根据优化年妫水河流域的人口数和人均粮食需求量得到粮食需求，如式（5-14）所示：

$$x_1 q \geqslant np \tag{5-14}$$

式中，q 为优化年粮食单位面积年产量；n 为优化年人均粮食需求量；p 为人口总数。

6）林地覆盖率约束。使用妫水河流域生态建设规划中优化年的林地覆盖率，妫水河流域林地面积应满足式（5-15）：

$$x_3 \geqslant S'\delta \tag{5-15}$$

式中，δ 为优化年森林覆盖率。

7）园地面积约束。妫水河流域园地面积占土地总面积的比例较小，为改善流域园地的状态，优化年园地面积应大于现状面积，如式（5-16）所示：

$$x_2 > A_2 \qquad (5\text{-}16)$$

式中，A_2 为园地的现状面积。

8）非零约束。妫水河流域的土地面积均经非零约束处理，如式（5-17）所示：

$$x_i > 0, \quad i = 1,\ 2,\ 3,\ 4,\ 5 \qquad (5\text{-}17)$$

5.3.3.2　多目标土地配置方案优化算法

通过差分变异策略和缩放因子，构建适用于妫水河流域土地结构配置方案优化的多目标遗传算法 NSGA2。

（1）差分变异策略

借鉴差分进化算法中的差分变异来改变 NSGA2 算法中的变异操作。

首先要经过筛选，得到初始种群 P 中的某个父代个体 P_1，再通过 P_1 得到子代 P_2，采用的标准差分算法公式［式（5-18）和式（5-19）］，在迭代过程中加入遗传算法 NSGA2 的过程，如式（5-18）、式（5-19）所示：

$$V_i^t = X_{r1}^t + F\left(X_{r2}^t - X_{r3}^t\right) \qquad (5\text{-}18)$$

$$V_i^{t+1} = X_i^t + F_1\left(X_{\text{best}}^t - X_i^t\right) + F_2\left(X_{r1}^t - X_{r2}^t\right) \qquad (5\text{-}19)$$

式中，F_1、F_2 为缩放因子，用来控制 $\left(X_{\text{best}}^t - X_i^t\right)$ 和 $\left(X_{r1}^t - X_{r2}^t\right)$ 向量之差影响的大小；r_1、r_2、r_3 为随机在［1，NP］中选择的整数，$r_1 \neq r_2 \neq r_3 \neq i$；$V_t^{t+1}$、$X_i^t$ 分别为当今种群中变异后的个体、父代个体；X_{best}^t 为现在最佳的个体；X_{r1}^t 和 X_{r2}^t 为随机选取的父代个体，作用是能够保障种群多样性。

进行差分变异操作时可以引入基于支配关系的差分变异策略，具体如式（5-20）所示：

$$V_i^{t+1} = \begin{cases} V_{1i}^{t+1} & V_{1i}^{t+1} > V_{2i}^{t+1} \\ V_{2i}^{t+1} & \text{其他} \end{cases} \qquad (5\text{-}20)$$

通过式（5-20）可以找到当前种群中的最佳个体 X_{best}^t。

（2）缩放因子的引入

由于利用遗传算法 NSGA2 求解多目标优化问题时效率较低，引入在进化代数的基础上能够线性调整的缩放因子 F_1 和 F_2，可以在搜索前期提高算法的速度，在后期提高算法的局部搜索，F_1 和 F_2 的定义如式（5-21）所示：

$$F_1 = \frac{F_{\max} - \left(F_{\max} - F_{\min}\right)t}{T}$$
$$F_2 = \frac{F_{\max} - \left(F_{\max} - F_{\min}\right)t}{T} \qquad (5\text{-}21)$$

式中，$F_{\max}$、$F_{\min}$ 是在 0～1 取值的最大缩放因子、最小缩放因子；t 为目前进化的代数；T 为最大进化的代数。当种群进化代数增加时，F_1 取值不断减小也会使算法的寻优速度减小，同时 F_2 不断增加会影响算法运行后期的局部寻优。F_1 和 F_2 的不同变化能够同时改善算法寻优的速度和保持种群的多样性。

结合上述内容，基于差分变异的 NSGA2 算法流程如下。

第一步，初始化种群为 P；

第二步，如果生成第一代种群 N 则进入下一步，否则进行快速非支配排序并选取出个体，再对这些个体使用交叉和差分变异就能得到第一代种群 Q；

第三步，此时完成第二代进化，再将父代群体 P 与子代群体 Q 整合为一体生成新的父代群体，否则，还要使用快速非支配排序操作，再选择合适的个体进入下一代；

第四步，按照拥挤度距离对所有的 F_i 进行排序，再将 F_i 中好的个体挑选出来，经过交叉变异操作能够形成新的种群即 P_{t+1}；

第五步，若此时算法的进化代数是最大，则求解结束，否则返回执行第三步。

改进后的 NSGA2 算法流程图见图 5-68。

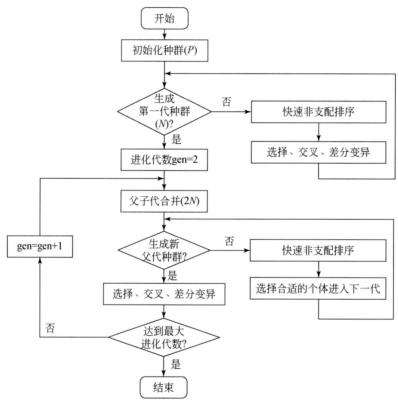

图 5-68　改进后的 NSGA2 算法流程图

5.3.3.3　妫水河流域山水林田湖草空间优化配置

（1）妫水河流域土地配置优化模型求解

在妫水河流域土地配置现状的基础上，设置耕地×1、园地×2、林地×3、水域×4 和建设用地×5 为满足约束条件的决策变量。种群初始化采用实数编码。在条件控制的范围内随机产生初始个体，保证个体的多样化。

最大进化代数能够控制算法运行的代数，范围通常在 40～1000。算法达到设置的代数后会停止运行，本书将最大进化代数设置为 100。本书程序运行的 CPU 内存为 8GB，处理器为 3.40GHz，交叉概率为 1，变异概率为 0.2。

仿真试验得到多组 Pareto 解集也就是妫水河流域土地配置优化方案。每一组最优解代表着妫水河流域的一个土地配置优化方案。NSGA2 算法将按照适应度大小逐代选择个体到最后算法满足条件后终止。此时经过算法求解得出了 100 组流域土地面积解，表 5-23 展示的 10 组解是经过多目标优化后的妫水河流域土地面积值。

表 5-23　实证分析土地面积优化方案表　　　　　　　（单位：hm²）

方案	耕地	园地	林地	水域	建设用地
1	28 317	10 636	123 612	6 409	9 469
2	29 670	10 647	123 911	6 413	9 644
3	36 222	10 687	130 200	6 441	11 657
4	28 326	10 637	123 760	6 410	9 657
5	34 173	10 650	128 670	6 422	10 113
6	36 498	10 696	130 530	6 450	11 625
7	35 784	10 689	129 470	6 438	11 272
8	29 918	10 641	123 770	6 440	9 925
9	33 518	10 687	129 080	6 439	11 444
10	33 897	10 693	129 920	6 439	11 559

经模型优化后的妫水河流域土地配置结构接近《延庆县土地配置总体规划（2005—2020 年）》的预期，其中耕地在保持红线的基础上有所增长，园地、水域基本不变，林地、建设用地有所增长。在此优化方案下，耕地保有量、园地面积和水域面积可以有效满足妫水河流域的社会经济发展要求，林地面积和建设用地的增长可以有效地增加流域内的生态效益和环境经济效益。根据以上优化面积值，可以得到相应的五维效益值（表 5-24）。

表 5-24　五维效益优化值　　　　　　　　　（单位：元）

方案	经济效益	资源效益	社会效益	环境效益	生态效益
1	2 358 500 000	−40 847 000	38 386 297	314 390 000	12 784 000 000
2	2 051 000 000	−38 285 000	40 743 112	294 670 000	12 533 000 000
3	2 358 500 000	−40 847 000	38 539 491	314 390 000	12 784 000 000
4	2 051 000 000	−38 285 000	40 701 367	294 670 000	12 533 000 000
5	2 292 300 000	−40 296 000	40 280 775	310 150 000	12 730 000 000
6	2 274 600 000	−40 148 000	38 435 178	309 010 000	12 715 000 000
7	2 142 300 000	−39 045 000	38 740 698	300 520 000	12 608 000 000

方案	经济效益	资源效益	社会效益	环境效益	生态效益
8	2 151 200 000	-39 120 000	40 216 328	301 100 000	12 615 000 000
9	2 194 500 000	-39 482 000	40 321 639	303 880 000	12 650 000 000
10	2 219 700 000	-39 692 000	38 415 044	305 500 000	12 671 000 000

（2）妫水河流域山水林田湖草空间格局优化

基于妫水河流域土地配置优化模型得到优化后的妫水河流域山水林田湖草空间格局分布（图5-69）。由图5-69可知，张山营小流域的耕地主要分布在低山丘陵区和山前台地内，山区由于坡度较大，并无农田分布，且低山丘陵区的耕地面积最大；张山营小流域的山区没有水域和草地的分布，山区的主要用地类型为林地。此外，建设用地也合适地分布在流域的低山丘陵区。优化后的张山营小流域山水林田湖草空间格局耕地有效满足妫水河流域的社会经济发展要求、生态效益、环境效益、经济效益等。

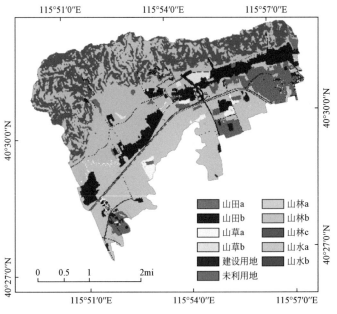

图5-69 张山营小流域山水林田湖草空间格局优化

a 为低山丘陵，b 为山前台地，c 为山区

1mi = 1.609 344km

5.3.3.4 系统设计与实现

（1）系统功能

根据系统关键业务需求，通过自顶向下的方式抽象系统所需具有的各类业务功能。系统功能结构图见图5-70。

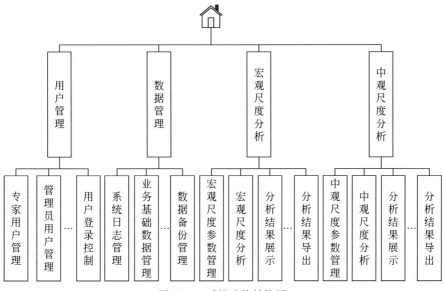

图 5-70　系统功能结构图

1）用户管理功能。管理系统的使用用户，确保各类用户能够按照约定的权限和方式使用系统中的数据及开展相关尺度分析工作。主要包含的子功能如下。

专家用户管理——实现专家信息列表显示、专家创建和删除、专家登录密码管理、专家能够使用的分析尺度管理等功能；

管理员用户管理——实现管理员信息列表显示、管理员创建和删除、管理员登录密码管理等功能；

用户登录控制——根据数据库中已有的专家用户表和管理员用户表，匹配用户提供的用户名和密码，实现对各类用户的登录身份验证功能。

2）数据管理功能。负责对系统中产生的各类业务日志数据、业务基础数据进行管理以及定期为管理员提供数据备份服务。主要包含的子功能如下。

系统日志管理——能够查看系统产生的各类用户登录日志、业务处理日志、系统运行的错误日志，便于系统管理员及时发现系统存在的潜在漏洞并可根据日志分析结果对系统使用人员开展数据审计工作，确保系统的持续稳定运行；

业务基础数据管理——能够查看、修改宏观尺度分析和微观尺度分析的默认参数数据，专家用户可在默认数据的基础上，开展宏观尺度和中观尺度分析的个性化参数配置。能够查看、修改、删除专家在进行宏观和中观尺度分析过程中产生的参数配置数据以及优化计算结果数据；

数据备份管理——能够对系统日志以及业务基础数据进行数据库层面的备份操作，确保数据库在出现故障时能够将数据库及时恢复到故障前的正确状态。

3）宏观尺度分析功能。从系统开发角度，为用户提供输入的5类目标函数的配置参数以及约束条件的配置参数操作界面，实现用户计算妫水河流域5类用地的配置方案的多目标优化方法，展示优化方案的结果。主要包含的子功能如下。

宏观尺度参数管理——在系统提供的默认参数基础上，能够对用户输入的 5 类目标函数配置参数和对应的约束条件配置参数进行综合管理和维护，便于能够根据用户需要及时获取相关配置参数；

宏观尺度分析——根据用户输入的配置参数，通过调用多目标优化算法，在指定的迭代次数约束下，完成 5 种用地类型的配置方案优化过程；

分析结果展示——为方便用户理解配置方案，提供优化后效益最大的 10 种方案的展示方式，分别是文本型展示以及图表类展示，文本类展示采用表格形式，图标类展示采用饼状图形式；

分析结果导出——为便于课题专家对优化后的数据进行深入分析等工作，提供分析结果的导出功能，将分析结果以文本文件的方式导出。

4）中观尺度分析功能。从系统开发角度，为用户提供输入各类措施对污染物消减率的操作界面，实现按照用户既定消减目标对选择措施进行组合的优化算法，展示优化效益最高的 10 项措施组合的结果。主要包含的子功能如下。

中观尺度参数管理——在系统提供的默认参数基础上，能够对用户输入的各类面源污染控制措施的污染物消减率进行综合管理和维护，便于能够根据用户需要及时获取相关配置参数；

中观尺度分析——根据用户输入污染物消减目标，通过组合优化算法，在指定的迭代次数约束下，完成选择方案的组合配置优化过程；

分析结果展示——为方便用户理解配置方案，以表格方式提供优化后效益最大的 10 种方案的展示方式；

分析结果导出——为便于课题专家对优化后的数据进行深入分析等工作，提供分析结果的导出功能，将分析结果以文本文件的方式导出。

（2）系统的总体架构

通过分层方法，从系统运行的基础设施、使用的数据资源、分解的功能模块、提供的子系统以及服务用户等角度构建系统的总体架构（图 5-71）。

基础设施层：提供系统运行所需的计算资源、存储资源和网络资源。综合分析系统所需的各类资源情况，从集约化角度出发，选取阿里云提供的弹性云平台作为系统运行的基础设施。阿里云用例配置为——计算资源-2Core、存储资源-40G、网络资源-1M。在使用过程中，如果上述配置无法满足用户需求，可以在不影响已有业务运行的同时，根据用户所需的资源，动态调整上述配置。

数据资源层：负责维护系统运行所需的关系型数据和非关系型数据。关系型数据根据业务需求主要包括用户数据（用户信息表、登录信息表、权限映射表等），宏观分析数据（宏观任务工单表、目标函数参数表、约束条件参数表、算法参数表、优化方案表）和中观分析数据（中观任务工单表、措施污染物削减表、既定污染物目标表、组合措施表）。非关系型数据主要为系统日志类文本数据。其中，关系型数据库选取开源数据库 MySQL。

功能模块层：将子系统所需的各类功能进行抽象、分解，将类似的功能以面向对象的方法进行规约，形成服务子系统的各类通用功能模块。其中，用户列表、用户登录、用户

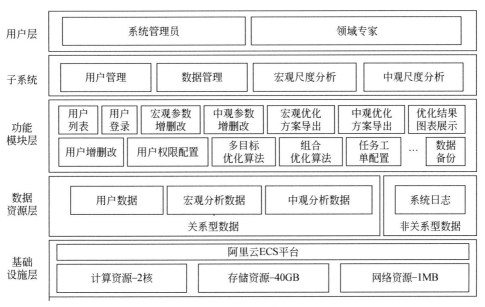

图 5-71　系统的总体架构

增删改和用户权限配置模块服务于用户管理子系统；任务工单配置、宏观参数增删改、多目标优化算法、宏观优化方案导出和优化结果图表展示服务宏观尺度分析子系统；任务工单配置、中观参数增删改、组合优化算法服务中观尺度分析子系统；数据备份、用户列表、用户增删改、中观参数增删改、宏观参数增删改服务数据管理子系统。

子系统层：负责为用户提供系统的核心功能。根据功能需求分析和设计结果，为用户提供用户管理、数据管理、宏观尺度分析和中观尺度分析 4 类子系统。

用户层：表示系统服务的潜在用户。主要包括系统管理员和领域专家。

(3) 系统的拓扑结构

根据运行的支撑环境、系统部署方式、使用用户之间的通信关系，构建系统拓扑结构图（图 5-72）。

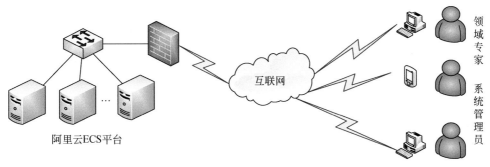

图 5-72　系统拓扑结构图

系统部署在阿里云的 ECS 服务器中，以 B/S 模式为用户提供服务，要求用户的浏览器为 Chrome 类型浏览器。

系统使用者可通过互联网，以 PC 机或者移动终端访问部署在阿里云上的系统，开展系统管理、宏观尺度分析和中观尺度分析等业务。

（4）系统的数据库设计

基于面源污染控制的山水林田湖草格局优化系统数据库涉及的数据库设计的业务实体关系图如图 5-73 所示。

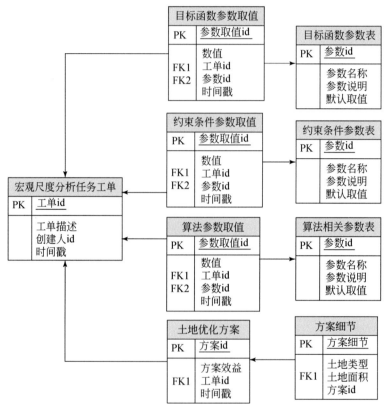

图 5-73　业务实体关系图

（5）系统界面设计与实现

设计并实现与管理员和领域专家交互的用户界面，具体界面见表 5-25。

表 5-25　系统实现的界面

用户类型	子系统	交互界面
管理员	用户管理	管理员用户列表界面 管理员用户新增、修改界面 领域专家用户列表界面 领域专家新增、删除界面 用户登录界面 管理员工作台界面

用户类型	子系统	交互界面
管理员	数据管理	日志查看和下载界面 数据备份和下载界面 默认参数列表界面 目标函数默认参数界面 约束条件默认参数界面 算法相关默认参数界面
领域专家	用户管理	用户登录界面 领域专家工作台界面（方法说明界面）
	宏观尺度分析	目标函数参数配置界面 约束条件参数配置界面 算法基础参数配置界面 土地结构优化方案查看和下载界面
	中观尺度分析	人工措施录入界面 人工选择措施界面 人工配置选择结果界面 措施组合优化方案查看和下载界面

5.4 本章小结

本章根据多期遥感影像数据，提取流域土地利用方式、植被覆盖度等信息，采用PhosFate、SWAT模型分析蔡家河小流域面源污染情况，模拟小流域内土壤侵蚀情况、流域面源污染特征，进行小流域面源污染关键源区识别。结果表明，小流域小河屯村周边与河滨带为土壤侵蚀与面源污染的重点区，为小流域治理方案的制定提供技术支撑。

基于妫水河流域水质水量管理措施的低碳、美观和高效等多个目标，针对农村面源污染控制、坡面与沟道的水源涵养、冬季奥运会与世界园艺博览会周边观光旅游等多个层面的需求，研发多项面源污染控制关键技术及面源污染控制措施景观功能提升技术，总结出各单项技术的关键技术参数与面源污染控制率，并针对流域景观定位，有针对性地提出植物种类的选择和植物配置模式。

在妫水河流域面源污染诊断及面源污染控制关键技术研究的基础上，进行流域山水林田湖草空间格局分析及绿地景观格局研究，提出区域山水林田湖草空间格局配置优化技术，构建目标匹配、格局合理、位置精确、面积准确的流域面源污染控制精准配置技术。

结合妫水河流域的本底条件，选取妫水河支流蔡家河流经的蔡家河小流域作为示范区，进行流域面源污染控制技术示范，打造集面源污染控制、水土保持生态修复、雨洪管理等多功能于一体的"冬奥小镇"；最终实现"源头控制–过程拦截–末端治理–整体景观提升"四位一体的农村面源污染综合控制技术体系集成。

|第6章| 低温地区仿自然功能型湿地构建关键技术

低温地区仿自然功能型湿地构建关键技术以水质改善为目标，以永定河官厅水库上游为研究对象，针对河道受污染来水水质波动大、氮磷污染物超标、功能湿地出水长效稳定达标难等重点、难点问题，通过开展高效脱氮除磷湿地净化技术、湿地长效稳定运行关键技术、仿自然功能型湿地技术优化集成等研究，形成多生境仿自然生物强化脱氮技术、底泥调节缓释除磷技术、低温期稳定运行技术，重点突破氮磷污染物湿地净化、仿自然湿地越冬运行难题等人工湿地水质净化技术瓶颈。基于单项技术突破和集成提成，形成北方低温河流高标准水质保障仿自然湿地构建技术。

6.1 高效脱氮除磷湿地净化技术研究

基于永定河上游来水历年水质监测数据，项目区近年来水水质主要存在氮磷等污染物浓度超出地表水Ⅲ类标准的问题。针对上述问题，结合人工湿地结构特征和技术要点，同时借鉴生物脱氮除磷技术原理，开展人工湿地短程硝化反硝化脱氮、高效稳定除磷等技术研究，提出人工湿地高效脱氮除磷湿地净化技术方案。

6.1.1 短程硝化反硝化技术研究

湿地中的含氮污染物可通过微生物降解、植物吸收、介质沉淀吸附等作用去除。研究表明，在构造湿地系统中，植物吸收对 TN 的去除仅占去除总量的 5%~15%；基质的物理吸附作用虽然在处理初期效果明显，但有一定限度，且基质达到饱和后，吸附的含氮污染物可能会重新返回到水中。因此，微生物的硝化与反硝化代谢作为一种将氮元素以气态形式永久从湿地中去除的长效机制成为湿地脱氮的主要途径。

目前，国内外提高人工湿地脱氮效率的研究重点集中在植物优化配置、基质材料研发、提高 DO 浓度与合理添加反硝化碳源等方向；而随着环境微生物学的深入发展，短程硝化反硝化、厌氧氨氧化及全程自养脱氮作为新发现的脱氮路径，已成为今后主要的研究热点，其运行参数的优化是提高脱氮效率的关键。有文献指出潜流型人工湿地是实现短程硝化反硝化途径的理想系统。

为此，针对人工湿地工艺特征、低能耗要求、低碳氮比来水等特点，开展人工湿地短程硝化反硝化生物脱氮技术研究，旨在基于组合人工湿地结构特征和技术特点，借鉴生物脱氮净水原理，通过对传统工艺进行结构优化，构建缺氧/厌氧-好氧环境，形成仿自然强化生物脱氮净化系统。重点探讨湿地系统运行方式、布水形式、基质层优化配置、水生植物配置、微生物强化净化、多级湿地单元优化组合等条件对其脱氮性能的强化效果。

6.1.1.1 试验系统与方法

（1）试验装置

采用防腐木板制成水箱，模拟构建多级串联潜流湿地系统，试验装置（图 6-1）包括五个单元：曝气池、一级湿地、集水池、二级湿地、生物塘；于曝气池和集水池内预设置回流系统，通过蠕动泵将集水池内部分水回流至曝气池。加工试验装置 1 套，拟基于湿地单元内填充基质材料及其优化配置、湿地系统运行工况等，对不同湿地布置及运行方式净水效果进行研究对比。

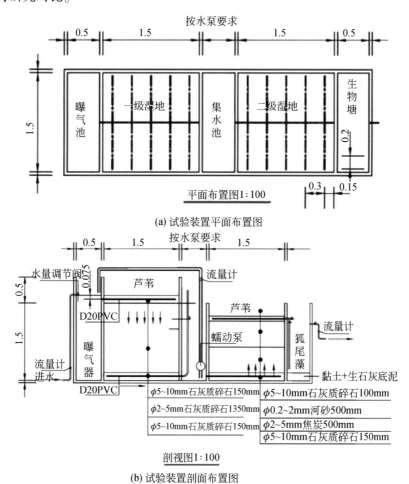

(a) 试验装置平面布置图

(b) 试验装置剖面布置图

图 6-1 试验装置示意图（单位：m）

曝气池尺寸为 0.5m×1.5m×2m，于上部设置进水管、流量计及水量调节阀，底部设曝气器；并在该单元内预设回流管，后续集水池回流液从顶部回流至曝气池；曝气池出水溢流进入一级湿地。

一级湿地尺寸为 1.5m×1.5m×2m，为垂直流湿地单元，于上部设置进水管、布水花管，下部设置集水管；湿地单元内基质层选用 $\phi 5\sim10mm$、$\phi 2\sim5mm$ 和 $\phi 5\sim10mm$ 石灰质碎石分层填充，基质层高 1.5m，上层种植挺水植物芦苇。于装置不同高度处设置取样口，间距 0.3m。

集水池尺寸为 0.5m×1.5m×2m，一级湿地出水通过集水管收集后进入集水池内，从上部进水，并设置水量调节装置；集水池内配套设置蠕动泵、回流管等，可实现部分出水回流至曝气单元，并可控制回流水量；集水池出水自流入二级湿地。

二级湿地尺寸为 1.5m×1.5m×1.5m，顶部种植挺水植物芦苇，基质采用多级组合配置，由下至上依次为 $\phi 5\sim10mm$ 石灰质碎石、$\phi 0.2\sim2mm$ 河砂、$\phi 2\sim5mm$ 焦炭和 $\phi 5\sim10mm$ 石灰质碎石，基质层总高度 1.25m；单元底部设布水穿孔管作为单元进水，顶端通过穿孔花管收集后，自流进入生物塘。于装置不同高度处设置取样口，间距 0.3m。

生物塘尺寸为 0.5m×1.5m×1.5m，单元内种植狐尾藻等沉水植物，并设进水和出水管及阀门等配套装置。

试验装置现场照片见图 6-2。

图 6-2　试验装置现场照片

（2）试验用水

本试验用水取自试验现场附近河道内地表河水，旨在对其进行深度净化，通过试验进行湿地结构设计和运行参数优化，强化对氮磷等污染物的去除效果。试验期间用水水质见表 6-1。

表 6-1　河水水质现状　　　　　　　　　　　　　　　　　（单位：mg/L）

断面	pH	DO	COD_{Cr}	NH_4^+-H	TN	NO_3^--N	NO_2^--N
地表河水	7.0		20.25	1.68	8.58	4.72	0.85
地表水Ⅲ类	6.0~9.0	5.0	20.00	1.00			

（3）运行方式

试验系统设计日处理水量450L，表面水力负荷为0.1m³/（m²·d）。采用间歇方式运行，每天分3次进水，单次进水量150L，进水持续时间30min；一级湿地出水通过水位调节装置控制，实现持续出水周期2.5~3h，落干周期4~5h。回流系统与进水设施同步启动，回流比1:3控制。通过间歇进水、同步回流运行方式，进行水位/水量调节，实现一级湿地上层水位变幅30~50cm，二级湿地水位变幅10~20cm；基质层处于干/湿交替的持续变化过程。

为进行溶氧调控条件下系统生物脱氮性能对比分析，试验分三个周期开展。第一试验周期采用气水比10:1间歇曝气，曝气系统与进水同步启动，持续时间3h；第二试验周期不进行预曝气；第三试验周期进入低温期后，为保障运行效率，重新恢复前段间歇曝气的运行方式。

6.1.1.2 效果分析

（1）有机物净化效果

试验期间，系统对COD_{Cr}的去除特征见图6-3。

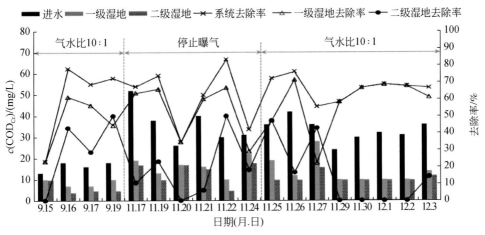

图6-3 COD_{Cr}去除效果

如图6-3所示，系统进水COD_{Cr}浓度在10~52mg/L波动，平均浓度20.25mg/L；经湿地系统净化后，出水平均浓度降低至10.78mg/L，平均去除率达到63.18%。对比3个试验周期内COD_{Cr}去除效果发现，平均去除率分别达到60.5%、64.3%、63.8%。不同运行工况下，一级湿地去除率明显高于二级湿地，平均值分别为53.77%、19.48%。由此表明，试验系统对COD_{Cr}的去除具有较为稳定的效果；曝气系统是否启动对去除效果影响较小；不同的运行方式下，一级湿地对COD_{Cr}的去除均起到主要作用。

（2）含氮污染物转化规律

系统对TN的净化效果见图6-4。

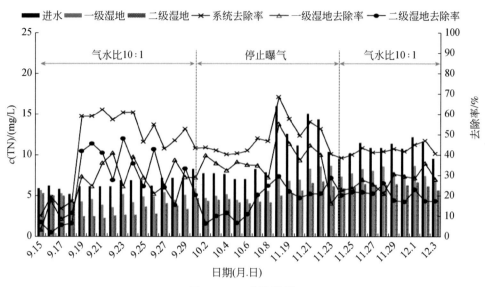

图 6-4 TN 去除效果

在进水 C/N 为 1.2 ~ 3.6 的条件下，系统对 TN 平均去除率为 46.15%，平均浓度由进水 8.91mg/L 降低至 4.7mg/L。3 个试验周期对 TN 的平均去除率分别为 44%、51.9%、42%；一级湿地分别为 25.42%、42.04%、26.40%。预曝气系统关闭的第二试验周期对 TN 去除效果高于其他两周期近 10%，其中一级湿地脱氮效果提高了约 16%。

第一、二试验周期研究过程中，湿地系统 DO 浓度的沿程变化见图 6-5。其中，监测点 1 ~ 4 监测点和监测点 6、监测点 7 分别表征一级湿地和二级湿地内沿水流方向间隔 30cm 的 DO 浓度变化情况。

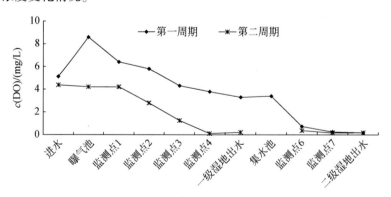

图 6-5 DO 浓度沿程变化趋势

如图 6-5 所示，在进水 DO 浓度差异不大的条件下，经预曝气后 DO 浓度提升至 8.6mg/L，虽湿地床内部表现为逐步降低趋势，但一级湿地出水 DO 浓度仍高达 3.3mg/L。而停止预曝气系统后，一级湿地床内 DO 浓度由进水 4.37mg/L 逐渐降至 0.2mg/L，湿地内 DO 浓度较传统潜流湿地高，原因在于系统间歇进水及回流运行方式下，基质上层处于"干/湿"交替和水位变化条件，强化了自然富氧能力。二级湿地由于水位调节进行溶氧环境的调控，两试验阶段差异相对较小，出水 DO 浓度均为 0.2mg/L 左右。

湿地床体内溶氧环境差异直接影响微生物种群分布和生物脱氮功能及效果。有研究表明，NH_4^+-H、NO_2^--N 和 NO_3^--N 转化过程分别通过亚硝化和硝化两步完成，两种功能型微生物的 DO 饱和常数分别为 0.2~0.4mg/L 和 1.2~1.5mg/L，亚硝化功能菌具有更强的 DO 亲和力，溶氧控制是促进实现短程硝化反应的有效途径。

为说明不同阶段生物脱氮作用及其效果差异，对湿地系统内含氮有机污染物转化规律进行进一步分析，如图 6-6~图 6-8 所示。

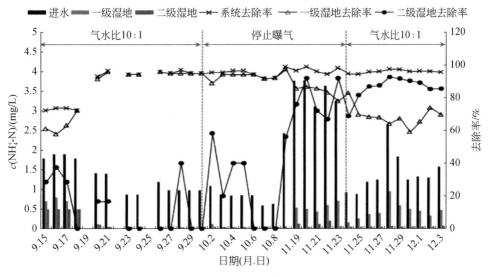

图 6-6　NH_4^+-N 去除效果

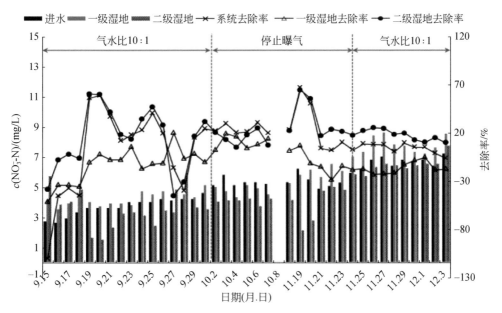

图 6-7　NO_3^--N 去除效果

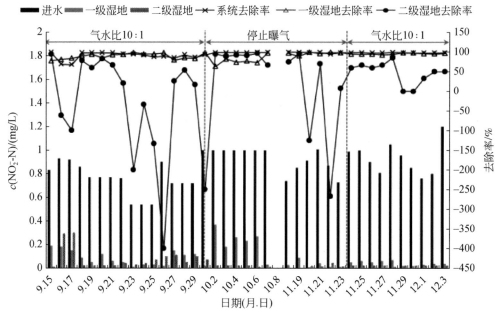

图 6-8　NO_2^--N 去除效果

试验期间，系统对 NH_4^+-N 的去除率达到 93.21%，不同试验周期内去除率均维持在 90% 以上，其中一级湿地为 80.06%、90.66%、69.69%。前两试验周期，一级湿地内 NH_4^+-N 通过较为充分的硝化及短程硝化反应得到有效去除，第三试验周期呈一级湿地去除率相对降低而二级湿地去除率反而升高的趋势，这与 11 月中下旬水温降至 5℃ 以下，微生物对 DO 的消耗降低，采取预曝气措施后，两级湿地单元均保持 5~7mg/L 的溶氧环境有关。

通过 NO_2^--N 和 NO_3^--N 转化规律发现，NO_2^--N 和 NO_3^--N 在 3 个试验周期中的平均去除率分别为 89.97%、98.27%、97.95% 和 0%、31.5%、3.92%；一级湿地的平均去除率分别为 89.04%、86.9%、95.53% 和 −14.10%、8.15%、−16.75%。采用亚硝化率 η（$\eta = c(NO_2^-$-N$) \times 100\% / c(NO_x^-$-N$)$）表征系统对 NO_2^--N 的累积情况（图 6-9）。

试验系统对 NO_2^--N 并未表现出明显的累积趋势，原因在于湿地单元内好氧−缺氧/厌氧的微环境同时为不同功能微生物提供生长环境，实现了对 NO_2^--N 较充分的转化，方式可能包括经硝化反应转化为 NO_3^--N，或经反硝化还原为 N_2。

结合 NO_3^--N 的变化趋势分析，第一、三周期 NO_3^--N 去除率较低，一级湿地内出现了累积情况。由此推断，在预曝气的运行条件下，一级湿地内发生了 NH_4^+-N→NO_2^--N→NO_3^--N 的全程硝化反应，与此同时受好氧环境及碳源有机物限制，反硝化过程不充分，造成 NO_3^--N 累积。二级湿地低 DO 环境促进反硝化反应，该单元内 NO_3^--N 去除率高于一级湿地。

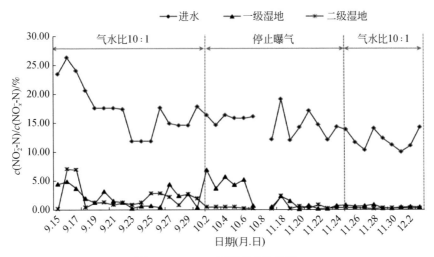

图 6-9 $NO_2^- - N$ 累积率变化趋势

第二试验周期 $NO_3^- - N$ 的累积现象得到有效改善，亚硝化率由 0.5%~2% 升高至 3.1%；在 COD_{Cr} 去除效果差异不大的情况下，TN 去除率增长 8%。根据生物脱氮原理，每氧化 1g $NO_2^- - N$ 需要有机物（以 BOD 计）1.71g，每氧化 1g $NO_3^- - N$ 需要有机物（以 BOD 计）2.86g，而微污染水体 BOD/COD 不足 0.5。由此推断，合理的溶氧环境调控一定程度上限制了 $NO_2^- - N \rightarrow NO_3^- - N$ 的硝化过程，提升了短程硝化效率，同时为反硝化反应提供了更充足底泥和适宜条件，促使含氮污染物去除率均呈现为升高趋势。

有相关研究表明厌氧氨氧化脱氮作用在净化低 C/N 的水体中发挥了显著作用，但厌氧氨氧化反应理论需要 $NO_2^- - N / NH_4^+ - N$ 达到 1.32，当 $COD/NO_2^- - N$ 大于 2 时，厌氧氨氧化菌在竞争中处于劣势。本次试验用水中 $COD/NO_2^- - N$、$NO_2^- - N / NH_4^+ - N$ 分别为 23.5、0.54，不利于厌氧氨氧化反应发生，通过高通量测序技术对微生物菌群分布进行分析时，厌氧氨氧化细菌也未被检出，间接说明合理溶氧调控对微污染水体 TN 去除效果的提升，是对湿地系统短程硝化–反硝化作用的强化。

（3）功能型微生物分布特征

硝化反应的第一步是 $NH_4^+ - N \rightarrow NO_2^- - N$，这一步是限速步骤。该过程通过具亚硝化功能的氨氧化细菌（AOB）和氨氧化古菌（AOA）参与完成。

在第一、二试验周期内，分别采集两级湿地 50cm 深处基质样本，采用高通量基因测序方法分别对氨氧化细菌、氨氧化古菌进行微生物特征分布规律分析，以进一步表征短程硝化反应强化作用，同时对参与反硝化反应的 nirS 型反硝化细菌进行分析。

不同功能型微生物优势种群分布特征（属水平）见图 6-10，其中标识 HS1、HS2 和 HS1X、HS2X 分别表征两试验周期内一级、二级湿地 50cm 深处基质样本。

对比发现，具有氨氧化功能的氨氧化细菌和氨氧化古菌菌群分布特征存在明显变化，两种功能型微生物群落数量有所减少，但优势度显著提升。

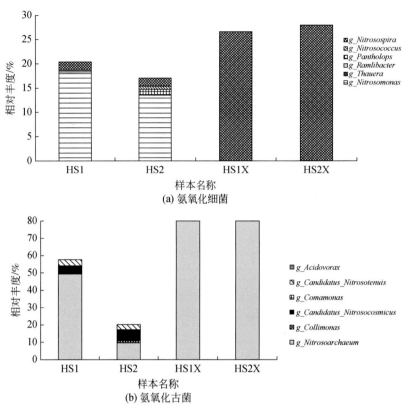

图 6-10　亚硝化功能微生物分布特征

氨氧化细菌由第一试验周期内亚硝化单胞菌（*Nitrosomonas*）、陶厄氏菌（*Thauera*）、*Ramlibacter*、*Pantholops*、亚硝化球菌（*Nitrosococcus*）和亚硝化螺菌（*Nitrosospira*）减少至亚硝化单胞菌、亚硝化球菌和亚硝化螺菌 3 种，两级湿地床内相对丰度分别由 20% 和 17% 提升至 26.57% 和 28.03%，其中后期以亚硝化螺菌最为显著，相对丰度由 1.7% 提升至 26.52%~27.95%。

氨氧化古菌与氨氧化细菌变化趋势较为一致。第一试验周期两级湿地床内检测出 *Nitrosoarchaeum*、*Collimonas*、*Candidatus_Nitrosocosmicus*、丛毛单胞菌（*Comamonas*）、*Candidatus_Nitrosotenuis*、食酸菌（*Acidovorax*）共 6 种微生物，总相对丰度达到 57% 和 20%，但属间差异较大，一级湿地中主要优势种 *Nitrosoarchaeum* 相对丰度 49%，而其在二级湿地中不足 10%。第二周期试验系统中氨氧化古菌种群数降至 3 种，总相对丰度达到 89.6% 和 85.2%，其中以 *Nitrosoarchaeum* 表现为主要优势，在两级湿地内相对丰度均增长至 80% 以上。

由此说明，富氧方式进一步调控，有效改善了湿地床内部微溶氧环境，为具有氨氧化功能的微生物提供更适宜的富集环境。功能型微生物菌群分布一致性和优势度的提升，也表明湿地系统中氨氧化功能得到强化，促进短程硝化净水作用。

试验期间对具有反硝化功能的 *nirS* 型微生物群落特征进行分析（图 6-11）。

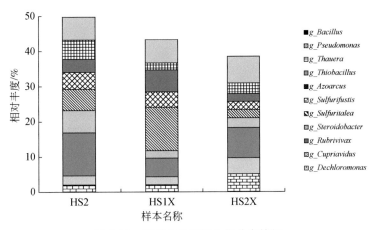

图 6-11　反硝化功能微生物分布特征

第一试验周期中，一级湿地基质样本未扩增成功，与初期内部 DO 浓度偏高，不适宜反硝化细菌的富集有关。二级湿地中相对丰度高于 0.2% 的 11 种微生物包括脱氯单胞菌（*Dechloromonas*）、贪铜菌（*Cupriavidus*）、红长命菌（*Rubrivivax*）、*Steroidobacter*、*Sulfuritalea*、*Sulfurifustis*、固氮弓菌（*Azoarcus*）、硫杆菌（*Thiobacillus*）、陶厄氏菌（*Thauera*）、假单胞菌（*Pseudomonas*）、芽孢杆菌（*Bacillus*），总相对丰度达到 49%。

运行条件改变后，一级湿地床内 *nirS* 型微生物被检出，优势种群与二级湿地检测结果一致，较上一阶段减少了硫杆菌和芽孢杆菌两种，其他微生物总相对丰度在两级湿地内分别为 43% 和 38.4%。由此表明，仅通过水位/水量调控进行对溶氧条件的调节，不仅优化了氨氧化功能型微生物群落分布特征，同时也为反硝化功能细菌富集提供了适宜环境，为提升潜流湿地系统短程硝化–反硝化反应创造有利条件。

6.1.2　高效稳定除磷技术研究

基质是人工湿地的重要组成部分，不仅可以为动植物和微生物提供栖息空间，还可以通过吸附、过滤、离子交换、络合反应等物理化学作用直接去除污染物，特别是基质除磷作用特征及机理的研究已逐渐受到关注。人工湿地对磷的去除作用主要包含三方面：基质填料吸附沉淀、植物吸收和微生物吸收转化，其中基质填料吸附沉淀是人工湿地除磷的主要途径，污水中约 70% 的磷通过上述途径去除，植物吸收的磷仅占 17%。为此，进一步摸清湿地基质对磷的吸附性能、稳定性、温度影响等规律，是确保人工湿地系统稳定除磷的关键；同时，筛选、研发对磷吸附能力强、经济效益好的基质材料用于人工湿地，是强化人工湿地除磷效果的重要措施。

本书综合考虑粒料填料可获得性、造价适宜性，优先选取焦炭、石灰石为主要研究对象，通过静态试验对比分析两种基质对可溶性磷酸盐的吸附能力、稳定性，着重探讨温度、吸附时间等条件对基质吸附效果的影响。此外，针对常规湿地填料吸附容量小，经过一定时间的使用之后容易出现饱和现象，影响出水除磷效果的问题，通过研制新型人工湿地除磷填料，筛选出除磷吸附容量大的填料，为人工湿地水质净化效率的提高及湿地技术的推广应用提供新的技术保障。

6.1.2.1 湿地基质磷吸附性能影响因素研究

通过针对焦炭、石灰石物理特性与静态试验的研究，重点分析两种基质填料对可溶性磷酸盐的吸附性能、稳定性及吸附效果影响因素。试验期间先对两种基质填料的孔径进行分析，说明其物理特性；对比焦炭、石灰石吸附 6h、12h、24h 的吸附饱和周期、吸附效果，以及解析特性；控制磷溶液在浓度梯度为 0.1mg/L、0.6mg/L、1mg/L、1.5mg/L、2mg/L、3mg/L、9mg/L、12mg/L、15mg/L、20mg/L 及 25mg/L，分析两种基质等温吸附特性；此外，分别探讨温度在 5℃、15℃、25℃，吸附时间在 30~180min 时，两种基质填料对磷的吸附效果。

（1）试验材料

本试验选取石灰石、焦炭两种基质填料进行试验，对比分析二者在不同环境条件下对可溶性磷酸盐的吸附性能，其中石灰石选用 ϕ2~5mm 规格，并将所选用焦炭破碎至相应规格（破碎后过 2~5mm 筛）。试验前需对上述两种填料进行预处理，即将其用蒸馏水反复冲洗并浸泡 24h，然后置于 105℃烘箱内烘干 2h 备用。试验用水采用 KH_2PO_4 标准溶液配置的浓度为 3mg/L 的磷溶液。

（2）试验过程

通过静态试验对两种基质填料的吸附性能、影响因素进行对比分析。称取两种基质各 10g，分别置于 250mL 锥形瓶中，并加入 100mL 磷溶液，控制温度在（25±1）℃、（125±5）r/min 条件下，在恒温振荡器中振荡 6h、12h、24h，经 0.45μm 滤膜过滤后分析磷浓度，计算吸附量；称取上述吸附饱和的基质填料 10g 于 250mL 锥形瓶中，加入去离子水 200mL，在恒温空气振荡器中于（25±1）℃、（125±5）r/min 条件下振荡 24h，经 0.45μm 滤膜过滤后分析氮磷浓度，计算解析比。

由标准溶液配置不同浓度梯度的磷溶液，分别取 100mL 置于锥形瓶中，加入基质填料 10g 后，在同样控制条件下，振荡 24h，经 0.45μm 滤膜过滤后分析磷浓度，绘制填料对磷的等温吸附曲线。

分别改变反应条件中温度、吸附时间，控制温度条件为 5℃、15℃、25℃，吸附时间为 30~180min，分析控制条件对不同基质填料吸附效果的影响。

（3）试验结论

1）物理特性对比分析。基于密度泛函理论，采用比表面及孔隙度分析仪（QuadrasorbSI-MP，美国）对石灰石、焦炭两种基质填料孔径分布进行测试分析，如图 6-12 所示。两种基质填料的孔径分布均以介孔（2~50nm）和大孔（大于 50nm 为主），其中以 2~20nm 的介孔分布最为密集；此外，还有少量 1~2nm 的微孔存在。基质材料孔径分布特征见图 6-12。

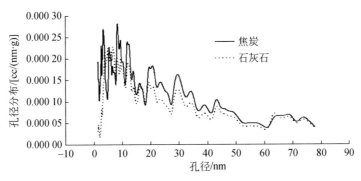

图6-12 基质材料孔径分布曲线

如图6-12所示，焦炭于不同孔径分布的峰值均高于石灰石，这将有利于焦炭对中小分子污染物的吸附。两种基质填料比表面积分析结果同样表明，焦炭比表面积（3.004m²/g）>石灰石比表面积（2.163m²/g），这进一步说明焦炭的物理特性，使其较石灰石具有更好的吸附性能。

2）吸附饱和与解析特性分析。将焦炭、石灰石两种基质填料在相同控制条件下静态吸附6h、12h和24h，然后对比两种基质填料对可溶性磷酸盐的吸附性能（图6-13）。

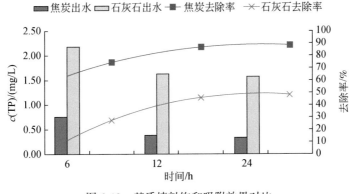

图6-13 基质填料饱和吸附效果对比

在初始浓度均为3mg/L的条件下，不同吸附时间段中焦炭出水TP浓度均低于石灰石出水TP浓度；在吸附时间24h后，焦炭组和石灰石组对可溶性磷酸盐的去除率分别为88.3%和48%。计算焦炭、石灰石两种基质在上述时间段的吸附量G，其中焦炭吸附量分别为22.3mg/kg、26.1mg/kg、26.5mg/kg；石灰石吸附量分别为8.2mg/kg、13.8mg/kg、14.4mg/kg，可见焦炭对可溶性磷酸盐的吸附性能优于石灰石。

两种基质填料在吸附时间12h内均呈明显的上升趋势，吸附时间延长至24h后，吸附率虽有所上升，但效率有所降低，去除率仅升高2%左右。由此可见，在试验条件下，吸附作用在12h内基本趋于平衡，但为保证基质充分达到饱和状态，后续试验中吸附时间将控制为24h。

解析试验采用上述饱和吸附试验完成后的基质，结果见表6-2。基质填料吸附饱和后对污染物的释放有造成二次污染的风险，因此解析特性是人工湿地基质筛选的重要依据之一。对比两种基质的解析特性，焦炭的解析量仅为 0.68 ~ 1.00mg/kg、解析比低于 4%，可见在对可溶性磷酸盐的吸附过程中，焦炭较石灰石有更强的吸附能力且稳定性能好。

表 6-2　基质填料解析比

基质名称	吸附时间/h	解析时间/h	吸附量/(mg/kg)	解析量/(mg/kg)	解析比/%
焦炭	6	24	22.3	0.68	3.05
	12	24	26.1	1.00	3.83
	24	24	26.5	0.92	3.47
石灰石	6	24	8.2	1.58	19.27
	12	24	13.8	2.00	14.49
	24	24	14.4	4.23	29.38

3）等温吸附特性。分别采用 Freundlich 和 Langmuir 方程绘制两种基质填料的等温吸附曲线，以此分析恒温条件下，达到吸附平衡时，基质的吸附量与溶液中平衡浓度之间的关系见图 6-14 和图 6-15，相关参数见表 6-3。

Freundlich 方程：$\lg G = \lg K + 1/n \lg C$，表示固体表面吸附量和液体中吸附质平衡浓度之间的关系。其中，G 为吸附量，mg/kg；C 为吸附平衡时水中 TP 浓度，mg/L；K、n 为常数。

Langmuir 方程：$G = G_0 C/(A+C)$，可以确定固体介质理论饱和吸附量和吸附强度。其中，G_0 为单位表面上达到饱和时固体表面的最大吸附量，即理论饱和吸附量；A 为常数；其他同前。

Freundlich 方程中，参数 K 主要与吸附剂对吸附质的吸附容量有关，$1/n$ 表示吸附力的函数。试验中两种基质填料拟合的等温吸附线中，焦炭和石灰石的直线斜率 $1/n$ 分别为 0.4449 和 0.5131，表示基质对磷的吸附较容易进行，且 $1/n$ 越小，吸附性能越好；两种基质的 K 值分别为 957.41 和 383.71，K 值越大表明基质的吸附容量越大。由此说明，焦炭对可溶性磷酸盐的吸附能力优于石灰石。

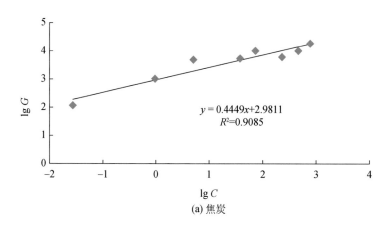

$$y = 0.4449x + 2.9811$$
$$R^2 = 0.9085$$

(a) 焦炭

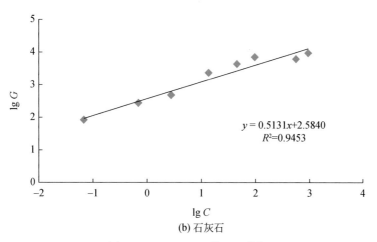

(b) 石灰石

图 6-14 Freundlich 等温吸附线

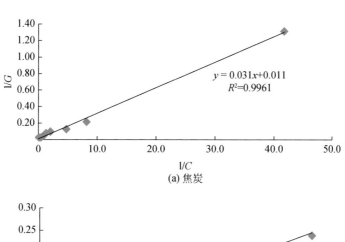

(a) 焦炭

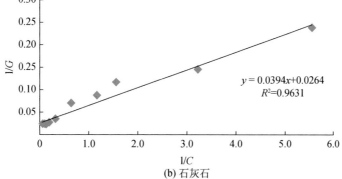

(b) 石灰石

图 6-15 Langmuir 等温吸附线

表 6-3　吸附等温拟合方程及相关参数（25℃）

基质名称	Freundlich 方程			Langmuir 方程		
	K	$1/n$	R^2	A	$G_0/(mg/kg)$	R^2
焦炭	957.41	0.4449	0.9085	2.818	90.91	0.9961
石灰石	383.71	0.5131	0.9453	1.492	37.88	0.9631

由图 6-15 所示的 Langmuir 等温吸附线可推算出基质对磷的理论饱和吸附量 G_0，G_0 越大则表明吸附量越大，试验所用的焦炭和石灰石两种基质填料 G_0 值分别为 90.91mg/kg 和 37.88mg/kg，表明焦炭吸附性能优于石灰石。该结论与 Freundlich 方程拟合结果相符。

4）温度对吸附效果的影响。在初始 TP 浓度 3mg/L、温度 5～25℃、吸附时间 24h 条件下，两种基质填料对可溶性磷酸盐的吸附效果见图 6-16。

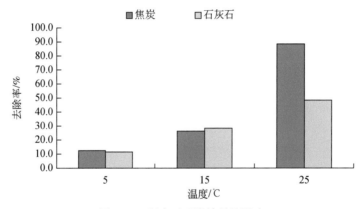

图 6-16　温度对吸附效果的影响

在控制温度为 5℃的低温条件下，焦炭和石灰石对磷的吸附性能为 11%～12%，两者相差不大；随温度升高，两种基质对磷的吸附去除率都表现为较明显的升高趋势，当温度升高至 25℃时，焦炭和石灰石对磷的去除率分别达到 88.3% 和 48%，均为试验温度范围内的最佳吸附效果。

5）时间对吸附效果的影响。在初始 TP 浓度 3mg/L、最适温度条件下，考察吸附时间在 30～180min 时，两种基质填料对磷的吸附效果及吸附去除率变化规律，结果见图 6-17。

焦炭在前 60min 内吸附效果表现为短时间升高，之后略有下降，在 120min 时降至最低，此时去除率为 49.2%，之后去除率又升高至 55.0%～58.7%；石灰石则在 30min 内升高后，逐步下降，90min 时出现去除率拐点。可见试验初期，基质填料表面有较多的吸附位点，可溶性磷酸盐被快速吸附；随吸附时间延长，吸附位点不断被占据，吸附速率下降，且出现脱附现象，表现为吸附去除率短时间内降低；最终基质填料对磷的吸附和脱附达到平衡状态，磷的吸附去除率逐渐趋于稳定。

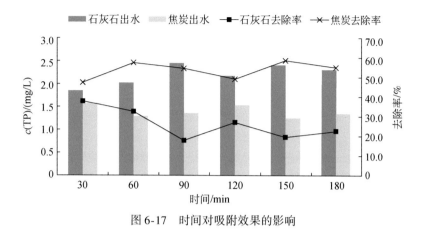

图 6-17　时间对吸附效果的影响

6.1.2.2　新型除磷填料的研制与吸附性能分析

1）填料制备。研究中制备的新型填料，主要原料为生石灰（主要成分为 CaO）、$FeCl_3$ 和水。分别制备两种除磷基质填料：碳化缓释 $Ca(OH)_2$ 和铁盐改性 $Ca(OH)_2$，以下称为 1#填料和 2#填料。

1#填料的制备方法：生石灰和水按 1:3 质量比均匀混合，混合后，自然风干至开裂，适度减小块体体积，并喷水养护，再风干，如此循环 2 次，待材料强度逐步提高（手指搓捻不易粉碎时），进一步破碎成 0.075 ~ 2.000mm 的颗粒，最后再喷水养护、风干备用。2#填料的制备方法：$FeCl_3$、生石灰和水按 0.25:1:3 质量比均匀混合，混合后的风干、养护、破碎处理同1#填料。制备过程示意图见图 6-18，填料外层形成的 $CaCO_3$ 保护层，可以

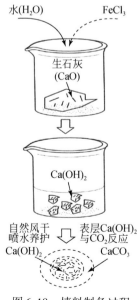

图 6-18　填料制备过程

延缓填料内部 Ca(OH)$_2$ 吸附磷元素的过程，从工程应用角度分析，虽然在一定程度上降低了对磷元素的吸附量，但起到了延长使用寿命的效果，而且由于 CaCO$_3$ 保护层的存在，该填料不容易板结。将制备好的 1#填料、2#填料以及纯 Ca（OH）$_2$ 填料各 5g，置于 150mL 锥形瓶中，各加入 100mL 去离子水，将锥形瓶在恒温 25℃ 条件下静置，1#填料、2#填料静置 1 个月均无板结现象，纯 Ca（OH）$_2$ 填料静置 24h 出现板结现象。

选取工程中常用细砂和石灰石两种基质填料作为比选材料，将其与制备的 1#填料和 2#填料进行对比试验。

2）填料等温吸附试验。将试验分为细砂、石灰石、1#填料和 2#填料四组，并将填料各称取 10 份，按基质填料品种的不同，每份基质填料称取量分别为：细砂 10g、石灰石 10g、1#填料 5g、2#填料 5g，分别放入 250mL 的锥形瓶中。

使用磷标准溶液按 0mg/L、1mg/L、2mg/L、4mg/L、7mg/L、10mg/L、13mg/L、16mg/L、20mg/L、25mg/L 配制出 10 个 TP（以 P 计）浓度梯度的溶液，分别取 100mL 溶液加到每组基质填料的 10 个锥形瓶中。在恒温 25℃ 条件下，用回旋式振荡机振荡 24h，转速为 180~190r/min，静止 12h 后离心，取上清液，测其 TP 浓度，并根据 TP 浓度的变化，计算基质填料吸附磷的量，并采用 Freundlich 方程和 Langmuir 方程绘制填料对磷的等温吸附曲线。

3）试验结论。

第一，基质填料粒径分布。试验选用的四种填料的粒径分布见表 6-4，选择 0.075~2.000mm 的基质填料进行试验。

第二，Freundlich 等温吸附线。分别选用细砂、石灰石、1#填料和 2#填料进行等温吸附试验，绘制 Freundlich 等温吸附线（图 6-19），并得到其相关参数（表 6-5）。

表 6-4 基质填料粒径分布

粒径/mm	>2.000	0.500~2.000	0.250~0.500	0.075~0.250	<0.075
细砂/%	—	17.70	41.40	32.79	8.11
石灰石/%	—	53.37	17.08	21.02	8.53
1#填料/%	—	61.42	18.26	18.49	1.83
2#填料/%	—	49.38	23.80	25.61	1.21

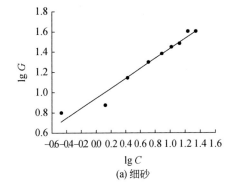
(a) 细砂

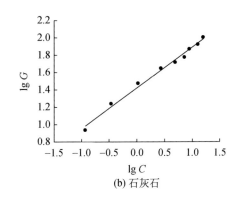
(b) 石灰石

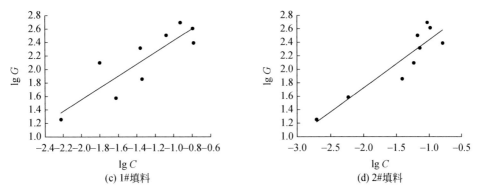

(c) 1#填料　　　　　　　　　　　(d) 2#填料

图 6-19　不同填料的 Freundlich 等温吸附线

表 6-5　**Freundlich 方程的相关参数**

填料	Freundlich 方程参数		
	K	n	R^2
细砂	8.75	2.04	0.96
石灰石	25.82	2.15	0.99
1#填料	1954.34	1.15	0.76
2#填料	1355.19	1.41	0.85

比较表 6-5 结果可知，试验所选用的四种基质填料，其吸附能力强弱顺序为：1#填料 >2#填料>石灰石>细砂。分析其原因是，1#填料主要成分为 Ca（OH）$_2$，水中的 PO_4^{3-} 与 OH^- 发生置换，从而高效去除水体中的磷元素。

第三，Langmuir 等温吸附线。绘制 Langmuir 等温吸附线（图 6-20），并得到其相关参数（表 6-6）。结果表明，1#填料和 2#填料经过 Langmuir 方程拟合后，R^2 分别为 0.85 和 0.96，优于 Freundlich 方程拟合，因此所制备的这两种填料更符合 Langmuir 等温吸附。

根据 Langmuir 方程获得的四种基质填料对磷的理论饱和吸附量 G_0 分别为：806.45mg/kg（1#填料）>220.26mg/kg（2#填料）>64.10mg/kg（石灰石）>24.81mg/kg（细砂），说明 1#填料对磷的吸附能力最强，细砂对磷的吸附能力最弱，与 Freundlich 方程所得到的结果相同。

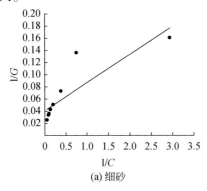

(a) 细砂

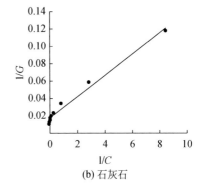

(b) 石灰石

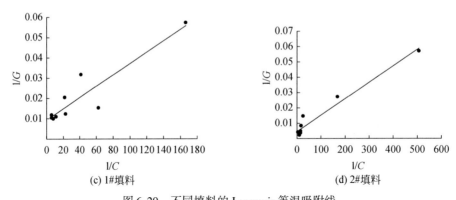

图 6-20 不同填料的 Langmuir 等温吸附线

表 6-6 基质填料 Langmuir 方程的相关参数

填料	Langmuir 方程参数		
	A	G_0	R^2
细砂	1.13	24.81	0.75
石灰石	0.79	64.10	0.98
1#填料	0.26	806.45	0.85
2#填料	0.02	220.26	0.96

在工程特性上，1#填料在制备过程中将 CaO 水化，形成 Ca（OH）$_2$ 水溶液，再通过干化、喷水养护使得 Ca（OH）$_2$ 逐步结晶，进而破碎制成颗粒，颗粒表面的 Ca（OH）$_2$ 与空气中的 CO_2 结合，被碳化形成 $CaCO_3$ 保护层。喷水养护使得材料强度得到有效提高，而表层的 $CaCO_3$ 薄层则犹如包衣起到有效的隔离保护作用。因 $CaCO_3$ 的溶解度远小于 Ca（OH）$_2$，故可大大减缓 Ca（OH）$_2$ 的析出速度，起到缓释长效的作用。此外，经过结晶、表面碳化处理后，材料失去了黏结性，有效避免了填料的板结。为此，制备的1#填料在板结、造粒、晶体析出等方面均得到显著改善，且生石灰作为原材料市场化程度高，容易获得。

以钙化合物为主要组成成分的基质填料，其活性 Ca^{2+} 含量的高低是其除磷效能的关键影响因素之一，2#填料的除磷能力弱于1#填料，分析其原因是，部分 OH^- 与 Fe^{3+} 反应生成 Fe（OH）$_3$，一定程度上牵制了活性 Ca^{2+}、Fe^{3+} 的析出，影响了其对磷的吸附。

第四，不同基质填料对 TP 的去除效果比较。比较不同基质填料对 TP 的去除效果发现，1#填料、2#填料的除磷能力明显强于石灰石、细砂（图 6-21）。

在 100mL 初始 TP 浓度小于 26mg/L 的不同溶液中，5g 的 1#填料和5g 的 2#填料对磷的去除率均高达 98% 以上，而 10g 的石灰石和 10g 的细砂对磷的去除率均明显不如前两种基质填料，且随着溶液初始磷浓度的增加，磷元素的去除率逐渐降低。

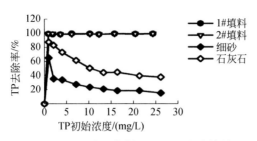

图 6-21　不同基质填料对 TP 的去除效果

6.1.2.3　高效除磷填料优化配置技术研究

（1）试验装置

基于基质填料筛选与新型除磷填料研制成果，开展土柱试验，试验装置水流方向模拟垂直流人工湿地，通过蠕动泵控制进出水量和进水方式；对高效除磷填料进行组合配置与分层铺设。

采用有机玻璃制成柱状试验装置，如图 6-22 所示，共构建 4 组两级串联的土柱装置，其中一级土柱装置 $\phi=300\text{mm}$、$h=1500\text{mm}$；二级土柱装置 $\phi=300\text{mm}$、$h=1100\text{mm}$。两级

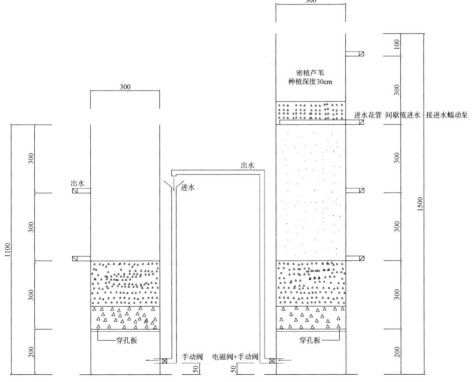

图 6-22　土柱试验装置图（单位：mm）

土柱装置串联连接，通过蠕动泵控制一级土柱进水水量，由上部进水花管连续流进水，进水量约5mL/min，一级土柱模拟垂直流人工湿地水流方向，以下向流方式运行，出水经连接管自流进入二级土柱装置；二级土柱装置为上向流运行方式，进水经底部穿孔板进入填料层后，由上部溢流出水。

两级土柱内均分层装填不同基质材料，两级土柱序号均为1-1、2-1、3-1、4-1，两级中相同序号的土柱装置对应连接，其中一级土柱主要作用为对污染物质进行初步拦截过滤，二级土柱内进行不同类别的配置，各级土柱内填料层配置见表6-7。

表6-7　土柱装置基质填料配置说明

土柱序号	填料层配置（自上而下）	
	一级	二级
1-1		磁铁矿30% +焦炭70% $\phi 2 \sim 5$mm，厚200mm； 石灰石 $\phi 10 \sim 20$mm，厚100mm
2-1	陶粒 $\phi 5 \sim 10$mm，厚100mm； 粗砂 $\phi 0.1 \sim 5$mm，厚600mm； 石灰石 $\phi 5 \sim 10$mm，厚200mm； 石灰石 $\phi 10 \sim 20$mm，厚100mm	铁屑30% +焦炭70% $\phi 2 \sim 5$mm，厚200mm； 石灰石 $\phi 10 \sim 20$mm，厚100mm
3-1		钙除磷填料 $\phi 2 \sim 5$mm，厚200mm； 石灰石 $\phi 10 \sim 20$mm，厚100mm
4-1		镁除磷填料 $\phi 2 \sim 5$mm，厚200mm； 石灰石 $\phi 10 \sim 20$mm，厚100mm

（2）试验结论

本节重点针对湿地系统除磷效果进行优化和研究工作，通过除磷填料优化配置，考察其对TP的强化去除效果，重点监测指标为TP，结果见图6-23。

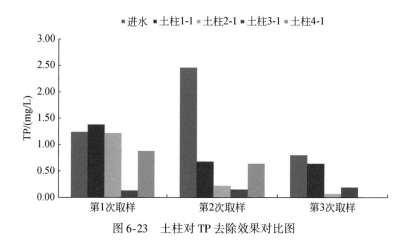

图6-23　土柱对TP去除效果对比图

试验中4组土柱装置采用同一进水水源，并联运行，进水中TP浓度在0.8~2.46mg/L变化，各组土柱出水中TP浓度有不同程度的降低。其中，土柱3-1中TP去除率始终维持在 90% 左右，明显高于其他土柱出水，土柱 2-1 和土柱 4-1 中 TP 去除率分别在 16%~91% 和 30%~74% 变化，虽然有一定效果，但并不稳定，且该两组土柱内主要除磷填料均为粉末状，易造成材料流失；同时，在现阶段试验开展过程中，先后对装置取样 3 次，间隔周期约 1 个月，可见钙质缓释除磷填料不仅在去除效果上占有明显优势，其效果持续周期也更长，且净化效果更为稳定。

6.2 湿地长效稳定运行关键技术研究

基于湿地脱氮除磷强化净化技术研究成果，针对高标准出水水质要求，以保障湿地系统稳定、高效运行为目标，开展仿自然湿地优化调控技术研究，通过水位/流量调控、水生植物优化配置和立体生态浮床构建等单项技术研究和优化，重点考察优化调控技术对湿地净水系统的强化作用效果。针对北方地区冬季低温特点，开展潜流人工湿地冬季保温增效技术研究，通过增温、保温、低温微生物菌群优化筛选与培育等技术研究，结合脱氮除磷研究成果，最终提出低温期稳定运行的人工湿地技术方案，突破低温地区人工湿地处理效率低的瓶颈。

6.2.1 仿自然湿地优化调控技术

6.2.1.1 水位/流量调控技术

针对湿地系统运行方式进行优化，通过水量调节和出水水位控制措施，重点考察湿地系统对 COD_{Cr}、TN、NH_4^+-N 和 TP 等主要污染物指标的去除效果；采取湿地系统内增加回流、曝气系统的方式，考察运行方式调控对人工湿地内部水位、溶氧等变化的影响，以及对人工湿地去除 COD_{Cr}、TN、NH_4^+-N 和 TP 的强化效果。基于上述研究成果，优化湿地系统布水方式和运行参数，提升净水效率。

（1）试验布置

该部分研究工作采用现场试验方式开展，试验场所为本市两处湿地工程。采取湿地系统内增加回流、进行水量调节、出水水位调控等措施，重点考察对人工湿地内部水位、溶氧等变化的影响，以及对系统水质净化效果的提升作用。

（2）工艺流程和布置

1# 和 2# 两处湿地净化系统采用相同的工艺流程，为"预处理池+人工湿地+强化生态塘"。人工湿地采用两级湿地处理，进水经预处理池后，进入一级湿地、二级湿地，湿地出水进入强化生态塘，塘内采取立体生物浮床等净化措施，最终出水外排。

工艺流程见图 6-24。

1# 湿地净化系统一级湿地出水集水井和 2# 湿地净化系统强化生态塘内分别设置回流系统，通过水泵和回流管路，将部分水体回流至预处理池，形成内部回流，以调节湿地床内部水位，增强富氧能力，改善潜流湿地内部 DO 环境，为湿地内部营造更适合生物脱氮的

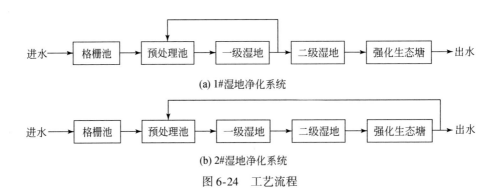

(a) 1#湿地净化系统

(b) 2#湿地净化系统

图 6-24　工艺流程

运行环境。

湿地净化系统具有以下主要特点：

1）填料层设计以石灰石为主，部分增设沸石、焦炭以加强净化效果。

2）出水部分回流至预处理池，通过回流水量变化，调节潜流湿地内部水位变化（水位变幅约50cm），增强富养能力，强化对 TN 和 NH_4^+-N 的去除。

3）1#湿地净化系统强化生态塘内设浮床；2#湿地净化系统强化生态塘内种植狐尾藻，在土壤中掺混除磷填料，并采用间歇降水运行方式。

4）潜流湿地床中，采用建筑陶粒、火山岩等粒料进行保温，保障低温期稳定运行。

5）预处理池内设曝气装置，曝气装置间歇运行，以改善潜流湿地内部 DO 环境，为湿地内部营造更适合于生物脱氮的运行环境，同时以备冬季越冬运行。

（3）工艺设计运行参数

1）平面尺寸。一级湿地 10m×7.5m，1#湿地净化系统一级湿地深 1.4m，2#湿地净化系统一级湿地深 1.4m。二级湿地10m×7.5m，1#湿地净化系统二级湿地深 1.3m，2#湿地净化系统二级湿地深 1.2m。强化生态塘14m×7m，深 1.3m。

2）处理水量。实测处理水量：1#湿地净化系统处理水量为 30～57m³/d；2#湿地净化系统处理水量为 14～30m³/d，前期偏小，后期基本稳定达到 30m³/d。

3）水力负荷。1#湿地净化系统：一级湿地 0.51m³/(m²·d)，二级湿地 0.51m³/(m²·d)，潜流湿地总水力负荷 0.25m³/(m²·d)，强化生态塘 0.38m³/(m²·d)。1#湿地净化系统总水力负荷 0.15m³/(m²·d)。2#湿地净化系统：一级湿地 0.33m³/(m²·d)，二级湿地 0.33m³/(m²·d)，潜流湿地总水力负荷 0.17m³/(m²·d)，强化生态塘 0.26m³/(m²·d)。2#湿地净化系统总水力负荷 0.1m³/(m²·d)。

4）水力停留时间。1#湿地净化系统：一级湿地 1.22 天，二级湿地 1.13 天，潜流湿地总水力停留时间 2.35 天，强化生态塘水力停留时间 3.33 天。2#湿地净化系统：一级湿地 1.89 天，二级湿地 1.60 天，潜流湿地总水力停留时间 3.49 天，强化生态塘水力停留时间 3.60 天。

5）回流量。1#湿地净化系统：系统回流总量 54m³/d，回流水泵间歇运行，增加系统回流后，一级湿地水力负荷增至 1.23m³/(m²·d)，水力停留时间约 0.57 天。2#湿地净化系统：系统回流总量 54m³/d，回流水泵间歇运行，增加系统回流后，一级湿地水力负荷增至 1.12m³/(m²·d)，水力停留时间约 0.625 天。

（4）试验结论

1）水位调控对主要污染物净化效果。对两处湿地工程运行效果进行连续监测，在约 10 个月的运行周期内，取样频率平均为 2~3 次/月，对各项主要污染物浓度去除效果进行对比，结果见图 6-25、图 6-26。

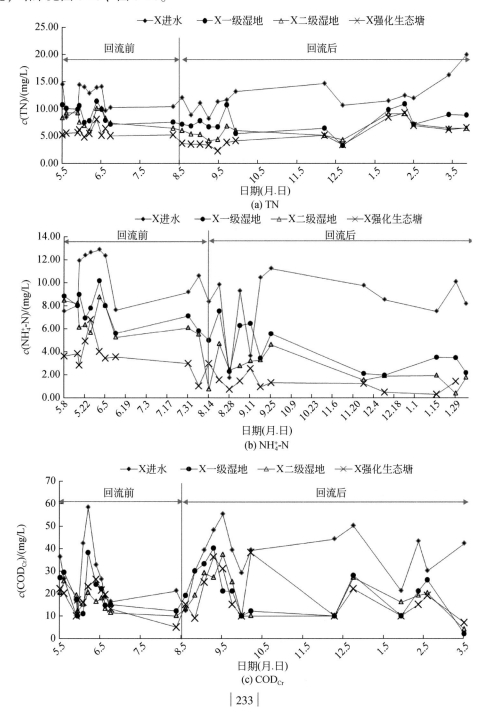

(a) TN

(b) NH_4^+-N

(c) COD_{Cr}

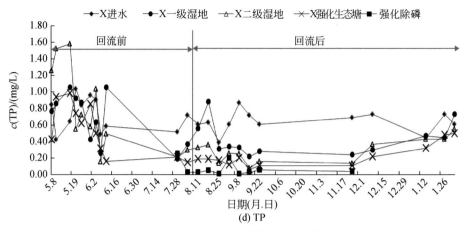

(d) TP

图 6-25　1#湿地净化系统净化效果图

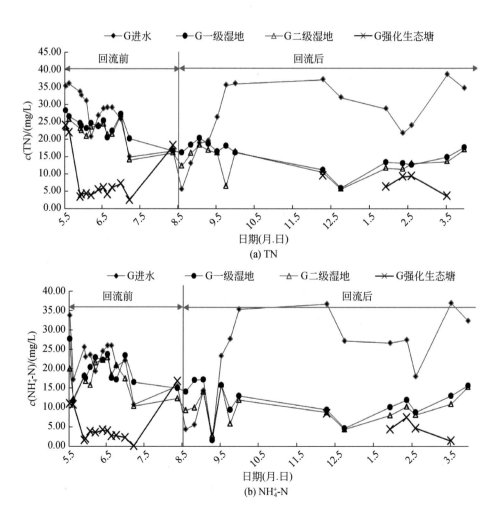

(a) TN

(b) NH$_4^+$-N

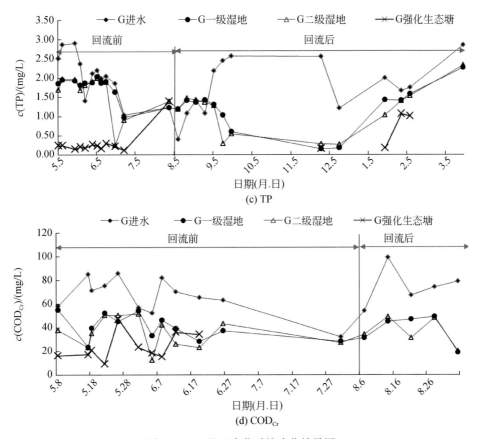

图 6-26　2#湿地净化系统净化效果图

1#湿地净化系统进水中 TN、NH_4^+-N、COD_{Cr}、TP 的浓度分别约 12.23mg/L、9.85mg/L、35mg/L、0.68mg/L，对主要污染物净化效果见图 6-25，增加回流前后湿地系统对上述污染物的出水平均浓度分别为 5.65mg/L 和 4.99mg/L、4.09mg/L 和 1.76mg/L、17.34mg/L 和 15.73mg/L、0.57mg/L 和 0.22mg/L。前两级湿地单元对 TN 和 NH_4^+-N 的平均去除率由 29.93% 和 31.64% 提升至 49.2% 和 60.87%；其中，一级湿地对 TN 和 NH_4^+-N 的去除效果由 22.14% 和 21.1% 增长至 36.61% 和 40.7%，可见增加间歇式系统回流后，一级湿地内水位变幅增大，上部水位变化区自然富氧能力提升，湿地特殊的内部结构中形成上部好氧、底部缺氧/厌氧的环境；同时，系统在间歇曝气系统的共同作用下，为生物脱氮提供了适宜的环境条件，有效促进对氮类污染物的去除。同时，系统对 TP 和 COD_{Cr} 的去除率由 32.87% 和 23.4% 增长至 52.83% 和 49.3%。

2#湿地净化系统进水中 TN、NH_4^+-N、COD_{Cr}、TP 的浓度分别约 27.2mg/L、22.5mg/L、67mg/L、1.87mg/L，对主要污染物净化效果见图 6-26，增加回流前后湿地单元对上述污染物的出水平均浓度分别为 22.47mg/L 和 12.85mg/L、18.69mg/L 和 9.25mg/L、35mg/L 和 33mg/L、1.64mg/L 和 1.11mg/L。前两级湿地单元对 TN 和 NH_4^+-N 的平均去除率由 17.61% 和 18.46% 提升至 45.7% 和 59.1%，增长较为明显，其中一级湿地单元对 NH_4^+-N

的去除率由 8.34% 增长至 47.66%，二级湿地单元对 NH_4^+-N 去除率由 8.46% 增长至 16.45%；同时，系统对 TP 和 COD_{Cr} 的去除率由 17.6% 和 51.2% 增长至 33.8% 和 52.3%。

两组湿地净化系统回流前后对 TN、NH_4^+-N 的去除率差异性均达到了显著水平（$P<0.05$），1#湿地净化系统去除率差异性（P 为 0.025 和 0.00）较 2#湿地净化系统（P 为 0.15 和 0.01）更显著。增加间歇式系统回流后，湿地单元内水位变幅增大，有效促进床体上部自然富养能力的提升，在湿地特殊的内部结构中，形成上部好氧区域、中下部缺氧/厌氧环境，为反硝化反应提供条件，有效促进对含氮污染物的去除。

1#湿地净化系统回流前后一级湿地单元 NH_4^+-N 去除率、二级湿地单元 TN 和 NH_4^+-N 去除率也表现出明显差异（$P<0.05$）；而 2#湿地净化系统中，仅一级湿地单元 TN 和 NH_4^+-N 去除率差异效果明显（$P<0.05$），原因在于 1#湿地净化系统回流设施设置于一级湿地、二级湿地之间，运行过程中同时调整两级湿地单元内水位，且变幅大于 2#湿地净化系统中的同级单元，为硝化反硝化反应提供了更适宜的溶氧环境。

回流前后两湿地净化系统对 COD_{Cr} 去除率的增长与强化生物脱氮作用有关。

2）运行条件对微生物多样性变化影响。为考察不同运行条件对微生物生长及分布的影响，调整湿地运行工况：维持 1#湿地净化系统间歇式回流运行，2#湿地净化系统在取样前 6 个月停止系统回流。微生物样本名称、样本属性及采样深度见表 6-8。所采集样本在 16SV3-V4 区域全部扩增成功。

表 6-8　微生物样品名称及属性　　　　　　　　（单位：cm）

序号	采样地点	样本属性	样本名称	采样深度
1	1#湿地净化系统一级湿地	基质材料	XZYS_S	25
2		基质材料	XZXS_S	50
3	1#湿地净化系统二级湿地	基质材料	XZES_S	25
4		基质材料	XZEX_S	50
5	2#湿地净化系统一级湿地	基质材料	GZYS_S	25
6		基质材料	GZYX_S	50
7	2#湿地净化系统二级湿地	基质材料	GZES_S	25
8		基质材料	GZEX_S	50

8 个样本于 16SV3-V4 区域中产生 OTU 总数目为 19 892 个，各样本间于同一区域内虽有差异，但基本属于同一数量级。

就单元内样本进行对比，如图 6-27 所示，1#和 2#湿地净化系统取自一级湿地和二级湿地单元的样本中微生物内共有 OTU 数目分别为 576 个和 1003 个。二级湿地单元内微生物分布更为相似，一级湿地单元内明显的差异与增加系统回流后，强化水位变幅，改善内部微生物生长环境有一定关系，而微生物的生长对空间环境具有敏感性，其种群结构、数量、多样性等变化也真实反映出湿地内部环境发生变化。

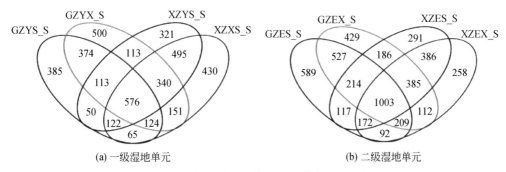

(a) 一级湿地单元　　　　　　　　(b) 二级湿地单元

图 6-27　内不同湿地单元 OTU 分布 Venn 图

对比两湿地净化系统样本检测出的 Chao1、OTU 和 Shannon-Wiener 物种多样性指数等指数，其数值差异不大（表 6-9）。表征样本文库覆盖率的指数 goods_coverage 均达到 95% 以上，认为数值结果可反映微生物的真实情况。Chao1 指数是反映菌种丰富度的指数，其数值与 OTU 数目具有一致性，1#湿地净化系统一级湿地单元内 Chao1 指数（3022.4522，3349.2942）明显高于 2#湿地净化系统同级单元（2481.1008，2542.5690），说明其中微生物群落丰富度更高；两湿地净化系统二级湿地单元内差异不大，说明系统回流后对水位的调控主要用于改善一级湿地单元内溶氧环境。2#湿地净化系统一级湿地单元内 Shannon-Wiener 物种多样性指数（8.703 344 0，9.659 069 2）较 1#湿地净化系统同级单元（8.451 959 4，8.579 178 5）更高，说明其中微生物群落多样性更高。

表 6-9　多样性指数统计表

样品名称	Chao1	goods_coverage	OTU	Shannon-Wiener
XZYS_S	3 022.452 2	0.965 001 5	2 130	8.451 959 4
XZXS_S	3 349.294 2	0.960 513 5	2 303	8.579 178 5
XZES_S	3 528.375 7	0.962 123 3	2 754	9.740 815
XZEX_S	3 573.463 2	0.959 874 9	2 617	9.447 956 9
GZYS_S	2 481.100 8	0.974 550 5	1 809	8.703 344 0
GZYX_S	2 542.569 0	0.980 560 8	2 291	9.659 069 2
GZES_S	3 702.810 6	0.960 001 7	2 923	9.915 464 3
GZEX_S	3 883.478 2	0.955 881 2	3 065	9.849 689 3

3）微生物群落结构变化。通过高通量测序方法对试验系统内所采集的 8 个样本进行分析，共涵盖 54 门、160 纲、200 目、351 科及 600 属，其中样本间物种群落分布差异见图 6-28。

门水平微生物物种组成见图 6-29，图 6-29 中所标注的微生物为在单个样本检测结果中相对丰度占比高于 1% 的物种，主要包括变形菌门（Proteobacteria）、拟杆菌门（Bacteroidetes）、绿弯菌门（Chloroflexi）、放线菌门（Actinobacteria）、酸杆菌门（Acidobacteria）、硝化螺旋菌门（Nitrospirae）、芽单胞菌门（Gemmatimonadetes）等。

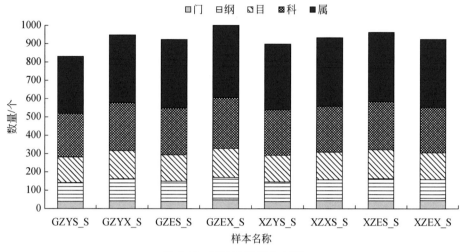

图 6-28　微生物数量分布图

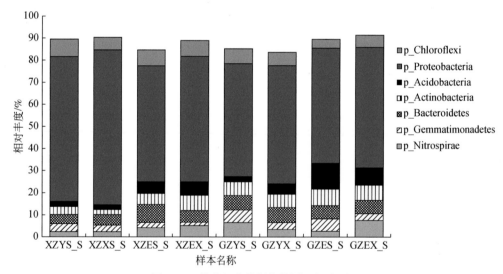

图 6-29　物种组成分析柱状图（门水平）

上述 7 种微生物相对丰度占总测序序列的 80%~90%，相关研究也曾报道其为优势菌群，其中变形菌门涵盖具有脱氮功能的亚硝化细菌、硝化细菌和反硝化细菌等多种微生物，这些微生物在各样本中均占有明显的优势，相对丰度均达到 50% 以上，其相对丰度在 1#湿地净化系统一级湿地单元内最高，达 63%~70%，据此推测具备水位调控功能的湿地单元提供了更好的生存环境，有利于微生物的富集和脱氮反应。拟杆菌门在 8 个样本中的分布差异不大，为 5%~8%；绿弯菌门、放线菌门、硝化螺旋菌门、芽单胞菌门在不同样本间的分布没有显著区别，相对丰度分别处于 4%～8%、2.4%～7.5%、1.4%～8%、1.9%～5.5%。

如图 6-30 所示，在属水平上 8 个样本中共有优势属为硝化螺菌属（*Nitrospira*），该菌属亚硝酸盐氧化细菌在氮循环硝化过程中起到重要作用，本次监测的各样本中群落相对丰度占 2%～7%。

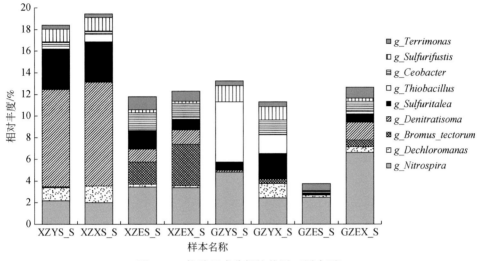

图 6-30　物种组成分析柱状图（属水平）

取自同系统同单元样本间的微生物分布具有一定相似性。XZYS_S 和 XZXS_S 两样本优势微生物为红环菌属（*Denitratisoma*）、硫针菌属（*Sulfuritalea*），相对丰度分别达到 9.5%、10% 和 3.7%、3.6%，相对丰度随取样深度变化不大；其他样本中红环菌属和硫针菌属相对丰度均低于 1%。硫杆菌属（*Thiobacillus*）和红环菌属均属变形菌门，研究表明，其存在可能与较高硝酸根离子有关，此结论与本书中，1#湿地净化系统增加回流后，水位调控增强一级湿地单元内富养能力，从而促进了 NH_4^+-N 向硝酸盐的转换具有一致性。GZYS_S、GZYX_S 两样本中优势微生物为硫杆菌，相对丰度分别达到 5.7%、1.7%，可见虽同样取自一级湿地单元，但两套系统的运行条件导致其内部环境变化，造成微生物生长的差异性。

通过 PCA 分析法进行基于 OTU 水平的微生物分布差异矩阵分析，说明试验系统和湿地单元基质层内样本微生物群落组成的相似性，如图 6-31 所示。

两轴对排序结果的解释度分别为 25.15% 和 22.55%，取自 1#湿地净化系统内相同湿地单元的基质样本两两距离较近，分别表明 XZYS_S、XZXS_S 和 XZES_S、XZEX_S 的微生物菌落结构更相似。2#湿地净化系统内 GZYS_S、GZYX_S 和 GZES_S、GZEX_S 距离较远，表明虽分别取自相同湿地单元，但样本中微生物群落分布差异均较大，且与 1#湿地净化系统内样本也有明显差异。结果表明，水位调控有助于改善湿地内部环境，使微生物菌落结构更具一致性，该结论与微生物物种组成分析结论一致。

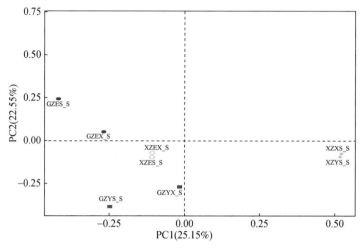

图 6-31　基于 OTU 水平的 PCA 分析图

6.2.1.2　水生植物优化配置和立体生态浮床构建技术

开展水生植物优化配置和立体生态浮床构建技术研究，将生态浮床、河道原位净化、水生植物优化配置等技术有机结合，强化仿自然湿地净化系统净水效果。通过以仿真根须为核心、水生动物优化配置为基础的模块式生境构建，为微生物群落提供适宜的附着面积，为水生动物提供栖息环境，通过水生动物、水生植物、微生物的协同作用，高效去除水体中污染物质。

（1）试验布置

该部分研究工作采用现场试验方式开展，现场试验场所定为潮白河河南村橡胶坝上游河道回水湾处（图 6-32）。河道深约 2m，试验区面积约 6700m^2。

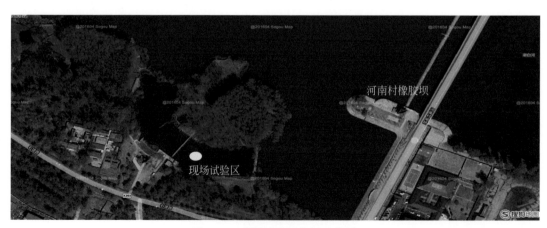

图 6-32　现场试验区位置示意图

试验区内开展水生植物优化配置和立体生态浮床构建技术研究工作，场区试验工艺布置见图6-33。

图6-33 场区试验工艺布置图

在该区域构建立体生态浮床3组，面积分别为222m²、118m²、550m²，立体生态浮床由规格为2.1m×4.1m×0.15m、重量为80kg的浮体组装形成，浮体上种植挺水植物，栽植密度6～8株/m²；浮体下部加装纤维质柔性载体填料，构成仿真根须，其长度约1.2m，比表面积1.6×10⁵mm²/g，安装密度6～9个/m²。配套立体生态浮床，设置太阳能推流曝气、提水曝气等不同曝气装置。重点考察立体生态浮床构建技术及运行条件对水质净化效果。试验区现场照片见图6-34。

(a) 生态浮床浮体

(b) 仿真根须

(c) 立体生态浮床

图 6-34　场区试验工艺布置图

　　试验区内安装的提水式曝气机的功率为 1.5kW，转速为 2850r/min，循环通量为 250m³/h，增氧能力为 4~5kg O₂/h；推流曝气机功率为 1.5kW，转速为 2850r/min，循环通量为 440m³/h，增氧能力为 2.1~2.3kg O₂/h；提水式曝气机和推流曝气机由太阳能电池板供电；罗茨鼓风机采用启动 0.5h、停止 2h 的方式间歇运行，同时配置 3 路曝气管线和 6 个曝气器，曝气器设置在浮床下 1.5m 深位置，曝气器轮流开启。

（2）试验结论

　　结合立体生态浮床构建，在试验区设置取样点，并进行水质及相关数据样本取样检测分析，取样点位置见图 6-35 和表 6-10。

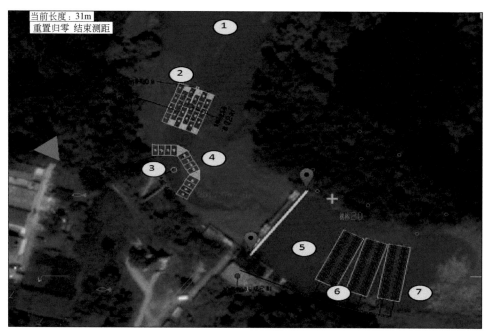

图 6-35　取样点位布置图

表 6-10　取样点位置统计

取样点名称	位置	试验条件
潮 1	潮白河上游河道	潮白河河道
潮 2	生态浮床下（近太阳能曝气机）	生态浮床+太阳能推流曝气机
潮 3	入河排水口	雨水口
潮 4	生态浮床外侧河道	生态浮床+太阳能提水式曝气机
潮 5	浮床上游河道	潮白河河道
潮 6	1、2 级浮床中间	生态浮床+罗茨鼓风机
潮 7	浮床下游河道	潮白河河道

系统运行期间，各取样点水质监测结果见图 6-36。

河道内 TN 和 NH_4^+-N 浓度有自上游逐渐降低的趋势，其中在生态浮床+罗茨鼓风机曝气区域的潮 6，较上游河道，水体中 TN 浓度下降约 48.9%；潮 2 处 TN 和 NH_4^+-N 浓度也有一定降低，但去除率较前者低，初步判断生态浮床+罗茨鼓风机曝气、生态浮床+太阳能推流曝气对 N 类污染物有一定去除作用，但后者效果弱于前者，这可能与太阳能曝气系统曝气强度和运行周期有关，但还需进一步进行连续监测分析。

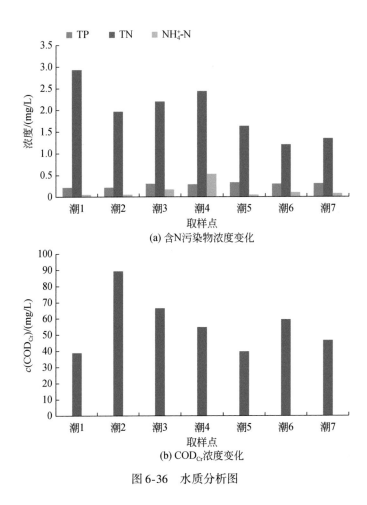

(a) 含N污染物浓度变化

(b) COD_{Cr}浓度变化

图 6-36　水质分析图

河道内浮游动植物指标见表 6-11，结果表明，现状河道内浮游植物生物量为 5.770mg/L，为富营养类型；浮游动物生物量为 3835.3ind/L，介于 3000~10 000ind/L 为富营养；依据 Shannon-Wiener 物种多样性指数（H'）结果，潮白河水体中浮游动植物多样性指数 H' 均属于（1，3），其为中污染区。

表 6-11　河道内浮游动植物

指标	密度	生物量/（mg/L）	H'
浮游植物	66.217×10⁶个/L	5.770	1.351
浮游动物	3835.3ind/L	6.866	2.021

6.2.2　低温期稳定运行技术

人工湿地冬季运行效果不佳，也是制约其在我国北方地区广泛应用的主要因素之一。我国地域辽阔，南北方气候、植被等差异很大，南方湿地运行经验与技术在北方应用时存在一定不适应性，因此通过文献查阅、调研等方式，梳理人工湿地低温期运行存在的主要问题，并有针对性地进行低温期人工湿地运行效果的保障和强化措施研究，以突破北方地区低温期湿地运行效果技术瓶颈。

6.2.2.1 人工湿地低温期运行的主要问题

（1）低温对微生物的影响

人工湿地中微生物的代谢情况与温度有关，温度降低使微生物活性也随之降低。北方冬季湿地系统温度和氧含量低造成微生物活性降低，使微生物对有机物的分解能力下降，而且低温时硝化作用受到影响，硝化细菌的适应温度在 20~30℃，温度过低，低于15℃时反应速度急速下降，5℃时几乎停止。反硝化细菌的适宜温度在 5~40℃，但低于15℃时反应速度也下降。研究表明，湿地中85%的氮是通过反硝化作用去除的，反硝化作用是湿地脱氮的最有效途径，温度过低同样使反硝化作用停止，使污水中氮的去除率降低。

（2）低温对植物的影响

植物对人工湿地的去污机理主要是通过植物根茎吸收及其通气组织传输的氧气来为湿地微生物提供好氧环境。北方地区冬季气温低，大部分植物进入休眠状态、枯萎或死亡，造成人工湿地整体的净水效果大幅下降，枯萎植物的残体进入污水会分解出含氮和磷的物质，使湿地负荷增加。

（3）低温对基质的影响

人工湿地的基质，应根据其机械强度、稳定性、比表面积、孔隙率及表面粗糙度等因素确定。北方冬季低温条件下，基质对 TP 的吸附性能降低，同时也阻碍了氧气在湿地中的传递，降低湿地的水力传导性，使湿地运行效率降低。

目前，我国北方寒冷地区工程规模的人工湿地构建较少，高效安全的运行经验积累尚且不足，通过对相关研究成果和文献资料整理，总结出对低温期人工湿地运行效果提升的措施，主要集中在表层覆盖的保温隔离、湿地植物优选、基质材料配置等结构优化措施，以及采用增强人工湿地预处理、人工曝气、延长水力停留时间等工艺强化措施。

本研究中，基于现状人工湿地领域研究成果，针对北方地区和课题示范区冬季低温特点，重点开展潜流人工湿地冬季保温增效技术研究，包括增温、保温、低温微生物菌群优化筛选与培育等技术研究。

6.2.2.2 仿自然湿地冬季水体增温技术

对课题示范区进行低温期地温监测，分析地温分布及其梯度变化规律，为后期进一步进行低温期强化运行技术研究和工程示范提供依据和参数。

（1）监测场址

本次低温期地温监测场址选定于八号桥水质净化示范工程建设范围内，其现状为河道周边滩地。监测位置见图 6-37。

图 6-37　地温监测区域示意图

（2）监测方法

进行现场试验，探索试验区内地下 1～3m 地层深度与温度的关系、温度梯度变化规律。通过在场区内进行钻孔并布设测温探头进行数据的采集和记录，共布置 3 个地温监测孔，分别对地下 1m、2m 和 3m 位置温度进行监测。

（3）监测结果

地温监测周期为 12 月至次年 2 月，地温监测结果见表 6-12，监测地温同时也对地表温度进行了监测。

表 6-12　低温期地温监测结果

地层深度/m	气温/℃	地温/℃
1		3
2	−5.2	6～7
3		8～10

由于监测深度仍属于外热层（变温层），该层地温主要受太阳光辐射热的影响，其温度随季节、昼夜的变化而变化，故也称作变温层。日变化造成的影响深度较小，一般仅1～1.5m，年变化影响较大，其影响的范围可达地下 20～30m。

监测期间，外部环境中地表平均温度为−5.2℃，地温变化与深度变化呈纵向正相关，即随底层深度增加，地温呈增长趋势；深度每增加 1m，地温增长 1～3℃，地下 3m 深度时，地温可达 8～10℃。由于地热梯度是表示地球内部温度不均匀分布程度的参数，一般埋深越深处的温度值越高，以每百米垂直深度上增加的摄氏度数表示。不同地点地温梯度值不同,通常为 1~3℃/100m;监测场地位于延庆,该区域冬季温度较北京冬季平均气温偏低,而监测结果显示该区域温度变化梯度较为明显,加上透水性较高,此地质条件为加强仿自然湿地水体增温等相关技术措施提供了较好的实施条件,并已将上述技术应用于示范设计当中。

6.2.2.3 水生植物优化配置技术

由于北方地区冬季温度较低,大部分植物进入休眠状态、枯萎或死亡,进而影响湿地系统的整体净水效果。本次研究中,选取北京具有代表性的河道及湿地系统,进行不同时期(低温期、常温期等)水生植物生长情况的调研和观测,定性描述水生植物,特别是沉水植物的生长状况,识别耐低温能力较强的水生植物,为后期研究工作和示范应用提供参考依据。

(1)调研地点

沉水植物调研地点重点选在具有代表性的河道、湿地系统、生物塘等位置,具体包括官厅黑土洼湿地、顺义潮白河上游河道、房山区湿地净化系统生物塘、房山小清河、怀柔区某水生植物园艺场、密云水库周边河道(潮河、清水河、白马关河等)。调研区域水体水深 1.5~2m。

对上述区域冬季及其他不同时段沉水植物生长情况进行调研,定性描述各类沉水植物、挺水植物的生长状况,识别耐低温能力较强的水生植物。

(2)调研方法

沉水植物调研分 3~4 次开展,时间初步定为 1 月、3 月、7 月,分别代表不同季节和温度条件下沉水植物生长的调研和观测结果。

(3)调研结果

1 月、3 月和 7 月的调研工作基本可说明北京低温及不同时期沉水植物在自然条件下的生长情况,在调研的同时,对水温、光照、气温、DO 等环境参数进行监测,结果见表6-13。

表 6-13 不同季节沉水植物调研结果

序号	时间	水生植物	气温/℃	平均水温/℃	底部光照/lx	$c(DO)$/(mg/L)	水深/m	生长情况
1		菹草	−5.5~−5.2	0.4~0.6	800~4 960	10.0~11.0	1.0~1.5	绿色,植株高 15~20cm
2			−1.0~1.8	1.4~4.0	110~4 940	10.74~22.00	0.6~1.3	植株矮小,长势一般
3	1月	狐尾藻	0.6~1.7	1.3~4.4	730~26 800	5.24~14.5	0.3~1.5	冬芽饱满,长势弱,新生根系少量
4		小叶眼子菜	−5.5	3.4	730	5.2	0.7~1.5	少量,茎绿色,部分叶片呈褐色
5		轮藻	−1.0	3.6	4 940	21.3	0.5	生物量少,植株矮小

续表

序号	时间	水生植物	气温/℃	平均水温/℃	底部光照/lx	c(DO)/(mg/L)	水深/m	生长情况
6	3月	菹草	16.0~25.0	7.7~12.9	12 000~38 500	8.1~21	0.5~2.0	绿色，植株高15~30cm
7		狐尾藻	14.0~25.0	7.7~10.0	320~2 545	2.52~8.10	0.3~0.6	长势弱，新生根系少量
8		菹草	8.0~9.7	21.2~29.8	390~94 000	0.2~20.1	0.2~1.5	生物量少
9		狐尾藻	8.9~9.9	25.8~29.0	10 270~94 000	2.3~8.5	0.2~0.5	仅局部地区（生物塘）生长旺盛，其他河道等区域生物量少且植株矮小
10	7月	黑藻	8.6~9.9	25.3~29.1	390~94 000	0.2~19.8	0.2~0.8	仅局部地区（生物塘）生长旺盛，其他河道等区域生物量少且植株矮小
11		龙须眼子菜	8.60~8.69	29.0~29.3	10 500~65 000	10.3~19.8	0.3~0.4	生物量少
12		轮藻	8.6~9.9	25.3~30.2	390~94 000	0.2~19.8	0.2~0.8	生物量少
13		大茨藻	9.9	29.0	29 000~94 000	4.5~8.5	0.2~0.5	生物量少

从调研结果分析，低温期生长的沉水植物以菹草为主，其对温度、水温、光照、溶解氧等外部生长条件的适应性比较强，可在外界环境温度低至-5.5℃、水温低于1℃时生长；在本次调研区域的河道、湿地、生物塘等不同环境中均有生长，且生物量较其他沉水植物多。此外，在低温期调研过程中还发现少部分区域有狐尾藻生长，在气温-1℃以上、水温1.3℃以上的环境条件下发现少量生长的狐尾藻，但其生物量和长势低于菹草。在1月的调研过程中也发现局部区域生长有小叶眼子菜、轮藻，但其生物量少，且生长区域的水温均高于3℃，水深相对较浅，3月的沉水植物调研中未发现上述两种沉水植物。综上所述，低温期生长的沉水植物主要为菹草和狐尾藻，其他物种虽也有少量发现，但大范围生长具有一定困难。

后续7月的沉水植物调研中还发现了黑藻、龙须眼子菜、大茨藻，但除局部区域（房山生物塘）的黑藻生长旺盛外，其他河道等区域的沉水植物均生长量少且植株矮小，生长区域的水温均高于21.2℃，pH均偏高，且相对于菹草，其他沉水植物的生长区域水深较浅。

针对北京不同季节水生植物调研为示范工程中水生植物配置提供理论支撑。示范工程内实施以人工引导为主的水生植物优化配置，对植物的选取搭配综合考虑其水质净化效果及季节性交错接替，配置以菹草、狐尾藻为主的冷季型沉水植物，通过水生植物植株及根系形成的生物滤网，强化低温期对污染物的拦截、过滤等净化作用。

6.2.2.4 微生物菌群优化筛选与强化技术

（1）自然环境中微生物菌群分布特征

本书旨在针对湿地生态系统，采用高通量测序技术，针对低温条件，分析不同类型的环境背景中微生物多样性和物种群落分布，探索不同条件下微生物分布特征，为今后分析湿地系统微生物分布变化影响因素、研究微生物强化净化技术等奠定基础。

1）采样地点及样品属性。微生物多样性调研地点重点选在具有代表性的湿地系统内，具体包括官厅黑土洼湿地前置库、潜流湿地单元、表流湿地单元、湿地出水渠等不同单元，对其进行不同时期微生物样品的采集；此外，在低温期对工程示范区八号桥和潮白河（向阳闸蓄水区、河南村橡胶坝上游河道）进行采样分析。所采集样品包括不同环境条件下水样、土壤、基质填料等，样品名称及属性见表6-14。

表6-14 微生物样品名称及属性

序号	采样地点	样品属性	样品名称
1	黑土洼前置库	水	QZKF1
2	黑土洼潜流湿地	水	QLF1
3	黑土洼表流湿地	水	BLF1
4	黑土洼湿地出水渠	水	ZCF1
5	黑土洼潜流湿地	基质填料	QLS
6	黑土洼表流湿地	根系土壤	BLS
7	八号桥	土壤	BAS
8	潮白河向阳闸蓄水区	水	XYZF1
9	潮白河河南村橡胶坝上游河道	水	HNCF1

2）样品采集方法。微生物样品采集于1月，以黑土洼湿地系统环境样本为重点，旨在说明北方地区低温期不同环境条件下微生物的分布特征。

3）测试分析方法。

第一，基因DNA提取。样品总DNA的提取采用FastPrep DNA提取试剂盒法，并利用1%的琼脂糖凝胶电泳检测抽提的基因组DNA，核对基因组DNA的完整性与浓度。

第二，PCR扩增。根据所需测序区域，合成带有条形码的特异引物，或合成带有错位碱基的融合引物。扩增区域和引物序列见表6-15。

表6-15 扩增区域与引物序列

序号	扩增区域	引物序列
1	16S V3- V4	GTACTCCTACGGGAGGCAGCA
		GTGGACTACHVGGGTWTCTAAT

续表

序号	扩增区域	引物序列
2	*nirS*（cd3a-R3cd）	GTSAACGTSAAGGARACSGG？
		GASTTCGGRTGSGTCTTGA
3	AOB amoA	GGGGTTTCTACTGGTGGT
		CCCCTCKGSAAAGCCTTCTTC
4	ANAMMOX（368-820）	TTCGCAATGCCCGAAAGG
		AAAACCCCTCTACTTAGTGCCC

全部样本按照正式试验条件进行，将同一样本的 PCR 产物混合后用 2% 琼脂糖凝胶电泳检测，使用 AxyPrep DNA 凝胶回收试剂盒（AXYGEN 公司）切胶回收 PCR 产物，Tris_HCl 洗脱；2% 琼脂糖凝胶电泳检测。

在 1 月低温期采集的样本中，16SV3-V4 区 9 个样本均扩增成功，其他区域仅少部分样本扩增成功。原因在于 16S 为高变区内微生物群落全分析，其他区域为针对特定功能基因微生物的群落分布分析，而特定功能基因微生物仅为微生物群落中的一部分，同时冬季低温也对不同类别微生物的生长有限制作用，导致难以扩增成功。

第三，荧光定量。参照电泳初步定量结果，将 PCR 产物用 QuantiFluor™-ST 蓝色荧光定量系统（Promega 公司）进行检测定量，之后按照每个样本的测序量要求，进行相应比例的混合。

第四，Miseq 文库构建。连接"Y"形接头，使用磁珠筛选去除接头自连片段；利用 PCR 扩增进行文库模板的富集；氢氧化钠变性，产生单链 DNA 片段。

第五，Miseq 上机测序。在完成基因 DNA 提取、PCR 扩增、荧光定量及 Miseq 文库构建等预处理流程后，采用 IlluminaMiSeq PE300 上机测序。

4）微生物多样性分析。采用 OTU 聚类分析微生物多样性。OTU，即操作分类单元，可进行不同生境下样本微生物丰度分析。OTU 是在系统发生学或群体遗传学研究中，为了便于进行分析，人为给某一个分类单元（品系、属、种、分组等）设置的同一标志。要了解一个样品测序结果中的菌种、菌属等数目信息，就需要对序列进行聚类（cluster）。通过归类操作，对样本所有序列（tags）进行 OTU 划分，以 97% 相似度进行 cluster 聚类和生物信息统计分析；聚类每个 OTU 对应一个不同的 DNA 序列，也就是每个 OTU 对应一个不同的微生物种。OTU 的丰度初步说明了样品物种的丰富程度。

如表 6-16 所示，采集的环境样本所对应的序列数差异较大，介于 17 538 ~ 34 961，经过聚类后 9 个样本共产生 2877 个 OTU，单个样本 OTU 为 271 ~ 1467 个，且差异较大。

表 6-16　单个样本的 OTU 数目统计

序号	样品名称	序列数	OTU/个
1	QZKF1	23 039	311
2	BLF1	33 837	271

续表

序号	样品名称	序列数	OTU/个
3	XYZF1	34 961	579
4	HNCF1	29 882	567
5	QLS	24 929	1 376
6	BLS	22 748	1 467
7	ZCF1	22 738	664
8	BAS	17 538	919
9	QLF1	24 027	837

根据采集样品属性分析 OTU 的分布规律，发现土壤及基质填料中的 OTU 数量明显高于水体样本中的 OTU 数量，基本达到 900 个以上，可见在此生境条件下，微生物物种丰度较河流水体更高。同时发现，采集的黑土洼潜流湿地水体样本中的 OTU 数量较其他水体样本更高，这可能与潜流湿地布置形式有密切关系，该类型湿地中水体从基质层中流过，水体中微生物可能与基质层中更为接近。

通过 OTU 分布花瓣图进一步说明不同环境样本微生物的共有特性，花瓣图以每个花瓣代表一个样品，中间的"core：数字"代表的是所有样品共有的 OTU 数目，花瓣上的数字代表该样品特有的 OTU 数目。如图 6-38 所示，9 个样本中仅有 OTU 22 个，可以推测能适应低温条件下不同生境环境的微生物种群数量较为有限。

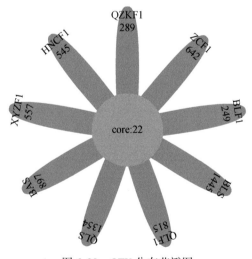

图 6-38　OTU 分布花瓣图

通过维思（Venn）图将属性相近的样本进行分析，即土壤（基质）、水体样本分别进行共有 OTU 数目的分析，见图 6-39、图 6-40。不同颜色代表不同的样本，圆圈重叠区域为交集，即样本共有 OTU；相对于不重叠的部分则为独有 OTU。土壤（基质）样本 OTU 分布 Venn 图中，A、B、C 分别表征 BAS、QLS、BLS 样本 OTU 数量；水体样本 OTU 分布

Venn 图中，*B*、*C*、*D*、*E* 分别表征 QLF1、BLF1、QZKF1、ZCF1 样本 OTU 数量。

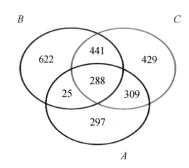

图 6-39　土壤（基质）样本 OTU 分布 Venn 图

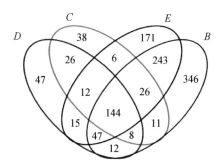

图 6-40　水体样本 OTU 分布 Venn 图

土壤（基质）样本和水体样本共有 OTU 数目分别为 288 个和 144 个，远高于 9 个样本共有 OTU 数目，可见微生物的分布特征与其生境具有紧密关系。土壤环境中微生物物种更为丰富，由于环境相似且更为稳定，其微生物一致性更高；而水体在流动过程中受温度、流态、区域环境等外界条件因素影响较大，使其微生物分布有较大差异。

5）物种组成分析。

第一，门水平物种组成。通过高通量测序方法对低温期采集的 9 个环境样本进行分析，共涵盖 48 门、144 纲、164 目、282 科及 384 属。图 6-41 为微生物在门类水平上的物种组成分析柱状图，纵坐标为物种在该样本中的相对丰度，所显示的均为相对丰度 1% 以上的物种的信息。

如图 6-41 所示，采集的不同环境条件样本都表现为以变形菌门（Proteobacteria）、放线菌门（Actinobacteria）和拟杆菌门（Bacteroidetes），上述三种物种分别占不同样本相对丰度的 25%~55%、5%~32.7% 和 3%~42.7%，为所取样本中的优势种。变形菌门在各样本物种相对丰度中均占最大比例，其多为专性或兼性厌氧代谢，包含较多与有机物和无机物代谢（如碳循环、氮和硫循环）有关的菌属，在生物脱氮除磷等其他污染物降解中具有核心作用，并且在人工湿地中广泛分布。

此外，在 BAS、QLS 和 BLS 三个代表土壤（基质）的样本中，绿弯菌门（Chloroflexi）的相对丰度也相对较高，该菌种多为兼性厌氧，在上述三个样本中相对丰度分别为

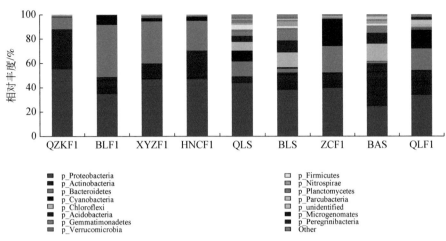

图 6-41 物种组成分析柱状图（门类水平）

14.2%、7.1%和 12.1%，在其他水体样本中相对丰度均不足 1%，可见该类菌种在土壤类环境中更适宜生存。

有研究表明，人工湿地底泥中优势菌种以变形菌门、绿弯菌门（Chloroflexi）和酸杆菌门（Acidobacteria）为主；也有针对潜流人工湿地微生物群落特征的研究发现系统中变形菌门和拟杆菌门的相对丰度较高，其次为绿弯菌门、疣微菌门（Verrucomicrobia）、厚壁菌门（Firmicutes）、酸杆菌门等。可见，本次监测分析结果与相关研究成果具有一致性。

第二，属水平物种组成。如图 6-42 所示，在属的分类学水平上，9 个环境样本中主要细菌类群如下：黄杆菌属（Flavobacterium）、Albidiferax、hgcl_clade、单胞菌属（Polaromonas）和 Limnohabitans，相对丰度分别为 3.4%~37.7%、0.2%~15.1%、0.26%~14.00%、0.6%~12.4% 和 0.15%~10.66%。

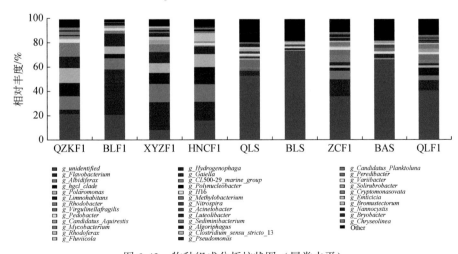

图 6-42 物种组成分析柱状图（属类水平）

传统生物脱氮主要分两阶段完成整个脱氮反应，第一阶段是将 NH_4^+-N 氧化为 NO_3^--N 的硝化过程，第二阶段是将 NO_3^--N 还原为 N_2 的反硝化过程。参与两阶段的主要细菌分别为氨氧化细菌（AOB）、亚硝酸盐氧化细菌（NOB）和反硝化细菌。

相关研究成果表明，参与上述硝化、反硝化作用的细菌主要包括以下属水平菌种：

氨氧化细菌：亚硝化单胞菌属（*Nitrosomonas*）、亚硝化螺菌属（*Nitrosospira*）、亚硝化球菌属（*Nitrosococcus*）、亚硝化叶菌属（*Nitrosolobus*）、节杆菌属（*Arrhrobacter*）等。

亚硝酸盐氧化细菌：硝酸菌属（*Nitrobacter*）、硝化球菌属（*Nitrococcus*）、硝化刺菌（*Nitrospina*）和硝化螺菌属（*Nitrospira*）。

反硝化细菌：目前研究成果表明，可进行反硝化的细菌有 70 多个属，湿地系统内较常见的包括：假单胞菌属（*Pseudomonas*）、硫杆菌属（*Thiobacillus*）、生丝微菌属（*Hyphomicrobium*）、红杆菌属（*Rhodobacter*）、脱硫弧菌属（*Desulfovibrio*）、芽孢杆菌属（*Bacillus*）、微球菌属（*Micrococcus*）、副球菌属（*Paracoccus*）、食酸菌属（*Acidovorax*）、红环菌属（*Denitratisoma*）等。

将本次采集的 9 个环境样本中监测得到的属水平物种与上述细菌属进行对照，根据 16SV3-V4 区测序分析结果，检测出的具有脱氮功能的细菌仅有亚硝化单胞菌属、亚硝化螺菌属、节杆菌属、脱硫弧菌属和红环菌属，相对丰度均不高于 1.3%。上述细菌在各样本中均未表现为优势菌种，与低温影响细菌生长和活性具有一定关系，是低温期湿地系统脱氮效率较低的原因之一。

第三，功能型微生物分布。为了进一步分析不同环境样本中具有脱氮功能的细菌的分布情况，分别采用专项功能基因测序的方式，对黑土洼湿地（QZKF1、QLF1、BLF1、ZCF1、QLS、BLS）和八号桥（BAS）样本进行 *nirS*、AOB 和 ANAMMOX 功能型基因微生物测序，上述区域分别表示具有反硝化、氨氧化和厌氧氨氧化专项功能作用的菌种。但上述区域除 *nirS* 区域有 7 个样本扩增成功外，其他两区域仅 QLS 样本扩增成功。*nirS* 型微生物组成见图 6-43。

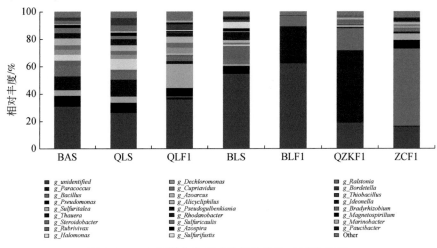

图 6-43　*nirS* 型微生物组成分析柱状图（属类水平）

在扩增成功的 7 个样本中，同时发现潜流湿地水体样本（QLF1）中细菌物种组成与其他土壤（基质）样本物种组成更为接近，可能与水体在潜流湿地基质层中停留有一定关系，此结论与 OTU 和 α 多样性分析结果一致。

在扩增成功的潜流湿地基质样本 QLS 中，检测出 AOB 和 ANAMMOX 功能主要微生物菌种分别为亚硝化单胞菌和 *Candidatus_Brocadia*，丰度分别为 31.5% 和 99.7%。其中 *Candidatus_Brocadia* 为浮霉菌门中一类和浮霉菌属等关系较远的细菌，至今未能成功分离得到纯菌株，该细菌为厌氧氨氧化菌，能够在缺氧环境下利用亚硝酸盐（NO_2^-）氧化铵离子（NH_4^+）生成氮气。可见，在具有传统脱氮作用的同时，湿地系统仍具有可进行厌氧氨氧化脱氮作用的功能菌和相对环境，但菌种较为单一，其作用下的脱氮效果难以保障。

（2）耐低温生物菌剂筛选

在黑土洼湿地潜流湿地单元内进行微生物菌剂的投加及筛选试验。生物菌剂投加后，重点对比考察生物菌剂对单元湿地低温期净水效果的提升效果，通过试验结果对比分析，筛选适用的低温菌剂。

1）试验区基础资料。试验区设置：拟在黑土洼潜流湿地单元一级碎石床内开展平行试验 4 组，其中 1 组为空白对照（图 6-44）。

图 6-44　生物菌剂投加区域示意图

单元湿地情况：选用 4 组并联的单元湿地作为试验区，单元湿地布置结构相同，潜流湿地单元内部填充碎石作为基质材料，单组湿地基本资料见表 6-17。

表 6-17　潜流湿地试验单元

名称	尺寸
湿地单元面积/m^2	450
湿地单元尺寸（长×宽×高）	30m×15m×1.2m
湿地单元水力负荷/[$m^3/(m^2 \cdot d)$]	0.58
进水量/（m^3/d）	260

试验单元进水为永定河地表水，试验期间（10 月至次年 4 月）进水的 TN、NH_4^+-N、COD_{Mn} 和 TP 浓度分别为 2～7mg/L、0.05～0.65mg/L、3～10mg/L 和 0.05～0.2mg/L。

2）生物菌剂及投加量。试验中选取 3 种不同的生物菌剂，分别投加至试验区 1#组～3#组位置，同时设置一组空白对照，具体投加菌剂类别和投加量见表 6-18。

表 6-18　菌剂投加类别及投加量

序号	位置	菌剂名称	投加量/kg	投加比[g/(m^3·d)]	单价/(元/kg)	备注
1	空白对照	空白	—	—	—	—
2	1#组	高效景观净化复合微生物（KO-JGF）	10.0	5.0～10.0	1990	—
3	2#组	复合生物底改颗粒	2.8	0.5～1.0	280	絮凝沉降
		复合生物净水剂	2.8	0.5～1.0	280	硝化反硝化
4	3#组	微生源复合菌	200	700.0～800.0	95	低温型

第一，高效景观净化复合微生物（KO-JGF）。KO-JGF 景观水净化复合菌富含大量水体生态修复有益乳酸菌及高效生物酶，可构建和强化水体微生态系统，有效消除污水的各类污染物，净化水体水质。该菌剂完全从自然中筛选，以乳酸菌为主要成分，采用筛分培养复合等生物技术研制而成，具备快速分解水体中污染物，同时恢复底栖生物活性，修复整个水体生态系统的作用；与湿地基质和植物繁密根系相融合，高效消除污水的各类污染物，净化水体水质。

第二，复合生物菌剂。复合生物净水剂，为优选多种微生物菌群复合制备而成，具有极强的低溶氧繁殖能力，可维持生物稳定生长。该菌剂采用可饲用甚至食用的 GRAS 菌株，保障生物安全性。同时添加专利菌株——具有硝化和反硝化功能的芽孢杆菌。

复合生物底改颗粒，充分分解河道底部淤泥中的有机物，有效抑制底泥及底层水域中有害菌繁殖。复合生物底改颗粒使用后在水体中可快速增殖并形成优势种群，竞争性抑制病原微生物（如弧菌等），增强水体底泥自净能力，生物修复底部生态环境，促进物质能量循环；可促进底栖动植物生长繁殖，有效分解沉降底部的动植物尸体及外来沉降污染物，并将其变为可供植物及优质藻类生长（硅藻、绿藻）的营养物质。

第三，微生源复合菌。微生源复合菌是采用世界先进的微生物母菌识别技术和母菌筛选技术从大自然中萃取优势母菌，再通过纯培养等多种培养方法驯化制得。复合菌成分包括：硝化细菌、亚硝化细菌、亚硝化单胞菌、亚硝化球菌、亚硝化螺菌和亚硝化叶菌、硫化细菌、反硝化细菌、芽孢杆菌、假单胞菌、产碱杆菌，奈瑟菌科、红螺菌科、芽孢杆菌科、纤维黏菌科等和活化酶，以及其他营养物等。当中细菌种类包含上百种，菌落数高达 $5.9×10^{10}$cfu/g，有效果活菌数远高于国家标准 $2.0×10^9$cfu/g，且一菌多株，在快速降解污水中有机物的同时可有效避免细菌相互竞争所造成的冲击问题。

3）投加方法。

第一，菌剂活化。采用的生物菌剂均为粉末状，需根据菌剂要求对其进行活化，再加入湿地单元内，菌剂活化方法如下所示。

其一，高效景观净化复合微生物（KO-JGF）菌剂。

将菌粉 500g 加入 10L 纯净水中，搅拌 3～5min，充分溶解后，静置 60min。

将 10L 菌液逐渐加入 10L 河水中，搅拌 3～5min，静置 60min 后均匀投加入治理水体中。

其二，复合生物菌剂。

将两种菌种与河水 1∶10 混合，稀释过程可以加 1% 红糖（如 10kg 水溶液加 100g 红糖），曝气 6h 后投加效果较好。

混合后缓慢投入治理水体中。

其三，微生源菌剂。

将菌种与河水混合后，搅拌 3～5min 使其均匀混合，然后缓慢投放入治理水体中。

第二，菌剂投加。根据菌剂投加和使用说明，将各种菌剂逐一投加于不同潜流湿地单元内，投加方式为多日连续投加，具体方法如下所示。

其一，高效景观净化复合微生物菌剂（KO-JGF）。

第一日，活化 5kg 复合微生物菌剂，在潜流湿地进水池处逐渐加入水体，水流充分流经湿地系统；

第二日，停止进出水，湿地系统静置 3 天；

第五日，重新启动进水系统，并活化 3kg 复合微生物菌剂，在进水池处逐渐投加，系统连续运行；

第十日，活化 2kg 复合微生物菌剂，在进水池处逐渐投加，系统连续运行。

其二，复合生物菌剂。

前期（富集期）每次两种菌剂各加 200g，每天 1 次，连续投放 5 天；

后期（维持期）每次两种菌剂各加 300g，每 5 天投放 1 次。根据投放后微生物在基质中的富集状况确定投放次数，不方便取样检测的话，建议后期连续投放 6 次。

其三，微生源菌剂。

第一日，将活化后的菌剂逐渐投加于湿地进水口，一次投加即可；

第二日，停止进出水，湿地系统静置 3 天；

第五日，重新启动进水系统。

4）净化效果对比。低温菌剂筛选试验周期为 10 月至次年 4 月，试验期间水温变化幅度显著。初期水温维持在 10～12℃；11 月后，温度降至 4～7℃；12 月至次年 2 月，进水温度仅为 2℃左右；随后温度开始逐渐回升，至次年 4 月初期水温约为 8.5℃。试验期间水温整体情况对微生物的生长具有限制性作用。

试验期间，不同微生物菌剂投加单元及其水质净化效果见图 6-45。

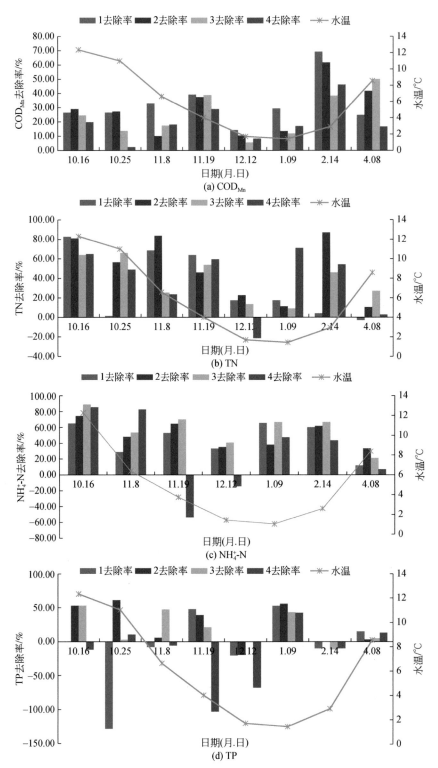

图 6-45　水质净化效果对比

1 为空白对照；2 为 1#组；3 为 2#组；4 为 3#组

试验周期内不同湿地单元污染物去除效果整体情况表明，低温条件下（水温低于15℃时），投加微生物菌剂的单元对含氮、磷污染物的净化起到一定促进作用；但对COD_{Mn}的去除促进效果不明显。空白对照组对COD_{Mn}的去除率为14.4%～69.24%，平均去除率为32.9%。而投加微生物菌剂后，1#～3#组对上述两项污染物的平均去除率分别为28.91%、25.05%、19.73%。

试验期间，空白对照组对TP的去除率为-127%～52.63%，平均去除率为-6.27%，TP在低温时期去除率多出现负增长趋势，也表明了该污染物在低温时期出现脱附现象。投加微生物菌剂后，1#～3#组对上述污染物的平均去除率分别为24.68%、20.17%和-16.52%。就平均去除率而言，1#、2#组TP的去除效果有一定改善，但效果并不稳定；而3#组内所添加的微生源复合菌对磷的去除并未表现出促进效果。

对含氮污染物的水质净化效果表明，1#、2#组投加生物菌剂后对TN和NH_4^+-N的净化起到积极的促进作用，与空白对照组进行对比，两组对上述含氮污染物的平均去除率分别提升了18.3%、5.38%和6.53%、12.87%；3#组对上述两种污染物的平均去除率为37.83、28.30%，仅对TN的去除效果有所提升，而对NH_4^+-N的去除效果并未改善。分析不同温度条件下的去除效果发现，温度降至2～4℃后，生物菌剂对TN净化改善效果不显著，但随温度的回升，投加生物菌剂的单元的去除率回升趋势更为明显。

试验结果表明，1#、2#组所投加的生物菌剂对低温期氮、磷类污染物的净化起到一定促进作用，而综合对比两种菌剂的投加量、投加比和单价等因素，3#组所投加的微生源复合菌效益更为显著。而所选取的生物菌剂的投加对有机物去除效果并无显著作用。

6.3　仿自然功能型湿地技术优化集成研究

基于北方地区低温特点，针对永定河来水低碳高氮特征，结合自然湿地形态和生物多样性特征，借鉴生物脱氮除磷原理，综合集成多生境生物强化脱氮、底泥调节缓释除磷、仿自然湿地冰下运行等技术，重点突破氮、磷污染物湿地净化技术瓶颈，破解北方地区仿自然湿地越冬运行难题，最终优化形成北方低温河流高标准水质保障仿自然湿地构建技术，实现仿自然湿地系统对N/P污染物削减率高于30%的预期目标。

北方低温河流高标准水质保障仿自然湿地构建技术包括：多生境生物强化脱氮技术、底泥调节缓释除磷技术、仿自然湿地冰下运行技术。

6.3.1　多生境生物强化脱氮技术

针对永定河水低碳高氮特征，借鉴生物脱氮技术原理，构建以滩塘为主的"植物滤网-天然介质"复合生境，通过自然截流沉降、溶氧环境优化、载体面积扩增、自然富碳补给，创建仿自然湿地强化脱氮条件，实现氮入河削减率达30%以上。

（1）以生态塘为主体构建深潭浅滩交错自然生境

基于仿自然湿地系统功能规划和项目区域河滩地条件，综合集成溪流、生态塘、表流湿地、潜流湿地等不同形态湿地，形成多塘串联的总体布局，兼顾水质净化和生态修复功能的自然生境（图6-46）。

上段以蜿蜒型溪流和生态塘串联，构成自然输水渠道和沉沙区；中下段以单个面积为2万~8万 m^2 的生态塘、岛屿、表流、潜流等多种湿地形态交错构成水质净化区。基于深槽、边滩、塘、岛的多样化结构，以及多形态湿地类型交错分布，保持系统复杂性和连通性，形成浅滩与深潭空间格局，为适于不同环境的微生物提供多样化富集空间，为底栖动物、鱼类等水生动物群落提供产卵、发育、繁衍、迁徙及避难场所；与此同时，通过延长水流路径和水力停留时间至15~20天，加强水位波动变化，促进物理、化学、生物协同净水作用效果发挥。

(a) 深潭浅滩生境总体布置效果图

(b) 岛屿湿地

(c) 溪流湿地

图 6-46　以生态塘为主的深潭浅滩自然生境

（2）以人工引导为主构建水生植物复合生境

基于湿地系统水深条件变化，实施以人工引导为主的水生植物优化配置，在以生物塘为主的1m以上深水区布置立体生态浮床，同时优选并种植氮磷吸收效率高、易收割清捞的苦草、狐尾藻，配置与之空间生态位共生的黑藻、金鱼藻等暖季型沉水植物。在以溪流边滩、表流及潜流湿地为主的0.5m以下浅水区配置以芦苇为主的挺水植物，搭配千屈菜等兼具水质净化与景观的品种，减少对香蒲等易倒伏植物的栽种（图6-47）。

水生植物群落净水作用不仅表现为对氮、磷等营养物质的吸收，植物根系及植株形成的密集的植物滤网还有益于增强对难溶解污染物的截流、吸附、促进沉降等综合效果。水生植物配置形成以植株为单元的模块式生境，为微生物群落提供巨大的附着面积；植物光合作用使根系周边形成好氧及缺氧微环境，有利于为对氧需求不同的微生物提供适宜生境，同时分泌的小分子可溶性有机物，为生物脱氮补充了可利用碳源，强化了微生物脱氮作用。

图6-47 以人工引导为主的水生植物复合生境

（3）借鉴人工湿地技术构建多介质复合生境

鱼鳞湿地生境：优化传统生物塘构建形式，采用砾石铺设形式进行土壤底泥改良，增大底层微生物富集面积。以铅丝石笼形式固定码放、多条并联布置形式，构建形成近自然渗滤丁坝；碎石作为丁坝主体材料，兼具截流、过滤和扩大微生物富集空间的作用，配合水生植物栽种，促进基质-植物-微生物协同净水作用，强化局部生物净水效率（图6-48）。

(a) 多介质生境布局效果图

(b) 底部基质 　　　　　　　　(c) 近自然渗滤丁坝

图 6-48　鱼鳞湿地生境

潜流湿地生境：基于生物脱氮除磷原理及研究成果，构建两级潜流湿地与生态塘集成串联的短程硝化反硝化脱氮湿地单元，湿地单元内进行铁屑+焦炭、焦炭、石灰质碎石、活性炭、生物陶粒等基质材料的优化配置。通过水位调控措施，促进复氧效率提升，构成"缺氧/厌氧–好氧"微环境，破解传统人工湿地内缺氧/厌氧条件对硝化功能菌生长的限制因素，提升生物脱氮效率（图 6-49 和表 6-19）。

(a)　　　　　　　　　　　　　　(b)

图 6-49　潜流湿地生境

表 6-19　潜流湿地基质填料配置

湿地系列	湿地单元	基质材料及铺设厚度
A	水平潜流	回填土 400mm 珍珠岩 50mm $\phi10 \sim 20$mm 碎石 1500mm
	上行垂直流	$\phi0.1 \sim 2$mm 河砂 200mm $\phi5 \sim 10$mm 焦炭 70%+铁屑 30%550mm $\phi10 \sim 20$mm 碎石 450mm
B	水平潜流	回填土 400mm 珍珠岩 50mm $\phi10 \sim 20$mm 碎石 1500mm
	上行垂直流	$\phi0.1 \sim 2$mm 河砂 200mm $\phi5 \sim 10$mm 焦炭　550mm $\phi10 \sim 20$mm 碎石 450mm
C	水平潜流	回填土 400mm 珍珠岩 50mm $\phi10 \sim 20$mm 碎石 1500mm
	上行垂直流	$\phi0.1 \sim 2$mm 河砂 200mm $\phi2 \sim 5$mm 碎石 550mm $\phi10 \sim 20$mm 碎石 450mm

湿地系列	湿地单元	基质材料及铺设厚度
D	水平潜流（一级）	$\phi 5 \sim 10mm$ 火山岩 150mm $\phi 10 \sim 20mm$ 碎石 1500mm
	水平潜流（二级）	$\phi 10 \sim 20mm$ 柱状活性炭 1500mm
E	水平潜流（一级）	$\phi 5 \sim 10mm$ 火山岩 150mm $\phi 10 \sim 20mm$ 生物陶粒 1500mm
	水平潜流（二级）	$\phi 10 \sim 20mm$ 沸石 1500mm
F	水平潜流（一级）	$\phi 5 \sim 10mm$ 火山岩 150mm $\phi 10 \sim 20mm$ 碎石 1500mm
	水平潜流（二级）	$\phi 10 \sim 20mm$ 碎石 1500mm

6.3.2 底泥调节缓释除磷技术

针对表流湿地 TP 去除技术瓶颈，自主研发以生石灰为主要原料的缓释除磷材料，采用掺混调理方式，表流湿地除磷负荷由 $0.01g/(m^2 \cdot d)$ 提升至 $0.1 \sim 0.87g/(m^2 \cdot d)$，实现磷入河削减量达到 30% 以上，缓释除磷效果延长至 3 年（图 6-50）。

(a) 铺设前   (b) 铺设后

图 6-50 底泥调节缓释除磷

6.3.3 仿自然湿地冰下运行技术

针对北方地区人工湿地越冬难题，形成"胸墙式冰下折流取水–高水位调控"运行模式，实现仿自然湿地冰下运行。基于"地温–冰盖"协同增温保温作用，维持低温期（水温低于 15℃）系统不冻结，冰下水温维持 $2 \sim 3$℃，降低生物温度胁迫，冷季型沉水植物生物量、生理活性维持最佳温度条件下的 10%~20%，提高低温期植物滤网作用，实现低温期（水温低于 15℃）N/P 削减率达到 20% 以上。

（1）冰下运行技术

针对北方地区低温特点，首端设置跌水闸板，采用"胸墙式冰下折流取水"可有效保证进水口不受冰冻影响。冬季封堵前调节运行水位，湿地系统高水位运行，直至冰冻期形成冰盖，形成冰下运行方式，基于"地温–冰盖"协同增温保温作用，维持低温期（水温低于15℃）系统不冻结，冰下水温维持2～3℃。

（2）"菹草+狐尾藻"冷季型沉水植物配置

基于时间生态位互补原则，鱼鳞湿地、生物塘内进行以菹草、狐尾藻为主的冷季型沉水植物配置。提高低温期沉水植物生物量，强化植株形成的滤网对污染物的拦截、过滤等净水作用。

（3）复合芽孢杆菌强化

基于研究成果，对鱼鳞湿地、试验区潜流湿地进行耐低温微生物投加，形成局部强化措施。进入低温期（水温低于15℃）前，于上述单元基质层投加复合芽孢杆菌，投加量为 $0.5 \sim 1 \text{g}/(\text{m}^3 \cdot \text{d})$，连续投加10天，优化具有脱氮功能的微生物的分布特征，强化低温期对含氮污染物的去除效果。

（4）天然基质保温覆盖

潜流湿地区结合基质材料优化配置，采用珍珠岩、火山岩等天然基质材料作为保温覆盖物对湿地进行保温隔离，形成一个绝热保温层，阻断大气低温对湿地的影响，有效避免湿地床水温耗散，防止北方人工湿地的冬季冰冻。

6.4 本章小结

通过任务研究工作，形成关键技术：北方低温河流高标准水质保障仿自然湿地构建技术。

重点针对永定河河道受污染来水水质波动大、氮磷污染物超标、北方低温地区功能湿地出水长效稳定达标难等重点、难点问题，本研究基于人工湿地结构特征和技术要点，同时借鉴生物脱氮除磷技术原理，开展高效脱氮除磷湿地净化技术、湿地长效稳定运行关键技术、仿自然功能型湿地技术优化集成等研究。重点突破了氮磷污染物湿地净化、北方低温地区稳定运行等人工湿地水质净化技术瓶颈，通过实现单项技术突破和集成提升，形成北方低温河流高标准水质保障仿自然湿地构建技术。

基于北方地区低温特点、水源地高标准要求，结合自然湿地形态和生物多样性特征、人工湿地构建技术要点，同时借鉴生物脱氮除磷原理，综合集成多生境生物强化脱氮、底泥调节缓释除磷等技术，重点突破氮磷污染物湿地净化技术瓶颈。综合集成胸墙式冰下折流取水、高水位运行等调控技术，"菹草+狐尾藻"冷季型沉水植物配置、复合芽孢杆菌强化、天然基质保温覆盖等措施，破解北方地区仿自然湿地越冬运行难题，最终优化形成低温河流高标准水质保障仿自然湿地构建技术体系，破解北方地区仿自然湿地越冬难题。

第一，多生境生物强化脱氮技术。结合表流、塘、潜流等人工湿地结构特征和技术要点，借鉴生物脱氮技术原理，通过以生态塘为主体构建深潭浅滩交错自然生境，以人工引导为主构建水生植物复合生境，借鉴人工湿地技术构建多介质复合生境，配合水量/水位调控构建微溶氧复合生境等措施，增强水位自然波动、延长水力停留时间、优化微生物富集环境，强化物理、化学、生物协同净化作用，实现 N 入河削减量达到 30% 以上。

第二，底泥调节缓释除磷技术。针对表流湿地 TP 去除技术瓶颈，以生石灰（主要成分为 CaO）为主要原料，研制钙基缓释除磷填料，对磷的理论饱和吸附量 G_0 可达到 220.26 ~ 806.45mg/kg。采用自然渗滤或底泥调理方式，表流湿地除磷负荷由 0.01g/（m² · d）提升至 0.1 ~ 0.87g/（m² · d），实现 P 入河削减量达到 30% 以上，缓释除磷效果延长至 3 年。

第三，仿自然湿地冰下运行技术。针对北方地区低温特点，通过采用胸墙式冰下折流取水、高水位运行等调控技术，破解北方地区仿自然湿地越冬运行难题。集成"菹草+狐尾藻"冷季型沉水植物配置、复合芽孢杆菌强化、天然基质保温覆盖措施，局部增强低温期保温效果，强化仿自然湿地低温期水质净化效果。

第7章 河流-湿地生态连通 及微污染水体净化技术

7.1 妫水河水生植物群落构建与优化配置研究

7.1.1 北京市河流系统水生植物群落构建研究

北京市河流系统水生植物群落构建与优化配置时，考虑到水体环境在北京市范围内存在较大的差异性，为简明扼要地说明重点，省略水生植物初选步骤，以北京市常见的水生植物作为初选结果，直接进入物种优选阶段。

7.1.1.1 北京市水生态修复物种选择

筛选北京市水生态修复的水生植物物种时，由于不同河流不同位置的水环境条件迥异，需先根据生态修复目标的重要性将河流分区（由于篇幅所限，本处不再赘述，具体方法参见7.1.2节相关内容），将北京市常见的水生植物直接作为符合北京市河流水系环境条件下可以生长的初选物种，开展基于水生态服务功能的优化筛选工作。

以水质较差且生态功能需求较多的区域为例，按照生态修复目标重要性，依次选择金鱼藻、菹草、香蒲、芦苇、水葱、水鳖作为备选水生植物。

重复以上操作，直至河流全部生态分区的备选植物均筛选出来，最终筛选出的适宜水生植物群落的挺水植物有荷花、芦苇、香蒲；浮水植物有睡莲、荇菜；沉水植物有金鱼藻、菹草、黑藻、苦草、眼子菜。

7.1.1.2 水生植物群落优化配置模式

根据北京市水生植物群落的特点，筛选出北京市本土水生植物中常见的优势种，以及常见的伴生种。根据上一步的筛选结果，找出可用物种中的优势种作为备选，以便在后面的水生植物时空优化配置中进一步筛选。经过筛选的北京市常见水生植物群落组合模式见表7-1。

表 7-1 北京市常见水生植物群落组成

群落类型		群落植物组成
单优势层群落	单优势种群落	大茨藻
		水毛茛
		黑藻
		狐尾藻
		苦草
		芦苇
		香蒲
		菹草
	挺水植物群落	菰+鸢尾
		美人蕉+菰
		香蒲+小香蒲+芦苇+球穗扁莎+荆三棱
		香蒲+小香蒲+慈姑
	浮水植物群落	槐叶萍+浮萍+紫萍
	沉水植物群落	眼子菜+水毛茛+黑藻+菹草
		眼子菜+狐尾藻+菹草+苦草+金鱼藻+黑藻
		眼子菜+水毛茛+狐尾藻+菹草+黑藻
		眼子菜+菹草+荇菜
		大茨藻+轮藻
		大茨藻+菹草
		黑藻+北京水毛茛+眼子菜
		黑藻+大茨藻+小茨藻+金鱼藻+眼子菜+狐尾藻
		狐尾藻+眼子菜+金鱼藻
		狐尾藻+黑藻+菹草+大茨藻+金鱼藻+眼子菜
		狐尾藻+眼子菜+金鱼藻
		狐尾藻+小茨藻+眼子菜+菹草
		金鱼藻+狐尾藻+眼子菜
		苦草+黑藻+眼子菜+金鱼藻
		眼子菜+黑藻+金鱼藻+狐尾藻+菹草+大茨藻
		眼子菜+眼子菜+黑藻+金鱼藻
		水毛茛+眼子菜
		金鱼藻+黑藻+苦草

续表

群落类型	群落植物组成
多优势层群落	荷花+香蒲-睡莲+萍蓬草-苦草+金鱼藻
	豆瓣菜-荇菜+浮萍+紫萍-金鱼藻+菹草+黑藻
	芦苇+香蒲+芒稗-槐叶萍+紫萍+荇菜-眼子菜+黑藻+大茨藻
	芦苇+千屈菜+野慈姑-金鱼藻+石龙尾
	水葱+芦苇+香蒲+花蔺+野慈姑+球穗扁莎-荇菜+紫萍+浮萍-金鱼藻+眼子菜
	荇菜-黑藻+眼子菜+菹草
	荇菜-水葱+香蒲
	菖蒲+水芹-菹草+黑藻

注：不同层片之间使用"-"连接，如挺水植物层片和浮水植物层片间就以"-"连接；相同层片之内不同物种之间使用"+"连接

7.1.2 北京市妫水河世园段水生植物群落设计

7.1.2.1 研究区不同生态区段生态修复目标

(1) 河流生态区段划分

河流分段的目的是识别不同生态区段的健康问题，以便针对性地提出解决方案。不同河段的生态系统存在不同生态环境问题且功能定位不同，修复目标相应存在差异，如开发过度、污染问题突出的河段，需要优先恢复其自净功能；重要生态功能区，则优先保证其生态功能的实现；当各项功能不能同时满足时，需要考虑功能重要性次序。因此，针对不同问题或者不同河段的同一问题，需制定不同的修复方案。

参考河道蜿蜒程度、河漫滩存在位置、河岸带坡度、生境特点、城区距离等自然条件与人类活动特征，将河流自上游至下游分解成不同的段落，针对各个段落的河道、河漫滩、河岸带等提出适宜的水生植物群落配置模式。

河道中心位置通常生长着对深水适应性较强的沉水植物和底栖动物，从河心向河岸随着水深减小，依次生长着浮水植物和挺水植物；河岸带则是湿生植物群落和水生植物群落交替存在；枯水位至指定频率洪水位之间的河床以及对应的淹没范围，被称为河漫滩，其主要植被群落类型为水文梯度上的"水生-旱生"演替序列；在河漫滩与周围高地之间的过渡地带，其水位通常在高水位上下浮动，被称为高地边缘过渡带，主要的植被类型是乔灌木植被（图7-1）。

(2) 妫水河世园段分段结果

在妫水河世园段干流及三里河支流，沿岸选取方便近岸观察且具有一定特征的九个点作为调研点，调研点分布见图7-2。

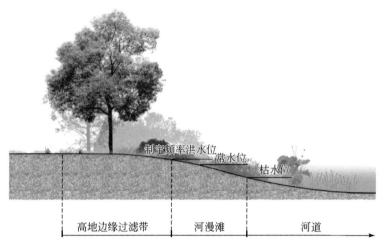

图 7-1　河流生态区划分示意图

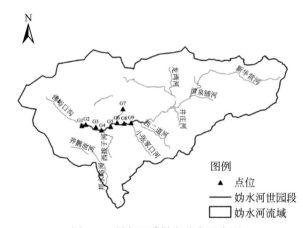

图 7-2　研究区采样点分布示意图

根据妫水河特点，将妫水河世园段划分为 5 个河段，以调查点位作为河段分割点，河段命名形式为"河段分区–起始采样点序号–末端采样点序号"。河段名称分别为世园段末端Ⅱ-2-1-3、雅荷园河段Ⅱ-2-3-5、三里河下游Ⅲ-1-5-6、夏都公园下游Ⅲ-1-6-8、世园段首段Ⅲ-1-8-9，各段的代表采样点依次为 G2、G4、G6、G8、G9。

（3）水生植物调研

1）植物样方选取。植物样方选取参考英国河流栖息地调查方法（RHS）和《河流生态调查技术方法》，在采样点河段左右两岸分别选取 200m 长、100m 宽的河段作为植物调查单元，每个植物调查单元中选取 50m×50m 的研究样方，同时设置 2～3 条垂直于河岸的样线，在小样方间距大于 5m 的前提条件下，在 50m 长的样线上选取 3 个 1m×1m 的植物调查小样方，合计每个点位选取 6～9 个 1m×1m 的植物小样方。

2）植物分析方法与指标。植物调研主要关注采样点的生物多样性以及水生植物群落类型。调研前期开展了三次野外植物调查工作，共收集2160余条水生植物群落数据，包括植物种类、植株高度、物种多度、物种盖度等。基于野外调查数据，采用群落分类法，参考《中国湿地植被》《北京生物资源系列丛书：北京湿地植物》《植被生态学》等多本书籍，总结分析不同点位的植物群落类型；利用方差分析、主成分分析和典范对应分析等分析方法，计算水生植物物种多样性。

通常，植物多样性数量指标有：物种丰富度（R）——表示样方中物种种类的总数；Shannon-Wiener 物种多样性指数（H'）——表示随机抽取物种的不确定程度；Simpson 指数（d）——表示随机抽取物种不相遇的概率；Pielou 均匀度指数（J）——表示综合考虑种类多样性和分布均匀性的生物多样性。

3）植物调研结果。对妫水河世园段不同河段代表采样点 G2、G4、G6、G8、G9 进行植物调研，并记录河岸、岸线以及水体中的植物种类、植株高度、物种盖度、生物量等信息，并选取岸线及水体中的水生植物进行河段水生植物多样性指数计算，计算结果见表 7-2。

表 7-2　妫水河世园段不同河段植物多样性指标调查结果

河段名称	数级类别	物种丰富度（R）	Pielou 均匀度指数（J）	Shannon-Wiener 物种多样性指数（H'）	Simpson 指数（d）
世园段末端 Ⅱ-2-1-3	最大值	7.000	0.966	1.433	0.709
	最小值	3.000	0.737	0.451	0.278
	平均值	4.000	0.784	0.982	0.543
雅荷园河段 Ⅱ-2-3-5	最大值	7.000	0.966	1.443	0.728
	最小值	1.000	0.000	0.000	0.000
	平均值	3.833	0.628	0.915	0.478
三里河下游 Ⅲ-1-5-6	最大值	7.000	0.890	1.665	0.792
	最小值	3.000	0.732	0.924	0.554
	平均值	4.750	0.830	1.220	0.644
夏都公园下游 Ⅲ-1-6-8	最大值	6.000	0.850	1.380	0.710
	最小值	3.000	0.190	0.263	0.113
	平均值	4.500	0.617	0.933	0.492
世园段首段 Ⅲ-1-8-9	最大值	9.000	0.971	1.617	0.714
	最小值	2.000	0.736	0.549	0.363
	平均值	4.000	0.834	0.939	0.532

调研结果显示，妫水河世园段的五个河段中，东大桥水文站附近的世园段首段局部具

有较高的物种丰富度，河段平均丰富度最高的是水体氮磷含量相对较高的三里河下游；雅荷园河段物种丰富度和其他生物多样性指数相对较低，局部样方内仅有一种植物，其Pielou 均匀度指数、Shannon-Wiener 物种多样性指数和 Simpson 指数均为 0，根据实际调研结果推测其植物多样性较低的原因是雅荷园河段采样点附近为施工现场，植物生长环境遭到破坏，区域生态系统平衡被打破。整体来看，以 Shannon-Wiener 物种多样性指数表征的多样性水平并不高，多个河段的 Pielou 均匀度指数和 Simpson 指数平均值大于等于 0.5，达到中等水平，总体上种类数目不多，但是分布比较均匀，处于中等水平。

（4）不同区段修复目标

根据水质与植物群落调查结果，结合样点的地理环境，识别不同河段在准则层指标（水质修复指标、水生态修复指标、社会经济服务功能指标）的优先级以及重点修复位置。妫水河世园段没有典型的河漫滩，故不考虑河漫滩位置的水生植物修复设计，修复位置即河道或者河岸带，优先级分为三个等级，即最高优先级（简称最高）、次要优先级（简称次要）和最低优先级（简称最低），其优先程度根据样点的水质条件、植物现状和人类活动强度等决定，具体见表 7-3。

表 7-3　不同河段修复位置及修复目标优先等级

河段名称	修复位置	优先级		
		水质修复	水生态修复	社会经济服务功能
世园段末端Ⅱ-2-1-3	河岸带	次要	最高	最低
雅荷园河段Ⅱ-2-3-5	河岸带及河道	最低	最高	次要
三里河下游Ⅲ-1-5-6	河道	最高	次要	最低
夏都公园下游Ⅲ-1-6-8	河岸带	最低	次要	最高
世园段首段Ⅲ-1-8-9	河道	最高	次要	最低

不同河段修复位置的选取，一方面依据河岸、岸线、水体的物种数分布情况，如水体植物占比较少的河段，修复位置集中在河道；岸线植物物种较少的河段，修复位置集中在河岸带。另一方面依据河段的地形条件，如河岸固土护坡要求较大的地区着重河岸带修复，河岸完整且坚固的地区着重河道修复。

7.1.2.2　妫水河水生植物群落配置设计方案

采样点 G4 是政府规划中的雅荷园，修有栈道、观景台等亲水设施，雅荷园河段Ⅱ-2-3-5 宽 200m 左右，便携式流速仪测得其近岸平均流速 0.1m³/s，河段植物修复目标以水生态修复为主，重点构建观景栈道附近的亲水景观以及河岸带的河岸防护群落。以采样点 G4 雅荷园断面为典型河段为例，研究利用水生植物修复技术进行生态修复的实施方案。

根据调查结果及河段特征，雅荷园河段Ⅱ-2-3-5 的生态修复目标指标层的指标重要性排序为：亲水空间娱乐功能＝景观价值＞丰富物种多样性＞护坡固土功能＝营养元素去除率>经济产能>抑制藻类生长=修复有机污染。

按照生态修复目标重要性排序，筛选适宜生态修复的植物，并根据水生植物群落优化设计原则在采样点河岸带栽植。雅荷园主要修复目标是构建亲水娱乐空间和体现景观价值，同时注重修复受损生态系统，维护该地区水生生态系统的平衡。选择植物时，以种植在岸线的挺水植物为主，为保证生态完整性需要配置沉水植物平衡系统中的水下生物和微生物，为增添景观效果南岸选择浮水植物睡莲。植物组合时，考虑北京市延庆区冬天气候干燥寒冷的特点，选用耐寒挺水植物（+暖季挺水植物）–浮水植物–暖季沉水植物+冷季沉水植物的组合模式，北岸的群落组合为菖蒲+芦苇+荷花–苦草+金鱼藻，南岸的群落组合为千屈菜+香蒲–睡莲–苦草+眼子菜。

由于河面较宽，河流中泓线流速升高，为保障河道行洪能力，雅荷园水生植物修复措施主要集中在河岸带及近岸。

植物种类及其种植密度、种植时间见表 7-4。

表 7-4　雅荷园河段水生植物种植方案

植物种类	种植密度	种植时间	类型
千屈菜	15 株/m²	3 月下旬至 10 月上旬	耐寒型挺水植物
芦苇	25 株/m²	3 月下旬至 10 月上旬	暖季型挺水植物
香蒲	15 株/m²	3 月下旬至 9 月中旬	耐寒型挺水植物
菖蒲	40 株/m²	3 月中旬至 10 月上旬	耐寒型挺水植物
荷花	2 支/m²	3 月中旬至 4 月下旬	暖季型挺水植物
睡莲	3 头/m²	2 月下旬至 10 月中旬	耐寒型浮水植物
苦草	25 株/m²	4 月中旬至 9 月下旬	暖季型沉水植物
眼子菜	10 丛（7 株/丛）	4 月中旬至 10 月上旬	冷季型沉水植物
金鱼藻	10 丛（7 株/丛）	4 月中旬至 10 月上旬	冷季型沉水植物

7.1.2.3　妫水河水生植物配置实施效果

调查时间为 2019 年 6～10 月，共展开三次野外调查，调查结果显示，河流多处生物多样性增加，群落发展繁茂。分析雅荷园河段采样点垂直河流断面的植物调查结果，绘制该断面植物修复后的 Shannon-Wiener 物种多样性指数分布散点图（图 7-3）。

根据现场调研结果，雅荷园河段进行植物修复前，岸线和水体样方的 Shannon-Wiener 物种多样性指数最高为 1.443，最低为 0，平均为 0.915。实施水生植物修复措施后，Shannon-Wiener 物种多样性指数最高达 2.27，最低为 1.88，平均为 2.05。断面水生植物调查及多样性指数分析结果显示，该区域水生生态系统逐渐恢复，生物多样性指数升高，推测未来两年内水生植物群落会逐渐趋于稳定，区域水生生态系统稳定性会有阶段性提升。

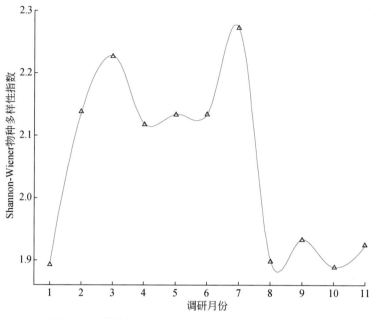

图 7-3 植物修复后 Shannon-Wiener 物种多样性指数图

7.2 河流–湿地群水循环系统构建技术研究

7.2.1 妫水河河流–湿地群构建思路

妫水河河流–湿地群水循环系统示范区位于妫水河入官厅水库上游段，妫水河流域下游区域，延庆中心城区世园段，在妫水河流域中的位置见图 7-4。

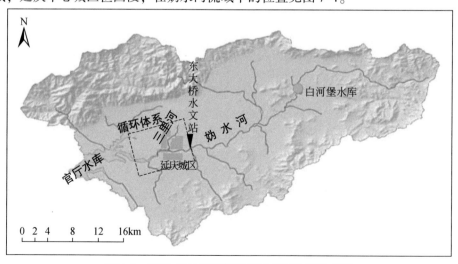

图 7-4 河流–湿地群循环系统示范区位置示意图

河流-湿地群水循环系统示范区上游边界为东大桥水文站，2003年上游白河堡水库建设前后，东大桥水文站的月均水量发生明显变化。对白河堡水库建设前（1995~2002年）和白河堡水库建设后（2003~2010年）的水文序列数据进行比较发现，白河堡水库建设前月均流量变化较小，为近天然状态，见图7-5。

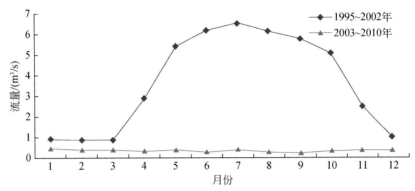

图7-5　白河堡水库建设前后东大桥水文站月均流量变化图

自2003年上游白河堡水库修建以来，妫水河下游河道流量变化较大，丰水期月均流量减小近90%。针对下游流量减少及人居环境的需要，在入官厅水库前建设农场橡胶坝，减少下泄流量，保障城区河段连续有水并形成水面景观。但是，农场橡胶坝降低了城区河段水体的流动性，使城区河段成为缓流水域，水质持续恶化。在妫水河城区河段构建水循环体系，在河岸构建表流湿地，提高城区河段水体流动性，解决水质问题，同时在一定程度上缓解下游水量减小的问题。

妫水河水循环系统拟利用现有城北循环管线，将三里河、G6辅路明渠及妫水河串联为"内循环""外循环"，使水系"活"起来；连通新建潜流湿地和河道及沟渠表流湿地，实现水体多重循环净化，保障城区河段及沟渠水质达到地表水Ⅲ类标准，改善世园段水体水质。

"内循环"：从西湖提水（0.8m³/s）经城北循环管线输入至三里河上游，进入三里河西侧潜流湿地，湿地面积22.6hm²，净化后出水（0.4m³/s）进入三里河表流湿地，流动4.7km后汇流到妫水河，形成"内循环"。

"外循环"：三里河潜流湿地剩余水量（0.4m³/s），通过城北循环管线输送到G6辅路右侧生态沟渠，流动2.04km后通过暗渠自妫水河大桥右侧入河口进入妫水河表流湿地，形成"外循环"。

水循环系统流程见图7-6。

为研究湿地群及水循环系统对水质的净化效率，采用模型对工程尺度的设计进行评估及优化。

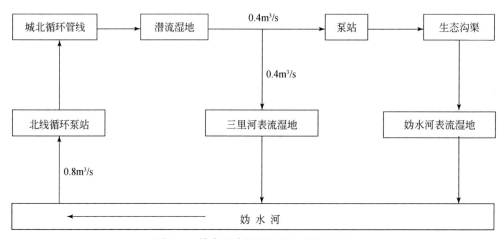

图 7-6 妫水河水循环系统工艺流程图

7.2.2 妫水河湿地群水循环系统构建

7.2.2.1 模型构建

模型选用 UTM-50 大地坐标系，采用三角形非结构网格，根据人工湿地布局、河道深泓及河漫滩的形态，对妫水河深泓河道和三里河进行局部加密，总节点数为 4025，总网格数为 7025。有两个进水断面，分别位于妫水河上游和三里河上游，下游出流边界为官厅水库库尾，农场橡胶坝为控制水位边界。由于上游水库建设运行，妫水河上游入流水量小，根据资料和湿地调研，流量（Q）在年内变化不大，计算区域的流量边界按现状流量；水质计算边界采用监测入流水质数据。通过现场踏勘及资料收集，区间污染源主要分布在三里河沿岸，沿途点源及面源排污口概化为三个主要污染源（图 7-7）。

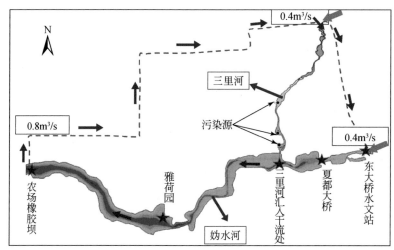

图 7-7 计算区域水循环系统示意图

7.2.2.2　边界条件及区间参数设置等

妫水河表流湿地模拟计算的工况有 3 个，工况 1 不考虑湿地植物生长的无植物情景，研究区各参数空间均匀；工况 2 考虑河岸带种植植物但循环体系不运行（即不调水，以下模拟时简称不调水），设定植物种类和密度，分区设定植物种植条件下底泥需氧量、呼吸耗氧量、曼宁系数和最大午时氧气生成量；工况 3 考虑河岸种植植物和循环体系运行（即调水，以下模拟时简称调水）的综合情景。各工况条件下，妫水河及三里河入流流量及水质状况见表 7-5。

表 7-5　各工况入流流量及各水质状况

项目	河道入流	$Q/(m^3/s)$	DO/(mg/L)	NH_4^+-N/(mg/L)	硝酸盐/(mg/L)	磷酸盐/(mg/L)
工况 1	妫水河	1.70	10	0.219	1.630	0.08
	三里河	0.26	4	0.270	0.154	0.10
工况 2	妫水河	1.70	10	0.219	1.630	0.08
	三里河	0.26	4	0.270	0.154	0.10
工况 3	妫水河	2.10	10	0.219	1.630	0.08
	三里河	0.66	4	0.270	0.154	0.10

水质初始条件包括 5 个状态变量，分别为流量（Q）、DO、NH_4^+-N、硝酸盐、磷酸盐。根据妫水河水质特征以及 2018 年 5 月～2019 年 3 月水质监测数据，DO 取值 9.8mg/L，NH_4^+-N 取值 0.1mg/L，硝酸盐取值 0.76mg/L，磷酸盐取值 0.3mg/L。

模型根据植物的分布，对相关参数进行空间设定，妫水河植物分区状况见图 7-8，各区植物配置见表 7-6。

循环系统植物种植后，妫水河表流湿地糙率值设定依据妫水河植物布局一共分 12 个区域，分区及编号见图 7-8，各区植物种植情况见表 7-6。

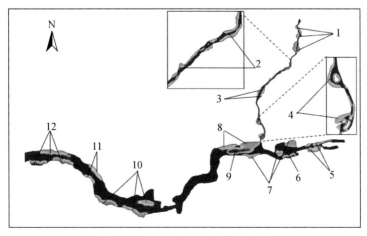

图 7-8　循环体系植物分区示意图

其中，挺水植物芦苇、千屈菜、菖蒲、香蒲、水葱和鸢尾种植密度均为 8 株/m², 荷花为 2 株/m²; 沉水植物眼子菜、金鱼藻、狐尾藻、黑藻和菹草种植密度均为 20 ~ 30 丛/m², 每丛 2 株，苦草为 40 ~ 60 丛/m²，每丛 2 株。不同植物所在区域的最大午时氧气生成量（P_{max}）、呼吸耗氧量（R）和底泥需氧量（SOD）见表 7-6。

表 7-6 循环体系分区植物配置及水质参数汇总

区域编号	植物情况	曼宁系数 /$(m^{\frac{1}{3}}/s)$	P_{max}/ $[mg/(m^2 \cdot d)]$	R/ $[mg/(m^2 \cdot d)]$	SOD/ $[mg \cdot (m^2/d)]$
1	金鱼藻、狐尾藻、鸢尾和芦苇	24.0	5.00	0.70	0.50
2	香蒲、菖蒲和千屈菜	26.0	4.00	0.30	0.42
3	菖蒲、芦苇、香蒲和苦草	24.0	4.50	0.50	0.47
4	眼子菜、黑藻、狐尾藻、千屈菜、金鱼藻和菹草	22.0	5.00	0.70	0.45
5	金鱼藻、狐尾藻、菖蒲和鸢尾	25.0	4.50	0.50	0.12
6	红蓼、金鱼藻和芦苇	22.0	2.50	0.20	0.13
7	鸢尾、菹草、菖蒲和香蒲	24.0	5.00	0.70	0.15
8	香蒲、菖蒲、千屈菜	24.0	5.00	0.70	0.12
9	菹草、苦草、水葱、鸢尾、狐尾藻和金鱼藻	20.0	5.00	0.70	0.12
10	千屈菜、黑藻、水葱和荷花	25.0	4.70	0.60	0.15
11	荷花、苦草和眼子菜	26.0	4.50	0.50	0.15
12	菖蒲、芦苇和香蒲	24.0	4.50	0.50	0.14

7.2.2.3 模型率定验证

2003 年妫水河上游修建水库以来，下游河道流量急剧减小并平坦化，东大桥水文站平水期及丰水期月均流量变幅区间为 1.2 ~ 2.1m³/s，平均流量为 1.7m³/s。枯水期湿地植物凋零，受冰冻影响，调水停止，因此可认为枯水期湿地植物及调水系统对水体的净化作用不大。本书着重讨论湿地植物及调水的作用，考虑春夏季为植物主要生长周期，计算时间段取 5 月 1 日至 8 月 1 日。妫水河流域的实测水质数据分别为 2018 年 5 月、7 月、10 月和 2019 年 3 月，但由于采样点位和区域不同，单一年份不能反映整体水域的水质变化，综合考虑 2018 ~ 2019 年实测水质数据，对模型进行率定验证。

自上边界东大桥水文站至下边界农场橡胶坝，水体水质指标计算值、实测值、相对误差见表 7-7，监测点位从上游至下游依次为东大桥水文站、夏都大桥、三里河汇入干流处、雅荷园以及农场橡胶坝，水质指标为 DO、NH_4^+-N、磷酸盐和 TN。

在模拟计算时，各个断面水质指标（DO、NH_4^+-N、磷酸盐和 TN）的计算值与实测值相对误差（ε）的计算公式如下：

$$\varepsilon = \frac{|X_m - X_0|}{X_0} \qquad (7\text{-}1)$$

式中，X_m 为各水质指标计算值；X_0 为各水质指标实测值。

模拟计算 90 天的表流湿地水体中，各断面 DO、NH_4^+-N、磷酸盐和 TN 的计算值与实测值的相对误差见表 7-7。

分析表 7-7，五个监测点位的 DO、NH_4^+-N、磷酸盐和 TN 的计算值与实测值的平均相对误差分别是 9.77%、10.47%、16.52% 和 18.01%，数值模拟中计算值与实测值的变化趋势基本一致，因此模型率定的参数符合模拟要求，利用 MIKE 21 水动力–水质耦合模型进行的妫水河表流湿地的水质模拟结果可信。

表 7-7　妫水河表流湿地建设前水质指标计算值与实测值比较

断面	水质指标	计算值/(mg/L)	实测值/(mg/L)	相对误差/%	平均相对误差/%
东大桥水文站	DO	9.88	9.60	2.92	9.77
夏都大桥		8.82	10.00	11.80	
三里河汇入干流处		7.20	6.00	20.00	
雅荷园		7.85	8.80	10.80	
农场橡胶坝		8.70	9.00	3.33	
东大桥水文站	NH_4^+-N	0.22	0.22	0.00	10.47
夏都大桥		0.28	0.25	12.00	
三里河汇入干流处		0.52	0.55	5.45	
雅荷园		0.38	0.35	8.57	
农场橡胶坝		0.14	0.19	26.32	
东大桥水文站	磷酸盐	0.08	0.09	11.11	16.52
夏都大桥		0.08	0.07	14.29	
三里河汇入干流处		0.15	0.22	31.82	
雅荷园		0.10	0.09	11.11	
农场橡胶坝		0.06	0.07	14.29	
东大桥水文站	TN	2.46	2.63	6.46	18.01
夏都大桥		2.53	2.54	0.39	
三里河汇入干流处		1.35	1.59	15.09	
雅荷园		0.85	1.21	29.75	
农场橡胶坝		0.45	0.73	38.36	

7.2.3　妫水河湿地群水循环系统净化效率研究

7.2.3.1　水动力分析

为定量分析不同工况下循环系统水位及流速变化状况，三里河设定两个断面（SLH-1

断面和 SLH-2 断面），妫水河设定两个断面（GSH-1 断面和 GSH-2 断面），见图 7-9，不同工况下各断面水动力指标数值见表 7-8、表 7-9 和表 7-10。

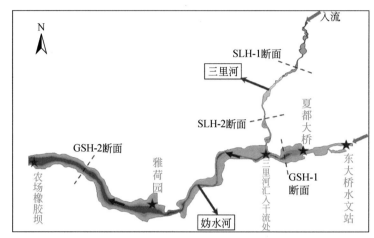

图 7-9　研究区断面及点位示意图

表 7-8　无植物无调水 5 个点位上的水动力指标数值

指标	点位				
	东大桥水文站	夏都大桥	三里河汇入干流处	雅荷园	农场橡胶坝
流速/(m/s)	0.0653	0.0370	0.0100	0.0127	0.0121
阻力系数	0.0106	0.0082	0.0089	0.0059	0.0055
涡流黏度/(m²/s)	0.6216	0.0075	0.2228	0.1124	0.0085

表 7-9　有植物无调水 6 个点位上的水动力指标数值

指标	点位				
	东大桥水文站	夏都大桥	三里河汇入干流处	雅荷园	农场橡胶坝
流速/(m/s)	0.0653	0.0224	0.1459	0.0089	0.0070
阻力系数	0.0141	0.0082	0.0089	0.0068	0.0055
涡流黏度/(m²/s)	0.1217	0.0075	0.2228	0.0651	0.0111

表 7-10　有植物有调水 6 个点位上的水动力指标数值

指标	点位				
	东大桥水文站	夏都大桥	三里河汇入干流处	雅荷园	农场橡胶坝
流速/(m/s)	0.0788	0.0217	0.1561	0.0107	0.0048
阻力系数	0.2303	0.4696	0.0087	0.0829	0.0039
涡流黏度/(m²/s)	0.0092	0.0084	0.0809	0.0057	0.0055

分析三个工况妫水河上 GSH-1 和 GSH-2 断面同一位点水动力特征,有调水时同一位点流速略有增加,有植物时流速略有减小,阻力系数增大(图 7-10)。

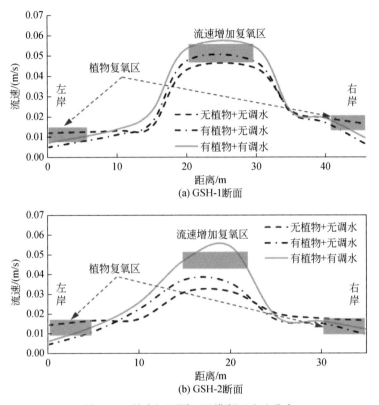

(a) GSH-1断面

(b) GSH-2断面

图 7-10　妫水河不同工况横断面流速分布

对比有植物与无植物,河岸带种植植物后,水体流动一定程度受阻,河道断面流速分布发生变化,沿岸湿地流速降低,河道中游的流速略微升高。当水循环系统运行后,妫水河上游流量增加,断面流速整体变大。受农场橡胶坝控制水位的影响,妫水河下游流量变化不明显,但三里河为山区性溪流,流量的增加对其水位产生较大影响,见图 7-11。

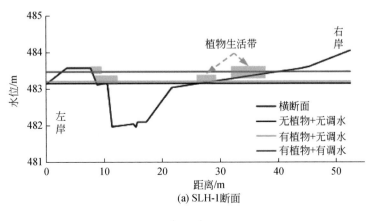

(a) SLH-1断面

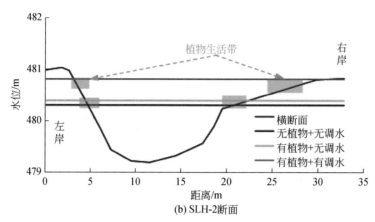

(b) SLH-2断面

图 7-11　SLH-1 及 SLH-2 断面不同情景水位变化

　　湿地植物通常在水陆交错带的一定区域内生长，对比有植物与无植物，三里河 SLH-1 和 SLH-2 断面水位略抬升 0.05m 和 0.09m，植物生活带增加。对比有调水与无调水，植物生活带区域更大。不同计算工况下湿地面积的变化统计见表 7-11。

表 7-11　不同工况下水面和湿地面积变化

项目	三里河			妫水河		
类型	水面面积/km²	湿地面积/km²	比例/%	水面面积/km²	湿地面积/km²	比例/%
工况2	0.38	0.18	47.37	3.27	0.38	11.62
工况3	0.73	0.44	60.27	3.42	0.43	12.57
变化率/%	92.11	144.44	—	4.59	13.16	—

注：表中变化率（%）是指工况 3 与工况 2 水面面积和湿地面积的变化率

　　工况 2 中三里河湿地面积占水面面积 47.37%，妫水河湿地面积占水面面积 11.62%；工况 3 中三里河湿地面积占水面面积 60.27%，妫水河湿地面积占水面面积 12.57%。水循环系统的运行扩大了水面及有效湿地面积，三里河水面面积增加了 0.35km²，变化率为 92.11%，有效湿地面积增加了 0.26km²，湿地覆盖率增加了 144.44%。妫水河水面面积增加了 0.15km²，变化率为 4.59%，有效湿地面积增加了 0.05km²，湿地覆盖率增加了 13.16%。水循环系统运行后，湿地面积和湿地覆盖率均有提高，有利于水质净化。

7.2.3.2　水质净化效果

　　为了定量分析妫水河表流湿地水质净化效果，将 3 个工况模拟计算的 DO、NH_4^+-N、磷酸盐和 TN 的模拟结果进行比较（表 7-12 和表 7-13）。

表 7-12　妫水河监测断面 DO 浓度变化

项目	点位	工况 1	工况 2	工况 3	2 VS 1 复氧率/%	3 VS 1 复氧率/%
DO/ (mg/L)	东大桥水文站	9.88	9.88	9.88	0.00	0.00
	夏都大桥	8.82	8.81	8.82	-0.01	0.00
	三里河汇入干流处	7.20	7.81	8.06	8.47	11.94
	雅荷园	7.85	8.24	8.29	4.97	5.61
	农场橡胶坝	8.70	9.23	9.53	6.09	9.54

注：2 VS 1 代表工况 2 与工况 1 比较；3 VS 1 代表工况 3 与工况 1 比较，下同

表 7-13　妫水河监测断面各水质指标浓度变化

项目	点位	工况 1	工况 2	工况 3	2 VS 1 净化率/%	3 VS 1 净化率/%
NH_4^+-N /(mg/L)	东大桥水文站	0.22	0.22	0.22	0.00	0.00
	夏都大桥	0.28	0.25	0.24	10.71	14.29
	三里河汇入干流处	0.52	0.45	0.39	13.46	25.00
	雅荷园	0.38	0.37	0.26	2.63	31.58
	农场橡胶坝	0.14	0.12	0.09	14.29	35.71
磷酸盐 /(mg/L)	东大桥水文站	0.08	0.08	0.08	0.00	0.00
	夏都大桥	0.08	0.08	0.07	0.00	12.50
	三里河汇入干流处	0.15	0.11	0.09	26.67	40.00
	雅荷园	0.10	0.10	0.07	0.00	30.00
	农场橡胶坝	0.06	0.04	0.03	33.33	50.00
TN /(mg/L)	东大桥水文站	2.46	2.46	2.46	0.00	0.00
	夏都大桥	2.53	2.50	2.50	1.19	1.19
	三里河汇入干流处	1.35	1.29	1.25	4.44	7.41
	雅荷园	0.85	0.76	0.65	10.59	23.53
	农场橡胶坝	0.45	0.36	0.24	20.00	46.67

从表 7-12 和表 7-13 可以看出，工况 1 是对实测数据的率定验证。三里河是山区型溪流，沿途有较多污染源汇入，当三里河河水汇入妫水河，其携带的污染物也一同进入主河道，导致三里河汇入干流处 DO 浓度出现最小值，NH_4^+-N、磷酸盐浓度增大。当增大入流流量时，位于妫水河下游的农场橡胶坝和雅荷园的复氧率分别为 9.52% 和 5.61%，在仅有植物时，农场橡胶坝和雅荷园的复氧率分别为 6.11% 和 4.97%，这表明增大流量，流速增大，有利于水体复氧，与此同时水位抬升，有效湿地面积增多，植物根区供氧增大，水体中 DO 浓度增加。

湿地植物种植及调水方案（工况 3）中，河流水质的净化率基本均大于单一植物种植方案（工况 2）对水质的净化率，这也在一定程度上说明增大入流流量使有效湿地面积增

加，植物产氧与大气复氧增加水体 DO 含量，同时植物生长产生光反应暗反应交替出现，在水体中形成氧化还原微环境，有利于硝化细菌和反硝化细菌进行脱氮反应，提高水体中氮的去除率，有利于水质净化；位于上游的东大桥水文站计算值与实测值相近，该点距离妫水河入流口仅 50m，因此对水质净化较少。位于下游的农场橡胶坝水质净化率较高，湿地植物与调水方案中农场橡胶坝处 NH_4^+-N、磷酸盐和 TN 的净化率分别为 35.71%、50.00% 和 46.67%；雅荷园处 NH_4^+-N、磷酸盐和 TN 的净化率分别为 31.58%、30.00% 和 23.53%，说明污染物在妫水河沿程不断被降解，越靠近下游水质净化率越高，反映了妫水河沿程水流复氧和河岸带分布的植物产氧均有助于水质净化，模拟结果能较好地反映实际情况，北方缺水河流流量的增加有利于维持湿地功能的提升。模拟结果和实测值存在差异主要是因为实际中妫水河表流湿地水体中的反应机制更复杂。

7.2.4 妫水河湿地群水循环系统水量优化研究

河流湿地中适宜湿地植物的水深大约在 0~2m，大流量和过深的水位不利于湿地植物生长。根据湿地植物生长需求，通过模型计算湿地植物适宜生长的空间，使得湿地植物的作用最大化。

根据模型演算，发现研究区三里河流量变化对湿地植物的正常生长及湿地水质功能有较明显影响。由于研究区内妫水河的水位主要由下游农场橡胶坝控制，妫水河上游的水量发生变化，对妫水河湿地及水面的影响不大。因此，在循环系统中，主要考虑三里河湿地优化运行下的水量阈值。

计算区域中，三里河有三个典型断面，分别是 S00、S01 和 S02，位置见图 7-12。

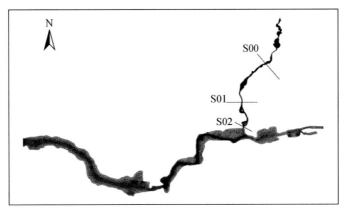

图 7-12　计算区域三里河典型断面位置示意图

根据典型断面的形状，考虑湿地正常运行的水深需求，对不同水位条件下的湿地有效宽度进行计算，进而确定最佳水位和对应的流量。结果见表 7-14。

表 7-14　三里河各断面湿地有效宽度和适宜流量统计

断面编号	最佳水位/m	湿地有效宽度/m	最佳流量/（m³/s)
S00	477.85	35.43	0.38
S01	481.31	15.98	0.52
S02	483.62	25.23	0.70

计算表明，"内循环"系统在三里河上的调水量在 0.38 ~0.70m³/s，对湿地的运行最优，可有效提升水质净化效率。"外循环"系统中，妫水河 1992~2001 年平水期及丰水期 4~10 月的多年平均流量为 5.6m³/s，多年平均流量为 0.66m³/s，因此"外循环"的调水量可参考 1992~2001 年的序列流量，以及河流的生态流量的相关成果确定适宜水量，见表 7-15。

表 7-15　妫水河与三里河适宜流量　　　　　　　　　（单位：m³/s）

妫水河下游适宜流量		三里河适宜流量	
枯水期	丰水期	枯水期	丰水期
0.37 ~1.49	1.5 ~5.6	—	0.38 ~0.7

7.3　妫水河世园段生态廊道构建研究

7.3.1　妫水河世园段生态廊道范围

河流生态廊道的宽度由河道宽度、河漫滩宽度以及河岸缓冲带宽度决定，由于河道和河漫滩的宽度由河流的流动范围或堤防范围决定，因此确定妫水河世园段河岸缓冲带的宽度是关键。

7.3.1.1　妫水河世园段河道及河漫滩宽度

自 2018 年起开展了多次妫水河世园段现场调查，调查结果表明，妫水河河道及河漫滩的宽度 100~200m；支流三里河河道及河漫滩的宽度 0.5~15m。干流与支流之间河道及河漫滩宽度差距较大。

7.3.1.2　妫水河世园段河岸缓冲带宽度

一般来讲，河岸缓冲带越宽越好。随着宽度的增加，环境的异质性增加，物种多样性也随着增加，有利于防洪安全、削减污染、减少河岸侵蚀。但由于河岸宽度受岸外可利用土地空间的限制，河岸缓冲带宽度的变化幅度较大。河岸缓冲带大多位于人类活动干扰较小的区域，通常宽度在 30~60m，对耕地侵占最少，对生态景观破碎化影响较弱，有较多草本植物和鸟类边缘种，具有较高的过滤污染物和截污减排的能力，能够满足物种迁移、传播和生物多样性的保护功能，有利于实现河岸缓冲带的生态服务功能。

河岸缓冲带的水文、水动力、生态学、物质迁移转化等动态过程是决定河岸带宽度的基本驱动机制。因此，一些学者以河岸缓冲带动态过程为基础，建立了河岸缓冲带宽度的计算方法，主要包括基于坡面流与泥沙运动机理的计算模型、基于坡面流与溶质运动机理的计算模型，以及综合多动态过程的计算模型等。

目前，国外对河岸缓冲带的研究相对成熟，美国、澳大利亚、加拿大等欧美国家结合本国实际，通过制定相关条例，规定符合不同目标的河岸缓冲带宽度的推荐值，见表7-16。

表7-16　欧美国家不同目标的河岸带缓冲宽度推荐值范围　　　　　　（单位：m）

国家	河岸带缓冲宽度推荐值						
	削减污染	减少河岸侵蚀	提供良好水生生物栖息地	提供良好陆生生物栖息地	防洪安全	提供食物来源	维持光照和水温
美国	5～30	10～20	30～500	30～500	20～150	3～10	—
澳大利亚	5～10	5～10	5～30	10～30	—	5～10	5～10
加拿大	5～65	10～15	30～50	30～200	—	—	—

根据2018年妫水河流域1m精度土地利用类型图（图7-13）和多次现场考察结果，确定妫水河世园段河道及河漫滩宽度为100.0～200.0m，河岸缓冲带宽度为60.0m；三里河支流河道及河漫滩宽度为0.5～15.0m，河岸缓冲带宽度为20.0m。

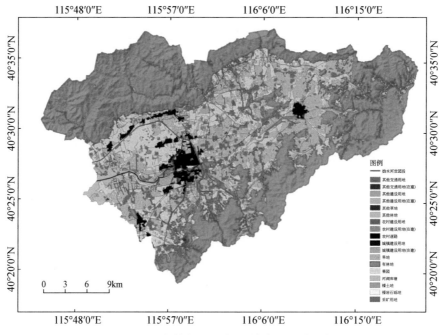

图7-13　2018年妫水河流域1m精度土地利用类型图

综上可得，妫水河世园段的生态廊道宽度为河道及河漫滩宽度与河岸缓冲带宽度之和，即妫水河世园段生态廊道宽度为 160.0~260.0m，三里河支流生态廊道宽度为 20.5~35.0m（表7-17）。

表7-17 妫水河世园段生态廊道宽度 （单位：m）

名称	河道及河漫滩宽度	河岸缓冲带宽度	生态廊道宽度
妫水河世园段干流	100~200	60	160~260
三里河支流	0.5~15	20	20.5~35

7.3.2 妫水河世园段生态廊道构建措施

7.3.2.1 恢复和重构河流原有结构

传统水利工程大多将河道尽可能地截弯取直，更多强调防洪功能。以防汛为目的的河道治理，为了降低洪水危害，尽快排水，就要求河道既直又顺，并且河道边界阻力系数最小，因此河道治理断面以梯形断面和矩形断面常见，这样能最大地实现河道的防洪功能，但河道生物的生长环境就遭到了损害。设计的笔直、顺畅，护砌光滑、平整的河道总体上来说，更像人工渠道，而非天然河道。

在妫水河世园段生态廊道构建过程中，应该保持原河道轴线不变，宜直则直，宜弯则弯，制造丰富多变的河岸线、河坡线，尽可能在与河边绿地相结合的地方修建蜿蜒曲线的水路、水塘，创造较为丰富的水生态环境，改变原来呆板、单调的河道岸线模式，为河流水质改善以及水生动植物生长创造条件。

7.3.2.2 妫水河世园段生态河床构建

（1）构建生态浮岛与湖心岛

为全面提升世界园艺博览会核心区水环境质量，打造优美水景观，在妫水河世园段设置生态浮岛及湖心岛。

1）生态浮岛。生态浮岛采用世界园艺博览会标志（Logo）。浮岛面积 1600m²。浮体材料为聚酯纤维与天然植物纤维复合材料，浮体标准模块单体规格：2.0m×1.5m×0.16m。主要参数：孔隙率 95% 以上，比表面积大于 1∶2000；载重（浮力）>50kg/m²；抗老化、抗冻，使用寿命不小于 20 年。采用 304 或以上级别不锈钢连接件，抗腐蚀性满足设计要求。

世界园艺博览会于 2019 年 4 月 29 日至 10 月 7 日举行，为了在展会期间呈现出生态浮岛的世园会标志，植物选用色叶植物，底层做 0.6mm+200mm 防渗，其中防渗膜厚 0.6mm，填筑营养土厚约 200mm，隔板用复合聚酯纤维板（图7-14）。各色块植物选择如下：

底色：面积1398m²，做成绿色，采用菖蒲，种植密度不小于16株/m²。

红色（粉红色）：面积33m²，采用酢浆草，种植密度40~45棵/m²。

白色：面积33m²，采用银叶菊，种植密度32~38棵/m²。

黄色：面积52m²，采用硫华菊，种植密度40~50棵/m²。

蓝色：面积55m²，采用蓝羊毛，种植密度17~20棵/m²。

Expo 2019：面积18m²，采用美人蕉。

BEIJING：面积15m²，采用美人蕉。

图7-14 妫水河生态浮岛布局平面图

2）湖心岛。在妫水河世园段生态廊道构建中，设计了两处湖心岛，与湖心岛结合的区域设置了栈道、平台、凉亭等，营造人水和谐景观。在河心岛区域种植垂柳、碧桃、樱花、连翘等，使岛屿更富有季节变化和生机。两处湖心岛面积分别为3.5万m²和5万m²。湖心岛露出水面约1m，高程约478m。湖心岛填方土料来自妫水河西湖浅水湾清淤的淤积物，正常蓄水位以下部分迎水面采用高镀锌铅丝土工石笼袋进行护面，表面覆盖厚度0.5~1.2m的种植土，采用乔灌草结合方式种植，边坡主要种植水生植物。

（2）妫水河河口跌水设计

为保障河道水质，增加河道景观及河道亲水功能，在妫水河日上桥以下，管涵出水口与妫水河河底存在一定高差的滩地，引入水力学原理，利用自然落差产生的冲力，在入湿地前端设置跌水，使水在不同高差的阶梯间跳跃，展现水的立面和动态之美同时水在回旋、振荡中充分曝气充氧，增强水体的含氧量。在滩地内种植水生植物，通过植物措施增加单位河长的水力停留时间，增强河岸带植物对水体中污染物的物理滞留、吸附及吸收作用，达到更好的水体净化效果。

管涵出水口与妫水河河底高差约2m，日上桥与河道公园的三角区域可利用面积为0.79万m²，设置4级跌水，每级高差0.5m，跌水堰采用千层石铺筑，每层种植水生植物，种植面积0.47万m²，种植土上铺设约0.1m厚火山岩填料，形成梯级表流湿地，在提升景观的同时达到水质净化的功效。

（3）三里河景观跌水设计

在满足20年重现期行洪标准的前提下，综合考虑河道主要跨河建筑物安全及与上下游河底衔接等因素，局部河段通过设置多级跌水调整河道纵坡，降低流速。三里河纵断面打破传统筑堤形成大水面景观设计，除现有江水泉公园的静湖以外，其他均采用梯级跌坎形成小水面，整个河道共设置八处景观跌水，同时达到促进水体循环流动、增加水体含氧量，为水生动植物提供更佳生境的目的。跌水采用景石包裹砌筑的形式，可以同时起到过河汀步的作用，增加游览情趣。

7.3.2.3　妫水河世园段生态护坡构建

以往河流治理中，河道岸坡通常采用浆砌石或混凝土进行衬砌，这种硬质护坡材料阻断水和空气交换，很难保证河道生物的生长环境。在妫水河生态廊道构建中，强调尊重自然水循环，软化河底及河坡，促进地表水和地下水的水力联系和交换。

（1）干流护岸设计

妫水河世园段河道护岸工程采用工程治理和生态治理相结合的方式。工程治理对冲刷和坍岸较严重的河段进行工程措施护坡、清淤疏挖河道、加固堤防来提升河道的防洪能力。治理断面基本维持原断面形式、走向和位置，只在局部进行维护。边坡大于 1:2 的，按原坡度护砌；边坡小于 1:2 的，按 1:2 进行局部削坡。河道主河槽采用 17cm 厚的铅丝石笼护砌至堤顶，主河槽两侧铺设 10 cm 厚混凝土生态链锁砖。除桥头等需要防护的特殊区域外，对妫水河世园段所有干流堤岸采取生态驳岸措施，主要采用植物的方式来护岸固土，减少冲刷。用自然土质岸坡自然缓坡、植树、植草、干砌、块石堆砌等各种方式护岸，为水生动植物的生长、繁育创造条件，形成连续的生态岸线，强化滨河绿地与河流之间的生态联系。根据水流动力学原理，结合现状堤岸状况，提出生态处理措施：在滨河道路和水面之间保留连续的、宽窄不等的缓坡绿带，与水滨湿地带共同起到稳定河岸、提高生态效益和景观效果的作用。

（2）三里河护岸设计

三里河道断面基本采用"主槽与浅水湾"相结合的断面形式，河道坡度尽量放缓，减少直立式护岸，保证行洪，浅水湾种植水生植物，以利于河道水体净化，保证生态功能和景观需要，方便人水相亲。三里河道内不再进行硬质护砌，选用自然型或者人工自然型护砌，缓于 1:3 的坡面选用自然式护坡，坡面较陡区域选用抛石、连柴捆、山石堆砌等人工自然型护砌，并辅以相应的植物措施，形成植被缓冲过滤带，稳固岸坡，并与周边环境充分融合。

7.3.2.4　支流三里河湿地公园构建

湿地拥有众多的野生动植物资源，是城市环境的肾。它在抵御洪水、控制污染、调节气候、美化环境等方面发挥很重要的作用，具有非常重要的生态休闲价值，对维持良好的生态环境具有重要意义。

三里河湿地工程主要对天然河道进行补水和生态修复。利用人工湿地将妫水河河水循环净化后，将水重新打入三里河河道，满足河道表流湿地的景观用水。在湿地区块内部进行景观分区，开辟水流带，设置人行栈道、景观节点，将原本工程性的湿地区域打造为可游、可赏、可玩的城市公园。同时，提取延庆地区景观元素，呼应世界园艺博览会。在满足净水功能的基础上，加强景观和文化的融合，达到功能与形式的和谐统一。三里河湿地公园效果见图7-15。

图 7-15 三里河湿地公园效果图

7.3.2.5 妫水河世园段绿色河岸带构建

在妫水河世园段河岸与陆地之间设置植物生长区，对河岸两侧1m范围内生态植被进行园林景观设计，种植搭配植物群落。水位线以上种植观赏乔木，树下间种植花卉和药材，搭配草皮，形成点线面结合、有层次的岸线植物带，强化河岸边缘地带、景观节点的植物配置，形成不同季节色彩丰富的植物景观。植物带不仅可过滤进入河道的水体，降低面源污染，而且营造景观休闲带，优美河道景观。对有条件的雨水口布设雨水净化花园，花园平面模拟自然水系形式，初期雨水不再直接入河，而是通过微型湿地过滤净化后再排入河内。

在妫水河世园段沿岸构建木桥、木坐凳、溪流架桥、水渠架桥等岸边小品，增加亲水性，体现"以水为本、和谐自然"的设计理念。同时设计休闲广场、卵石步道、林荫小径、临水走廊、涉水台阶等，为民众提供生态景观和亲近自然的休憩空间。

7.3.2.6 妫水河世园段水生生态系统构建

大型水生植物是水生生态系统的重要组成部分和主要的初级生产者之一，对生态系统物质和能量的循环和传递起调控作用。水生植物具有良好的水质净化效果，国内外相关研究成果表明，水生植物通过吸收底泥和水体中营养物质净化水体，每公顷芦苇年平均去除约2600kg氮、约320kg磷。每公顷轮叶黑藻、金鱼藻和苦草等沉水植物年平均能去除约50kg氮、约10kg磷。

在妫水河东、西湖浅水区种植水生植物97万m^2，其中挺水植物9万m^2，种植水深约0.6m；沉水植物88万m^2，种植水深约0.6~2.0m。初步估算妫水河水体中氮的去除量约为27.8t/a，磷的去除量约为3.76t/a，见表7-18。由此表明，水生植物可有效去除水体中的氮、磷，削减污染物，对妫水河的景观提升和水体净化均具有极高的贡献值。

表 7-18　水生植物的水质净化效果汇总　　　　（单位：t/a）

水生植物名称	水质净化效果	
	氮的去除量	磷的去除量
挺水植物	23.4	2.88
沉水植物	4.4	0.88
合计	27.8	3.76

（1）水生植物选择

在受污染河流的生态系统修复过程中，恢复物种和群落构建是修复工程成败的关键，是形成稳定可持续利用生态系统的重要手段。

1）物种选择原则。

适应性原则：所选物种应对妫水河气候和水文条件有较好的适应能力。

本土性原则：优先考虑采用妫水河当地物种，尽量避免引入外来物种，以减少可能存在的不可控因素。

可操作性原则：所选物种繁殖、竞争能力较强，栽培容易，管理方便。

节约运行费原则：选择易于收割的水生植物品种，节约维护管理费用。

2）种类选择。

妫水河沿岸种植水生植物，沿岸向河中心水深由浅入深依次种植挺水植物、沉水植物、飘浮植物。根据物种选择的原则，同时考虑植物的多年生习性、对静水或流动水体的喜好、固氮抑藻、水质适应以及耐污性等特性，选择适应妫水河水质的植物作为主要物种，所选物种需在繁殖、竞争能力方面具有较强的优势，容易栽培，管理方便。应尽量避免在妫水河水域内直接种植采集时会扰动底泥的水生经济植物，如藕、茭白等，减少底泥氮、磷污染源的二次释放，避免加重水体污染。

（2）植物群落配置

根据水生植物的选择，并结合多次现场调查，在评估原有水生植物群落的基础上，进行植物群落配置，充分发挥沿岸生态系统高度活跃的特点，强化水体的自净能力；同时可作为妫水河沿岸的生态屏障，阻滞、过滤污染物质，减少入河污染。

在水流缓慢、水质富营养化严重的河段，种植芦苇、水葱、荷花等挺水植物。植物群落配置见表 7-19。

表 7-19　妫水河水生植物选择表

植物种类	植物名称	优选特征	种植密度
挺水植物	芦苇	极常见，耐污水、适宜深水区	12～18 丛/m²
	水葱	有效清除水中的营养物质	8～12 丛/m²
	荷花	极常见，耐污水	3～4 丛/m²

续表

植物种类	植物名称	优选特征	种植密度
沉水植物	眼子菜	适应半成水，可做饲料、肥料	20 ~ 30 丛/m²
	菹草	极耐低温，冰下增氧植物，草食性鱼类的优质食物	30 ~ 50 丛/m²
	苦草	水媒花，生长于湖泊、水渠，草食性鱼类的优质食物	40 ~ 60 丛/m²
其他植物	菱	具较强耐污能力，能适应透明度较低的水域，其主根有吸收养分的作用，其分枝及"须"也能起吸收养分的作用	3 ~ 15 丛/m²
	睡莲	耐污水，睡莲根能吸收水中的汞、铅、苯酚等有毒物质，过滤水中的微生物	1 ~ 2 头/m²

7.4 本 章 小 结

基于妫水河现状季节性缺水和生境极度脆弱的特点，充分考虑下游官厅水库对入库水质，以及2019年世界园艺博览会对水生态景观的高标准要求，遵循"经济社会发展与自然景观和谐统一"和"生态措施治理生态环境"的理念，以水生植物作为快速启动河流破碎生境修复的切入点，研究妫水河生态修复与水质提升技术，构建河流-湿地群生态连通模型，进行水生植物群落优化配置，建立一套综合水质、生态、景观整体提升的河流-湿地生态连通技术体系。在技术体系的指导下，在示范区种植水生植物，不仅改善了示范区及入官厅水库水质，而且整体提升了妫水河世园段生态景观，展现了我国治水实力，切实保障了世界园艺博览会顺利召开，也为北方类似河流水质净化和生态环境快速修复提供借鉴参考。

通过总结"十一五"和"十二五"水专项中具有净水功能的水生植物种类，以及北京市利用水生植物进行水体修复的案例，初步搭建了以河流一级地理分区、二级生态功能分区、三级生境条件分区为基础的水生植物群落配置模式，该模式以河流的地形地貌、气候条件、水质特征、生态功能等进行横向分区分段，进而根据河流水深、土壤基质种类、河岸带宽度、景观功能需求等纵向生境特征进行水生植物种类和修复模式（如人工湿地、生态浮岛等）的选择，提出一套适宜妫水河的水生植物群落配置模式。在开展河流水生植物群落构建技术、水生植物群落优化配置技术研究的基础上，采用湿生植物-挺水植物-沉水植物种群组合模式，构建了1套水生植物图谱库，共收集水生植物415种，通过植物色彩配比、植物色彩季节变化等特点进行形象设计和优化，实现了妫水河世园段生态景观化。通过脆弱生境河流水质净化与生态景观综合提升技术研究和示范应用，为类似河流生境原位修复和水质提升提供参考。

| 第8章 | 结　　语

8.1　妫水河水质水量协同保障关键技术

8.1.1　面向妫水河流域特征的流域水质目标管理技术

收集整理的妫水河流域点源污染、非点源污染、污染负荷现状、水体水质等基础数据，以及补充的调查、遥感、监测等数据，研究结果表明，妫水河流域COD、NH_4^+-N、TN、TP等各项污染物的面源污染负荷产生量均远远大于点源污染负荷产生量。妫水河干流5个常规监测断面监测数据显示：①从空间上看，COD、氨氮极大值均出现在谷家营断面，劣于Ⅲ类水质标准，其余断面均优于Ⅲ类水质标准；TN极大值出现在东大桥断面，超出Ⅲ类水质标准10倍；其余断面同样劣于Ⅲ类水质，但TN在谷家营断面优于其他断面；TP极大值出现在古城河断面，三里墩沟、古城河、谷家营断面超出Ⅲ类水质标准，聂庄和东大桥优于Ⅲ类水质标准；NH_4^+-N在聂庄、三里墩沟、古城河、东大桥断面间差别不大，谷家营明显优于其他断面，各断面均小于标准值；pH在谷家营断面出现极大值，断面间差别不大，介于7～9。②从时间上来看，COD在谷家营断面浮动最大，枯水期（4月）和丰水期（8月）的COD无明显规律；NH_4^+-N在谷家营断面变幅较大，其余断面随时间无明显变化；谷家营断面的NH_4^+-N在枯水期比丰水期低，东大桥枯水期的NH_4^+-N比丰水期高，其余断面无明显规律；TN在东大桥断面变幅最大，东大桥、古城河和谷家营断面都呈现出枯水期水质劣于丰水期的规律；TP在古城河断面的浮动最大，总体水质在7月下旬和8月最优，在枯水期和7月上旬较差；NH_4^+-N在聂庄断面浮动最大，枯水期NH_4^+-N明显高于丰水期，各断面规律一致；DO在古城河和东大桥断面变化较大，各断面在枯水期和丰水期无明显规律；pH在谷家营断面变幅最大，各断面在2018年、2019年年内变化不明显，但2019年明显高于2018年。

按照延庆区乡镇行政区划进行数字化，结合自身水系分布、地形地势特点，将妫水河流域划分为44个控制单元，建立以流域污染负荷估算和"污染负荷输入–水质响应"为核心的妫水河流域水环境系统模型，结合妫水河污染防控重点区域识别结果，对各类工程措施及较为有效的非工程措施进行模拟分析，结果表明：①未采取优化配置措施前，妫水河流域COD在单一设计水文条件和逐月适线法条件下的削减量分别是597.54t/a和621.20t/a；NH_4^+-N在两种水文条件下的削减量分别是7.89t/a和7.06t/a；TN在两种水文条件下的削减量分别是117.98t/a和65.97t/a；TP在两种水文条件下的削减量分别是7.06t/a和

6.92t/a。②面向措施优化配置后的妫水河流域，COD 在农村综合整治措施下的削减量最大，为 502.43t/a，削减率为 79.09%；NH_4^+-N 在河流–湿地群生态连通水体净化修复中的种植被措施下的削减量最大，为 6.88t/a，削减率为 33.29%；TN 在河流–湿地群生态连通水体净化修复中的种植被措施下的削减量最大，为 31.01t/a，削减率为 20.73%；TP 在河流–湿地群生态连通水体净化修复中的种植被措施下的削减量最大，为 6.40t/a，削减率为 64.52%。

8.1.2 季节性河流多水源生态调度及水质水量保障技术

通过监测分析，妫水河水体主要污染指标为 COD 和 NH_4^+-N，总体水质为 IV～V 类。COD 浓度在 15～35mg/L；NH_4^+-N 浓度在 0.1～2mg/L；TP 浓度在 0.05～0.4mg/L。

妫水河的浮游植物以硅藻、绿藻和蓝藻为主；环境因子中 TN、TP、DO、COD 和叶绿素 a 是影响妫水河浮游植物群落结构变化的关键因素。妫水河的浮游动物以原生动物和轮虫为主，枝角类和桡足类的种类和数量较少；水温、pH、DO 和 NH_4^+-N 等是影响妫水河浮游动物群落结构变化的重要因素。

基于浮游生物调研结果，妫水河浮游生物优势种栅藻、小环藻、钟虫、冠饰异尾轮虫与 TP、NH_4^+-N 有不同程度的显著相关性。与其他几种生物优势种相比较，栅藻与 NH_4^+-N、TP 的相关性最明显，其叶绿素 a 浓度与 NH_4^+-N 浓度及 TP 浓度为极显著负相关。因此，栅藻可作为对水质具有指示作用的妫水河优势物种。

根据监测资料，现状妫水河枯水期生态流量为 0.10m³/s，丰水期为 0.27m³/s。基于 1985～2017 年东大桥水文资料，通过 Tennant 法、90% 保证率最枯月平均流量法和改进月保证率设定法三种水文学方法计算得出妫水河枯水期生态基流为 0.272m³/s，丰水期生态基流为 0.707m³/s，需要进行水量联合调度以满足妫水河生态基流量。

遵循优先使用再生水，充分利用地表水，合理利用外调水和节约水资源、降低调水成本的要求，在满足考核断面水量和水质的要求的前提下，妫水河丰水期 40% 的配水方案（白河堡水库为 93 150.68m³/d，城西再生水厂为 30 000m³/d）和枯水期 20% 的配水方案（白河堡水库为 46 575.34m³/d，城西再生水厂为 30 000m³/d）能够满足考核断面水量和水质的要求。

根据妫水河及支流水质水量优化配置和调度示范工程建设前和建成后连续运行 6 个月对妫水河水量及谷家营国控断面水质的监测，妫水河生态流量提升 10% 和谷家营国控断面水质达到"水十条"要求的目标已实现。

8.1.3 妫水河流域农村面源污染综合控制与精准配置技术

通过使用 PhosFate 分析蔡家河小流域面源污染情况，模拟小流域内土壤侵蚀情况、流域面源污染特征，进行小流域面源污染关键源区识别。研究结果表明：近 30 年妫水河流域土壤侵蚀区域主要集中在流域中部，土壤侵蚀强度属于微度侵蚀（<200t/km²·a），土

壤侵蚀量较大区域分布在流域中部农田区域，尤其是靠近小流域北山具有一定坡度的农田区域。土地利用变化对蔡家河小流域入河溶解态磷（DP）量影响不明显。流域内颗粒态磷（PP）流失分布情况与土壤侵蚀量相似，流域内农田分布的区域，尤其是部分坡度较大的农田地块也是颗粒态磷流失分布的重点源区。从分布区域来看，小流域内溶解态磷流失量主要分布在村落，尤其是城镇越集中的地方流失量越大。其他流失关键区大致分布在河道周围，随着径流的带动，在河滨带区域的溶解态磷能更快且更容易进入河网中，因此在面源污染治理中河滨带应作为治理的重点。

单项面源污染控制关键技术中，对于 TP 面源污染控制率：林下生态过滤沟>台田雨水净化技术>植被缓冲带技术>农田沿线渗滤沟技术>道路生态边沟技术；对于 NH_4^+-N 面源污染控制率：台田雨水净化技术>林下生态过滤沟>农田沿线渗滤沟技术>植被缓冲带技术>道路生态边沟技术；对于 COD 面源污染控制率：植被缓冲带技术>台田雨水净化技术>林下生态过滤沟>道路生态边沟技术>农田沿线渗滤沟技术。

基于土地利用数据和高程数据等，对山林格局及植被覆盖度年际变化进行分析，妫水河流域山区山林、山草复合格局相对较少，建议在对山区原始植被进行封禁的同时，加强对人为管护的山林地区草地植被的保护，形成"山林-山草"复合格局。在林下种植一些具有经济效益的草本植物，涵养水源，修复土壤，以期在提升景观的同时为当地居民带来一定的经济收益。另外，在低山丘陵区，河流沿岸有较大数量的"山草"格局分布，可在该区域内种植水生植物，水位线以上种植观赏乔灌木，树下间作花卉和药材，同样可形成"山水-山林-山草"复合格局，打造妫水河沿线生态连续的河滨带。

妫水河流域低山丘陵、山前台地以及山区的山水格局下的植被覆盖度均维持在相对较低的状态，应以防治并重、治管结合的原则针对低山丘陵和山前台地区域进行治理，开展农林、水利、水土保持相结合的流域综合治理工程，加强河道治理措施等，增加生态基流，恢复断流河道。针对山区范围内的山水区域妥善处理地面径流，防治风力侵蚀、水力侵蚀，减少人为干扰，保护山区水脉。

8.1.4　低温地区仿自然功能型湿地构建关键技术

北方低温河流高标准保障仿自然湿地构建技术，重点针对永定河河道受污染来水水质波动大、氮磷污染物超标、北方低温地区功能湿地出水长效稳定达标难等重点、难点问题，结合自然湿地形态和生物多样性特征、人工湿地构建技术要点，同时借鉴生物脱氮除磷原理，综合集成多生境生物强化脱氮、底泥调节缓释除磷、仿自然湿地冰下运行等技术，重点突破氮磷污染物湿地净化技术瓶颈，破解北方地区仿自然湿地越冬运行难题，优化形成低温河流高标准水质保障仿自然湿地技术体系，破解北方地区仿自然湿地越冬难题。①多生境生物强化脱氮技术。结合表流、塘、潜流等人工湿地结构特征和技术要点，借鉴生物脱氮技术原理，以生态塘为主体构建深潭浅滩交错自然生境，以人工引导为主构建水生植物复合生境，借鉴人工湿地技术，构建多介质复合生境；基于水量/水位调控，构建微溶氧复合生境等措施，增强水位自然波动、延长水力停留时间、优化微生物富集环境，强化物理、化学、生物协同净化作用，实现氮入河消减量达到30%以上。②底泥调节缓释除磷技术。针对表流湿地 TP 去除技术瓶颈，以生石灰（主要成分为 CaO）、$FeCl_3$、膨润土和水为原料，研制钙基缓释除磷填料，在初始可溶性磷浓度为 0.5~3mg/L 条件下，去除率达到70%~90%，新型除磷填料对可溶性磷的吸附能力明显强于天然除磷填料，饱和吸附量达到0.2~0.992mg/g。采用自然渗滤或底泥 1:5~1:10 掺混调理方式，表流湿地除磷负荷由 0.01g/（$m^2 \cdot d$）提升至 0.1~0.87g/（$m^2 \cdot d$），实现磷入河削减量达到30%以上，缓释除磷效果延长至3年。③仿自然湿地冰下运行技术。针对北方地区低温特点，通过采用胸墙式冰下折流取水、高水位运行等调控技术，破解北方地区仿自然湿地越冬运行难题。集成"菹草+狐尾藻"冷季型沉水植物配置、复合芽孢杆菌剂生物强化、珍珠岩及火山岩等天然材料覆盖措施，局部增强低温期保温效果，强化仿自然湿地低温期水质净化效果，实现低温期对氮、磷污染物削减率达到52%、54%。

8.1.5 河流–湿地生态连通及微污染水体净化技术

利用妫水河湿地群水循环系统模型对妫水河下游段的河流湿地及调水调控作用下的水质演变进行模拟。模拟结果表明：①在湿地种植植物后，妫水河出流处 DO 浓度与无植物相比提高了6.11%。湿地植物生长提高了细菌的活性及吸收水体的氮磷量，综合植物作用，妫水河出流处 NH_4^+-N、磷酸盐和 TN 分别下降了14.29%、33.33%和20.00%。叠加调水的湿地生态修复方案可以明显改善河道缺水的湿地水质净化效果。三里河和妫水河的有效湿地覆盖率分别增加了144.44%和13.16%，出水口处水质与工程前相比，DO 提高了9.52%，NH_4^+-N、磷酸盐和 TN 分别下降了35.71%、50.00%和46.67%。②通过官厅水库入流水质负荷量贡献率分析，妫水河入流挟带的污染物对入库水质贡献率最大，其次为污染源负荷量。治理妫水河入流挟带的污染源需要从流域角度考虑，着手解决流域整体污染状况。目前，提升官厅水库入流水质最快最有效的方法是实施截污工程，关闭污染源排污。截污工程实施后，妫水河下游除 DO 外的其他各水质指标均有不同程度的减小，相比截污前，官厅水库入库断面 DO 含量增加了2.95%，NH_4^+-N、磷酸盐和 TN 分别下降了13.43%、44.43%和12.46%。入官厅水库的河水的 DO、NH_4^+-N、磷酸盐均达到地表水环境质量Ⅱ类水标准，TN 达到地表水环境质量Ⅲ类水标准。③随着丰水期来临，河道流量增加，流域面源污染负荷量增大，河道流速增大，污染物的生化反应时间缩短，污染物削减率降低，其中 TN 变化幅度最大。丰水期河道流量达到顶峰 6.70m³/s 时，NH_4^+-N、TP 和 TN 的削减率分别为35.26%、25.63%和12.04%。对官厅水库 TN 和 TP 贡献最大的均为妫水河来水，为保障冬季奥运会及官厅水库水质，对流域进行综合治理是最根本的方法。④研究区域内循环系统对三里河进行适当的调水，可激活湿地的潜力，提高湿地净化效率，通过计算得到，"内循环"对湿地最优的三里河调水流量为 0.38~0.7m³/s。"外循环"中妫水河的水位控制受上游流量的影响较小，可参考 1992~2001 年水文序列平水期和丰水期的平均流量，以及河流的生态流量的相关成果，提高现状妫水河的水量，改善河流生态系统。

8.2　关键技术应用的重大成效

8.2.1　对流域治理目标实现的支撑情况

针对妫水河流域生态廊道基流难以保证、重要考核断面水质无法稳定达标及区域水生态系统退化的情况，在"十一五""十二五"已有研究成果的基础上，按照"问题诊断–研究目标–技术研究与示范–实施成果"的总体思路，以源头污染控制–多水源生态基流保障–河流湿地循环连通–仿自然湿地净化为主要技术路线，开展关键技术研究和综合示范区建设，通过模型构建和技术研发实现妫水河流域多水源综合配置的水质水量联合调度，提升官厅水库入库水质，为冬季奥运会核心区水质与水量提供双重保障，水源涵养与流域生态修复功能稳步提升提供有力支撑。最终实现妫水河生态流量提升 10%、面源污染控制率达到 70%、入河污染物削减 30% 以上、土壤侵蚀模数降至 200t/（km^2·a），示范区湿地出口断面主要水质指标达到地表水 III 类标准（COD≤20mg/L、NH$_4^+$-N≤1mg/L、TP≤0.2mg/L、DO≥5mg/L），同时满足谷家营考核断面水质达到"水十条"要求。在实现河流湿地群生态系统重建及稳定和区域水环境改善的同时，带动京津冀核心区水环境质量提升，有力地支撑了京津冀板块整体水环境的改善，为永定河生态廊道及世界园艺博览会区域高标准水质目标提供了有力的技术保障，为其他类似流域的水资源安全、水环境管理、水生态修复提供了有益借鉴，为技术成果进一步推广与应用提供了典型示范和基础支撑。

8.2.2　对国家及地方重大战略和工程的支撑情况

通过面向妫水河流域特征的流域水质目标管理技术、妫水河流域农村面源污染综合控制与精准配置技术、季节性河流多水源生态调度及水质水量保障技术、低温地区仿自然功能型湿地构建关键技术、河流–湿地生态连通及微污染水体净化技术的研发，形成了妫水河世界园艺博览会和冬季奥运会水质安全保障与生态修复技术体系，克服了北方地区脆弱生境河流季节性断流、生态承载能力差、生态环境不稳定的难题。

在技术指导下完成建设的妫水河上游流域水土保持生态修复示范工程、妫水河及支流水质水量优化配置和调度示范工程、妫水河水循环系统修复示范工程、八号桥大型仿自然复合功能湿地示范工程，实现了妫水河及其支流的水质水量优化配置和调度，有力保障了永定河上游水质水量安全，提升了妫水河流域水环境容量，为妫水河世界园艺博览会与冬季奥运会的顺利召开提供了前提保障，为国际级重大赛事活动举办提供了科技支撑。在此基础上进一步推动区域产业结构调整，明确打造优美自然生态环境，推动区域流域协同治理，支撑永定河绿色生态河流廊道构建，对改善京津冀板块生态环境状况具有重要的引领示范作用，为京津冀核心区全面实现流域生态修复提供了技术支撑。

8.2.3 成果转化及经济社会效益情况

低温地区仿自然功能型湿地构建关键技术及河流–湿地生态连通及微污染水体净化技术成果已应用于官厅水库妫水河入库口水质净化工程中，可保证妫水河入官厅水库水质在Ⅲ类以上，湿地技术成果在黑臭水体整治、分散点源污水处理后段深度净化中广泛使用，对高标准出水水质保障起到重要作用。关键技术成果的直接经济效益体现在促进流域乡镇水环境污染物的削减，提高"十三五"期间流域水污染治理投入的综合实效，提升区域经济圈内的城镇、农村环境状况，加强城镇水循环系统科学化管理，改善水体质量和带动区域社会、环境的可协调发展等方面；间接经济效益主要体现在通过课题实施带动相关技术产业发展，如水环境治理技术、污水处理与资源化工艺在产业化推广中创造了巨大的经济效益。

在妫水河世界园艺博览会和冬季奥运会水质安全保障与生态修复技术体系支撑下，妫水河流域划定了100km²综合示范区，开展了水质保障与流域生态修复技术集成研究与综合示范，于2017年开始分步实施，并于2020年完成全部建设任务。妫水河流域综合示范区总体布局分为冬季奥运会辐射区域（面积约为72km²）和世界园艺博览会核心区域及妫水河干支流和河岸带（面积约为28km²）。详细区域主要包括：冬季奥运会辐射区域、妫水河干流、妫水河世界园艺博览会核心区、支流蔡家河流域、谷家营国控断面。妫水河生态流量提升、面源污染控制率有效提高、入河污染物削减、土壤侵蚀模数降低，综合示范区出口断面主要水质指标达到地表水Ⅲ类标准，极大提升了妫水河的河流生态景观格局，全面改善了世界园艺博览会核心区水环境质量，全面保障了妫水河世界园艺博览会与冬季奥运会水质水量安全。妫水河被评为2018年度北京市优美河湖，为2019年中国北京世界园艺博览会的胜利召开提供了水生态环境保障。延庆区妫水河流域生活、生产与生态用水保证率逐步提高，保障了世界园艺博览会核心区水质水量安全稳定，并为2022年北京冬季奥运会的召开提供了良好的环境基础，切实贯彻落实了打造造福人民的幸福河以及生态文明建设的要求，具有明显的社会效益。

8.3 展 望

从经济合作转向经济发展与生态环境的双赢共享，污染排放治理、水质改善、生态建设是京津冀合作的新亮点。永定河作为京津冀生态发展的主轴，不仅是重要的水源涵养区、生态屏障和生态廊道，更是区域协同发展、可持续发展不可替代的生态文明载体，因此永定河被列入京津冀协同发展纲要"五河六湖"之首，恢复永定河生态廊道建设已纳入国家战略部署，需要加快统筹推进。永定河流域是国家层面高度关注的"水十条"实施重点区域之一，《北京市水污染防治工作方案》（京政发〔2015〕66号）对治理时间提出了明确要求。

依据《国务院关于实行最严格的水资源管理制度的意见》（国发〔2012〕3号）、《水污染防治行动计划》相关重要部署，按照新时期"节水优先、空间均衡、系统治理、两手发力"的治水方针，"十三五"水体污染控制与治理科技重大专项从理论创新、体制创新、机制创新和集成创新出发，立足中国水污染控制和治理关键科技问题的解决与突破，遵循集中力量解决主要矛盾的原则，选择典型流域开展水污染控制与水环境保护的综合示范。

妫水河流域是京津冀协同发展生态领域建设率先突破点，也是 2019 年世界园艺博览会与 2022 年冬季奥运会的举办区域，保障该区域的水质、水量安全，提升水生态环境质量，对赛事的成功举办意义重大。为保障妫水河流域谷家营断面达到"水十条"标准以及妫水河世界园艺博览会和冬季奥运会期间的水质水量协同保障的要求，恢复永定河生态廊道功能，"妫水河世界园艺博览会及冬季奥运会水质保障与流域生态修复技术和示范"独立课题根据妫水河流域基本情况和水质水量协同保障的技术要求，针对妫水河流域社会经济发展的水污染科技瓶颈问题，通过源头污染控制、河道原位水质净化、局部污染的强化净化等方式，开展了一系列专项研究，重点突破了河流污染源控制与治理、农业面源污染控制与治理、水体水质净化与生态修复等水污染控制与治理的关键技术。依靠以上关键技术，在妫水河流域划定了 100km^2 综合示范区，从 2017 年开始分步实施，并于 2020 年完成全部建设任务。妫水河流域综合示范区总体布局分为冬季奥运会辐射区域（面积约为72km^2）和世界园艺博览会核心区域及妫水河干支流和河岸带（面积约为 28km^2）。详细区域主要包括：冬季奥运会辐射区域、妫水河干流、妫水河世界园艺博览会核心区、支流蔡家河流域、谷家营国控断面。

随着妫水河流域水质保障与生态修复关键技术的突破及妫水河流域综合示范区的建设完成，妫水河流域已成为国家水专项技术成果示范应用的集中展示区之一，对于引领和推动京津冀生态文明建设意义重大，为建设永定河生态廊道和推动京津冀协同发展提供了有力抓手，也为其他类似流域的水质、水量安全及生态修复树立了样板，具有重要的示范引领作用，提高了我国流域水污染防治和管理技术水平。

从长远来看，我国仍处于经济社会发展的高速期，依然将在较长时间内面对水资源短缺、水环境污染、水空间萎缩、水生态破坏等问题，水资源及水生态安全状况总体不容乐观。面对复杂并充满不确定性的未来，仍需加大水资源、水环境、水安全、水生态方面关键技术的投入和研发，把握好流域水生态修复这个最重要的民生工程和健康城镇化的关键，构建适合我国国情的水环境综合管理技术体系，全面提升流域水污染管理和政策执行能力，确保流域污染物排放总量得到有效削减、水环境质量得到明显改善、饮用水安全得到有效保障，率先实现生态文明建设的区域性突破，促进流域社会经济可持续发展。

参 考 文 献

才惠莲.2019.流域生态修复责任法律思考.中国地质大学学报（社会科学版），19（4）：9-18.

蔡其华.2005.维护健康长江促进人水和谐——摘自蔡其华同志2005年长江水利委员会工作报告.人民长江，36（3）：1-3.

陈皓锐，高占义，王少丽，等.2012.基于Modflow的潜水位对气候变化和人类活动改变的响应.水利学报，43（3）：344-362.

陈吉宁.2016.陈吉宁在浙江浦江调研并出席全国水环境综合整治现场会强调 以改善水环境质量为核心 确保全面实现水环境保护目标.中国环境监察，（4）：4-5.

陈吉泉.1996.河岸植被特征及其在生态系统和景观中的作用.应用生态学报，7（4）：439-448.

陈静生.1992.河流水质全球变化研究若干问题.环境化学，11（2）：43-51.

陈丽娜，黄志心，白健豪，等.2019.微纳米曝气-微生物活化技术在黑臭水体治理中的应用.给水排水，45（12）：18-23.

陈森，苏晓磊，党成强，等.2017.三峡水库河流生境评价指标体系构建及应用.生态学报，37（24）：8433-8444.

陈庆锋.2007.武汉市动物园面源污染控制技术及其机理研究.武汉：华中农业大学.

陈燕，赵新泽，邓晓龙.2002.三峡库区漂浮物综合治理方案探讨.电力环境保护，（4）：30-32.

陈莹.2001.公路路面径流污染特性及其对受纳水体水质影响的探讨.西安：长安大学.

迟爽.2013.刺参池塘水质与底质的周年变化及底质改良剂的研发.烟台：烟台大学.

邓红兵，王庆春，王庆礼.2001.河岸植被缓冲带与河岸带管理.应用生态学报，12（6）：951-954.

丁达江，杨永哲，吴雷，等.2016.分段进水对深层床潮汐流人工湿地硝化-反硝化性能的影响.水处理技术，42（11）：104-109.

丁洋，赵进勇，董飞，等.2020.妫水河流域农业非点源污染负荷估算与分析.水利水电技术，51（1）：139-146.

丁怡，王玮，王宇晖，等.2015a.溶解氧和碳源在人工湿地脱氮中的耦合关系分析.工业水处理，35（1）：5-8.

丁怡，王玮，王宇晖，等.2015b.水平潜流人工湿地的脱氮机理及其影响因素研究.工业水处理，35（6）：6-10.

董飞，刘晓波，彭文启，等.2014.地表水水环境容量计算方法回顾与展望.水科学进展，（3）：451-463.

董飞，刘晓波，彭文启，等.2016.水功能区水质响应系数计算研究.南水北调与水利科技，（1）：10-17.

董飞，彭文启，刘晓波，等.2012.河流流域水环境容量计算研究.水利水电技术，43（12）：9-14，31.

董哲仁.2003.河流形态多样性与生物群落多样性.水利学报，（11）：1-6.

董哲仁.2005a.国外河流健康评估技术.水利水电技术，36（11）：15-19.

董哲仁.2005b.河流健康的内涵.中国水利，（4）：21-26.

董哲仁.2007.河流健康的诠释.水利水电快报,28(11):17-19.

董哲仁,孙东亚,赵进勇,等.2014.生态水工学进展与展望.水利学报,45(12):1419-1426.

董哲仁.2015.论水生态系统五大生态要素特征.水利水电技术,46(6):42-47.

杜军虎.2017.郑东新区龙子湖水生生态系统构建的实践.河南水利与南水北调,46(9):8-9.

范洁群,邹国燕,宋祥甫,等.2011.不同类型生态浮床对富营养河水脱氮效果及微生物菌群的影响.环境科学研究,24(8):850-856.

费宇红,苗晋祥,张兆吉,等.2009.华北平原地下水降落漏斗演变及主导因素分析.资源科学,31(3):394-399.

冯爱坤,罗建中,熊国祥.2006.潜流型人工湿地实现短程硝化反硝化的探讨.环境技术,(1):34-37.

冯承婷,赵强民,甘美娜.2019.关于景观水体生态修复沉水植物生物量配置探讨.中国园林,35(5):117-121.

冯慧敏,张光辉,王电龙,等.2014.近50年来石家庄地区地下水流场演变驱动力分析.水利学报,45(2):180-186.

付飞,董靓.2012.基于生态廊道原理的城市河流景观空间分析.中国园林,28(9):57-61.

高晓薇,秦大庸.2014.河流生态系统综合分类理论、方法与应用.北京:科学出版社.

高永胜,王浩,王芳.2006.河流健康生命内涵的探讨.中国水利,14:15-16.

耿雅妮.2012.河流重金属污染研究进展.中国农学通报,28(11):262-265.

郭二辉.2013.河岸带植被及其空间配置的土壤环境效应与恢复管理对策.北京:中国科学院大学.

郭爽.2013.河流功能等级评价系统开发及其应用研究.大连:大连理工大学.

韩东方,王岩峰,晏颖,等.2015.延庆县妫水河水环境保护与治理的思考分析.北京水务,(6):16-18.

郝增超,尚松浩.2008.基于栖息地模拟的河道生态水量多目标评价方法及其应用.水利学报,38(5):557-561.

何连生,刘鸿亮,席北斗,等.2006.人工湿地氮转化与氧关系研究.环境科学,(6):1083-1087.

何起利,洪鑫,全渊康.2009.清晖河生态修复技术中的沉水植物技术探讨.水生态保护与管理,(11):25-28.

何伟文.1998.浅谈水面垃圾清扫船.广东造船,(4):14-18.

贺锋,吴振斌,陶菁,等.2005.复合垂直流人工湿地污水处理系统硝化与反硝化作用.环境科学,(1):47-50.

贺莉丹.2012.治水:城市中国必须的.新民周刊,(29):42-45.

胡春宏,陈建国,郭庆超,等.2005.论维持黄河健康生命的关键技术与调控措施.中国水利水电科学研究院学报,3(1):1-5.

胡东,张铁楼.2001.北京地区湿地植物及植被.绿化与生活,6:40-41.

胡湛波,刘成,周权能,等.2012.曝气对生物促生剂修复城市黑臭河道水体的影响.环境工程学报,6(12):4281-4288.

黄炳彬,岳伦.2018.人工湿地技术在北京市的研究及应用进展.北京水务,(3):26-30.

贾建辉,陈建耀,龙晓君.2019.水电开发对河流生态环境影响及对策的研究进展.华北水利水电大学学报(自然科学版),40(2):62-69.

江波,蔡金洲,杨龑,等.2018.河湖水环境问题及管理和治理模式.2018(第六届)中国水生态大会论文集,(9):166-171.

江景海.2019.城市季节性河流景观设计规划和生态修复研究.城市建筑,16(13):181-185.

姜丹 . 2017. 基于太阳能曝气技术的市内河重污染河道治理实验研究 . 中国水能及电气化，（3）：67-70.

孔令为，王瑞琪，汪璐，等 . 2020. 新型人工浮岛强化降解污染物机理及其应用研究 . 水处理技术，46（5）：81-86.

雷坤，孟伟，乔飞，等 . 2013. 控制单元水质目标管理技术及应用案例研究 . 中国工程科学，（3）：62-69.

雷霆，崔国发，卢宝明，等 . 2010. 北京湿地植物研究 . 北京：中国林业出版社 .

李芬，孙然好 . 2010. 基于供需平衡的北京地区水生态服务功能评价 . 应用生态学报，21（5）：1146-1152.

李国英 . 2004. 黄河治理的终极目标是"维持黄河健康生命". 人民黄河，26（1）：1-3.

李怀恩，庄永涛 . 2003. 预测非点源营养负荷的输出系数法研究进展与应用 . 西安理工大学学报，19（4）：307-312.

李晶，栾亚宁，孙向阳，等 . 2015. 水生植物修复重金属污染水体研究进展 . 世界林业研究，28（2）：31-35.

李婧，程圣东，李占斌，等 . 2017. 模拟降雨条件下草被覆盖对坡地水土养分流失的调控机制研究 . 水土保持通报，37（6）：28-33.

李丽娟，金文，王博涵，等 . 2015. 太子河河岸带土地利用类型与硅藻群落结构的关系 . 环境科学研究，28（11）：1662-1669.

李谦，张静，宫辉力 . 2015. 基于 SUFI-2 算法和 SWAT 模型的妫水河流域水文模拟及参数不确定性分析 . 水文，35（3）：43-48.

李睿华，管运涛，何苗，等 . 2006. 用美人蕉、香根草、荆三棱植物带处理受污染河水 . 清华大学学报：自然科学版，46（3）：366-370.

李阳阳，王月姐，于鲁冀，等 . 2018. 复合生态浮岛处理微污染河水 . 环境工程，36（1）：2-6.

李益敏，李卓卿 . 2013. 国内外湿地研究进展与展望 . 云南地理环境研究，（1）：36-43.

李颖，王康，周祖昊 . 2014. 基于 SWAT 模型的东北水稻灌区水文及面源污染过程模拟 . 农业工程学报，30（7）：42-53.

李永祥，杨海军 . 2006. 河流生态修复的研究内容和方法 . 人民珠江，（2）：16-19.

李增强，申文村 . 2017. 基于防洪工程的北方河流绿色生态廊道构建——以漳卫南运河为例 . 海河水利，（3）：50-52.

李振灵，丁彦礼，白少元，等 . 2017. 潜流人工湿地基质结构与微生物群落特征的相关性 . 环境科学，38（9）：3713-3720.

梁家辉 . 2018. 城市降雨径流面源污染控制技术解析与工程应用绩效评估 . 北京：北京林业大学 .

林海，李阳，李冰，等 . 2019. 北京市妫水河水质现状评价 . 环境监测管理与技术，31（2）：40-43.

刘华，蔡颖，於梦秋，等 . 2012. 太湖流域宜兴片河流生境质量评价 . 生态学杂志，31（5）：1288-1295.

刘华祥 . 2005. 城市暴雨径流面源污染影响规律研究 . 武汉：武汉大学 .

刘培斌，高晓薇，王利军，等 . 2016. 北京山区河流生态系统健康评价方法及其应用研究 . 水利水电技术，47（1）：98-101.

刘彤宙，劳敏慈，封帅 . 2015. 非原位淋洗处理深圳河污染底泥的试验研究 . 水利水电技术，46（2）：8-13.

刘效东，周国逸，张德强，等 . 2013. 鼎湖山流域下游浅层地下水动态变化及其机理研究 . 生态科学，32（2）：137-143.

刘洋，付文龙，操瑜，等 . 2017. 沉水植物功能性状研究的思考 . 植物科学学报，35（3）：444-451.

刘玉明，张静，武鹏飞，等 . 2012. 北京市妫水河流域人类活动的水文响应 . 生态学报，32（23）：7549-7558.

刘昭，赵树旗，刘培斌，等 . 2020. 妫水河流域水文模拟及参数不确定性分析 . 水力发电，46（2）：27-30，122.

刘足根，张萌，李雄清，等 . 2015. 沉水–挺水植物镶嵌组合的水体氮磷去除效果研究 . 长江流域资源与环境，24（S1）：171-181.

吕露遥，杨永哲，张雷，等 . 2019. 多级垂直潮汐流人工湿地厌氧氨氧化脱氮研究 . 水处理技术，45（10）：114-120.

罗坤，蔡永立，郭纪光，等 . 2009. 崇明岛绿色河流廊道景观格局 . 长江流域资源与环境，18（10）：908-913.

马世骏，王如松 . 1984. 社会–经济–自然复合生态系统 . 生态学报，（1）：1-9.

马勇，王淑莹，曾薇，等 . 2006. A/O 生物脱氮工艺处理生活污水中试（一）短程硝化反硝化的研究 . 环境科学学报，（5）：703-709.

马育军，李小雁，张思毅，等 . 2011. 基于改进月保证率设定法的青海湖流域河流生态需水研究 . 资源科学，33（2）：265-272.

孟伟，张楠，张远，等 . 2007. 流域水质目标管理技术研究（Ⅰ）——控制单元的总量控制技术 . 环境科学研究，20（4）：1-8.

孟伟，张远，李国刚，等 . 2015. 流域水质目标管理理论与方法学导论 . 北京：科学出版社 .

倪晋仁，崔树彬，李天宏，等 . 2002. 论河流生态环境需水 . 水利学报，9：14-19.

倪晋仁，刘元元 . 2006. 论河流生态修复 . 水利学报，37（9）：1029-1037.

欧阳志云，王如松，赵景柱 . 1999. 生态系统服务功能及其生态经济价值评价 . 应用生态学报，10（5）：635-640.

欧阳志云，赵同谦，王效科 . 2004. 水生态服务功能分析及其间接价值评价 . 生态学报，24（10）：2091-2099.

彭文启 . 2013. 流域水生态承载力理论与优化调控模型方法 . 中国工程科学，15（3）：33-43.

彭文启 . 2012. 水功能区限制纳污红线指标体系 . 中国水利，（7）：19-22.

钱燕萍，赵楚，田如男 . 2018. 水生植物对藻类的化感作用研究进展 . 生物学杂志，35（6）：95-97.

卿杰，王超，左倬，等 . 2015. 大型表流人工湿地不同季节不同进水负荷下水质净化效果研究 . 环境工程，（S1）：190-193.

邱奎，蒋保胜，屈彩霞 . 2019. 老城区老旧排污口截污纳管实施方法探讨 . 建筑施工，41（7）：1320-1321，1334.

曲直，李宏亮，李曼 . 2020. 基于海绵城市理念下的城市道路设计 . 中国公路，（3）：110-111.

任启飞，陈彩霞，袁茂琴，等 . 2018. 五种水生植物的生长规律及繁殖技术研究 . 贵州科学，36（5）：42-45.

荣婧 . 2011. 水生植物对水中磺胺嘧啶和左炔诺孕酮去除机理研究 . 重庆：重庆大学 .

萨茹拉，刘来胜，霍炜洁，等 . 2019. 北方缺水河流生境质量评价研究——以妫水河为例 . 中国水利水电科学研究院学报，17（2）：81-89.

萨茹拉 . 2019. 妫水河受损生境特征分析与水生植物群落修复生境研究 . 郑州：华北水利水电大学 .

沙定国 . 2015. 上海市崇明地区截污纳管工程实施方案研究 . 城市道桥与防洪，（5）：129-130，135，15-16.

邵霞珍，郭思岩，王颖 . 2015. 黑藻对城市河道水质的净化效果 . 环境工程技术学报，5（2）：149-154.

盛倩，陈惠珍，黄志心，等 . 2019. 城市黑臭水体水质提升技术及应用 . 中国给水排水，35（20）：72-77.

宋连朋 . 2012. 混凝沉淀法处理景观水体污染水的试验研究 . 天津：河北工业大学 .

宋林蕊 . 2012. 妫水河流域水文过程模拟研究 . 北京：首都师范大学 .

宋永昌 . 2001. 植被生态学 . 上海：华东师范大学出版社 .

苏利茂，王宗亮 . 2003. 官厅水库上游妫水河流域污水处理问题的研究 // 中国水利学会 . 2003 年北京"水与奥运"学术研讨会论文集 .

孙雪岚，胡春宏 . 2007. 关于河流健康内涵与评价方法的综合评述 . 泥沙研究，5：74-81.

孙寅姣，陈程，丁爱中，等 . 2015. 官厅水库水质特征及水体微生物多样性的响应 . 中国环境科学，35（5）：1547-1553.

陶敏，贺锋，徐洪，等 . 2012. 氧调控下人工湿地微生物群落结构变化研究 . 农业环境科学学报，31（6）：1195-1202.

佟星星 . 2016. 长春市伊通河生境质量评价指标体系（Y-RHA）的构建与应用 . 长春：东北师范大学 .

汪仲琼，王为东，祝贵兵，等 . 2011. 人工和天然湿地芦苇根际土壤细菌群落结构多样性的比较 . 生态学报，（16）：4489-4498.

王琛，邓建国，何丽娜，等 . 2018. 城市公园中的面源污染控制技术应用——以望京昆泰公园为例 . 现代园艺，（17）：106-108.

王电龙，张光辉，冯慧敏，等 . 2014. 降水和开采变化对石家庄地下水流场影响强度 . 水科学进展，25（3）：420-427.

王海龙，常学秀，王焕校 . 2006. 我国富营养化湖泊底泥污染治理技术展望 . 楚雄师范学院学报，（3）：41-46.

王佳慧 . 2017. 城市河流岸带景观设计研究 . 北京：中国林业科学研究院 .

王建华，田景汉，吕宪国 . 2010. 挠力河流域河流生境质量评价 . 生态学报，30（2）：481-486.

王静爱 . 2002. 中国政区和流域的多样性与可持续发展 . 北京师范大学学报（社会科学版），（4）：115-121.

王俊莉 . 2014. 安徽太平湖浮游植物群落结构及其环境指示作用的研究 . 上海：上海师范大学 .

王丽卿，李燕，张瑞雷 . 2008. 6 种沉水植物系统对淀山湖水质净化效果的研究 . 农业环境科学学报，27（3）：1134-1139.

王强 . 2011. 山地河流生境对河流生物多样性的影响研究 . 重庆：重庆大学 .

王钦，何萍，徐杰，等 . 2012. 北京市河流沉水植物水环境适应性研究 . 环境科学学报，32（1）：30-36.

王文冬，王利军，王艳梅，等 . 2019. "表潜结合式"人工湿地用于处理城市微污染水体 . 中国给水排水，35（2）：100-104.

王晓娟，张荣社 . 2006. 人工湿地微生物硝化和反硝化强度对比研究 . 环境科学学报，（2）：225-229.

王雁，赵家虎，黄琪，等 . 2016. 南水北调东线工程徐州段河流生境质量评价 . 长江流域资源与环境，25（6）：965-973.

王占深，赵伊茜，黎超，等 . 2018. 水生植物配植对景观水体藻类水华的抑制 . 环境污染与防治，40（6）：627-633.

魏保义，张文静，张晶，等 . 2015. 水生态分区方法在城市规划中的应用——以北京市为例 . 水利水电技术，46（4）：39-43.

魏瑞霞，武会强，张锦瑞，等 . 2009. 植物浮床-微生物对污染水体的修复作用 . 生态环境学报，18（1）：68-74.

乌兰，安晓萍，齐景伟，等.2012.新型底质改良剂对池塘水质和底质的影响.现代农业科技，（8）：332-333，340.

吴阿娜，杨凯，车越，等.2005.河流健康状况的表征及其评价.水科学进展，16（4）：602-608.

吴建军，赵宇江.2011.底质改良剂的合理使用.水产养殖，32（12）：38-39.

吴文伶，宋中南，张涛，等.2013.人工湿地中生物脱氮新路径分析.安徽农业科学，41（26）：10807-10809.

夏继红，鞠蕾，林俊强，等.2013.河岸带适宜宽度要求与确定方法.河海大学学报（自然科学版），41（3）：229-234.

肖琳.2012.浑河流域河流生境分类及其评价体系的构建.重庆：西南大学.

谢高地，鲁春霞，成升魁.2001.全球生态系统服务价值评估研究进展.资源科学，23（6）：5-9.

谢正辉，梁妙龄，袁星.2009.黄淮海平原浅层地下水埋深对气候变化响应.水文，29（1）：30-35.

熊跃辉.2015.我国城市黑臭水体成因与防治技术政策.中国环境报，6.

徐景先，赵良成，林秦文.2009.北京湿地植物.北京：北京科学技术出版社.

徐远华.2014.金融发展对城乡收入差距的影响——基于中部六省2000-2011年面板数据的实证分析.科学决策，（3）：44-64.

徐志侠，陈敏建，董增川.2004.河流生态需水计算方法评述.河海大学学报（自然科学版），32（1）：5-9.

徐宗学，武玮，于松延.2016.生态基流研究：进展与挑战.水力发电学报，35（4）：1-11.

许海丽，潘云，宫辉力，等.2012.1959-2000年妫水河流域气候变化与水文响应分析.水土保持研究，19（2）：43-47.

许月卿.2003.京津以南河北平原地下水位下降驱动因子的定量评估.地理科学进展，22（5）：490-498.

严明疆，王金哲，张光辉，等.2012.作物生长季节降水量和农业地下水开采量对地下水变化影响研究.水文，32（2）：28-33.

燕琛.2019.泥水界面氧含量对沉积物/水体净化效能与机制研究.哈尔滨：哈尔滨工业大学.

杨静琨.2018.广州黑臭河涌城中村截污纳管工程设计探讨.低碳世界，（2）：13-14.

杨清海，吕淑华，李秀艳，等.2008.城市绿地对雨水径流污染物的削减作用.华东师范大学学报（自然科学版），（2）：41-47.

杨舒媛，魏保义，张晶，等.2013.北京市水生态分区及保护与修复对策初探//中国城市规划学会.城市时代，协同规划——2013中国城市规划年会论文集（9-绿色生态与低碳规划）.中国城市规划学会：中国城市规划学会.

杨杨阳，万蕾，张林军.2012.人工湿地低温运行效果及强化措施研究现状.生态经济，（12）：192-195.

杨寅群，柳雅纯，赵琰鑫，等.2015.安徽省某大型综合利用水库生态基流研究.人民长江，46（9）：63-67.

杨永辉，郝小华，曹建生，等.2001.太行山山前平原区地下水下降与降水、作物的关系.生态学杂志，20（6）：4-7.

杨玥，陈杰.2018.补水活水在城市黑臭水体治理中的应用.中国水运，18（3）：137-138.

姚鑫，杨桂山.2009.自然湿地水质净化研究进展.地理科学进展，（5）：825-832.

殷培红，耿润哲.2018-06-08.推进流域水环境质量管理体系建立.

于少鹏，王海霞，万忠娟，等.2004.人工湿地污水处理技术及其在我国发展的现状与前景.地理科学进展，（1）：22-29.

俞孔坚，李迪华.2003.城市河道及滨水地带的"整治"与"美化".现代城市研究，（5）：29-32.

袁俊平.2013.基于公众满意度的河流生态服务功能评价研究.武汉:中国地质大学.

张春雷,朱伟,李磊,等.2007.湖泊疏浚泥固化筑堤现场试验研究.中国港湾建设,(1):27-29.

张光辉,费宇红,刘春华,等.2013.华北滹滏平原地下水位下降与灌溉农业关系.水科学进水科学进展,24(2):228-234.

张靖雯,阮爱东.2017.人工潜流湿地脱氮技术研究进展.环境科技,30(4):72-75,80.

张俊.2016.复合型表流人工湿地对微污染原水中污染物去除的试验研究.环境工程,(S1):344-347.

张蕾.2004.河流廊道规划理论及其案例研究——以浙江省台州市永宁江、椒江河流廊道规划为例.北京:北京大学.

张玲,崔理华.2012.人工湿地脱氮现状与研究进展.中国农学通报,28(5):268-272.

张玲玲,特日格乐,李婧男,等.2020.超微气泡富氧+生物活化技术在黑臭水体治理中的工程应用.环境工程,(5):1-9.

张清.2011.人工湿地的构建与应用.湿地科学,(4):373-379.

张伟,袁林江.2008.混凝沉淀法去除富营养化景观水体中磷和藻类的试验研究.供水技术,(3):13-15.

张亚琼,崔丽娟,李伟,等.2015.潮汐流人工湿地基质硝化反硝化强度研究.生态环境学报,24(3):480-486.

张雨葵,杨扬,刘涛.2006.人工湿地植物的选择及湿地植物对污染河水的净化能力.农业环境科学学报,25(5):1318-1323.

张展羽,司涵,孔莉莉.2013.基于SWAT模型的小流域非点源氮磷迁移规律研究.农业工程学报,29(2):93-100.

张政,付融冰,顾国维,等.2006.人工湿地脱氮途径及其影响因素分析.生态环境,(6):1385-1390.

赵霏,黄迪,郭逍宇,等.2014.北京市北运河水系河道水质变化及其对河岸带土地利用的响应.湿地科学,12(3):380-387.

赵雅然,张凯.2019.宿州市黑臭水体治理与生态修复.工程建设与设计,(1):152-153.

赵彦伟,杨志峰.2005.城市河流生态系统健康评价初探.水科学进展,16(3):349-355.

赵彦伟,杨志峰.2005.河流健康:概念、评价方法与方向.地理科学,25(1):119-124.

郑雯,韩志梅,赵藏闪.2001.天津市区海河漂浮物现状调查与治理对策研究.环境卫生工程,9(3):123-126.

周斌,宋新山,王宇晖,等.2013.运行方式对潜流人工湿地氧分布及脱氮的影响.环境科学与技术,36(12):110-113,121.

周卿伟,祝惠,阎百兴,等.2017.添加填料的人工湿地反硝化过程研究.湿地科学,15(4):588-594.

周晓红,王国祥,冯冰冰,等.2009.3种景观植物对城市河道污染水体的净化效果.环境科学研究,22(1):108-113.

周严,李士义,蒋心诚,等.2019.城区河道生态修复治理工程:以南京市金川河生态修复为例.湿地科学与管理,15(4):4-6.

朱丹婷,乔安宁,李铭红.2011.光照、温度、TN浓度对黑藻生长的影响.水生生物学报,35(1):88-97.

朱琴,张彦君.2016.河湖水系连通对水生态的影响分析.华东科技(学术版),(9):82-82.

朱月明,黄昭杰,张毅敏,等.2017.关于人工湿地植物的选择及建议.2017中国环境科学学会科学与技术年会,中国福建厦门.

祝贵兵,彭永臻,郭建华.2008.短程硝化反硝化生物脱氮技术.哈尔滨工业大学学报,(10):

1552-1557.

邹雨璇, 祝贵兵, 冯晓娟, 等. 2014. 低温条件下湿地氨氮强化净化技术及其氨氧化微生物机制. 环境科学学报, 34 (4): 864-871.

左倬, 仓基俊, 朱雪诞, 等. 2015. 低温季大型表流湿地对微污染水体脱氮效果及优化运行. 环境工程学报, (9): 4314-4320.

Abbaspour K C, Yang J, Maximov I, et al. 2007. Modelling hydrology and water quality in the pre-alpine/alpine thur watershed using swat. Journal of Hydrology, 333 (2): 413-430.

Ahmed I, Umar R. 2009. Groundwater flow modelling of Yamuna-Krishni inter stream, a part of central Ganga Plain Uttar Pradesh. Journal of Earth System Science, 118 (5): 507-523.

Behrendt H, Huber P, Ley M, et al. 1999. Nährstoffbilanzierung der Flussgebiete Deutschlands, UBA-texts 75/99, German Federal Ministry of the Environment. Nature Conservation and Nuclear Safety, Berlin.

Bekele E G, Knapp H V. 2010. Watershed modeling to assessing impacts of potential climate change on water supply availability. Water Resources Management, 24 (13): 3299-3320.

Bormann F H. 1996. Ecology: a personal history. Ann Review Energy and Environ, 21: 1-29.

Bottoni P, Caroli S, Caracciolo A. 2010. Pharmaceuticals as priority water contaminants. Toxicological and Environmental Chemistry, 92 (3): 549-565.

Brizga S, Finlays B. 2000. River Management: the Australian Experience Chischester. New York: John Wiley & Sons.

Budd W W, Cohen P L, Saunders P R, et al. 1987. Stream corridor management in the Pacific Northwest: Ⅰ. Determination of stream-corridor widths. Environmental Management, 11 (5): 587-597.

Burt T P, Matchett L S, Goulding K W T, et al. 1999. Denitrification in riparian buffer zones: the role of floodplain hydrology. Hydrological Processes, 13 (10): 1451-1463.

Candela L, Tamoh K, Olivares G, et al. 2012. Modelling impacts of climate change on water resources in ungauged and data-scarce watersheds. Application to the Siurana catchment (NE Spain). Science of the Total Environment, 440 (35): 253-260.

Chang C L, Hsu Y S, Lee B J, et al. 2011. A cost-benefit analysis for the implementation of riparian buffer strips in the Shihmen reservoir watershed. International Journal of Sediment Research, 26 (3): 395-401.

Clinton B D. 2011. Stream water responses to timber harvest: Riparian buffer width effectiveness. Forest Ecology and Management, 261 (6): 979-988.

Cody M L, Macarthur R H, Diamond J M. 1975. Ecology and Evolution of Communities. Cambridge: Harvard University Press.

Costanza R, Mageau M. 1999. What is a healthy ecosystem? Aquatic Ecology, 33: 105-115.

Daily G C. 1997. Nature's Services: Societal Dependence on Natural Ecosystem. Washington, DC: Island Press.

Daufresne T. 2004. Optimal nitrogen-to-phosphorus stoichiometry of phytoplankton. Nature, 429 (6988): 171.

Dindaroğlu T, Reis M, Akay A E, et al. 2014. Hydroecological approach for determining the width of riparian buffer zones for providing soil conservation and water quality. International Journal of Environmental Science & Technology, 12 (1): 275-284.

Ding Y, Dong F, Zhao J, et al. 2020. Non-point source pollution simulation and best management practices analysis based on control units in Northern China. International Journal of Environmental Research and Public Health, 17 (3): 868.

Dong F, Liu X B, Peng W Q, et al. 2016. Water Environmental Capacity Based on the Month-by-Month Frequency Curve-Fitting Method. In World Environmental and Water Resources Congress, 529-539.

Environment Agency. 1997. River habitat Survey. 1997 Field Survey Guidance Manual Incorporating SECON. Center for Ecology and

Hydrology, National Environment Research Council UK.

Fairweather P G. 1999. State of environmental indicators of 'river health': exploring the metaphor. Freshwater Biology, 41: 221-234.

Fathi A A, Abdelzaher H M A, Flower R J, et al. 2001. Phytoplankton communities of North African wetland lakes: the CASSARINA Project. Aquatic Ecology, 35 (3-4): 303-318.

Fryirs K. 2003. Guiding principles for assessing geomorphic river condition: application of frame work in the Bega catchment, South Coast, New South Wales, Australia. Catena, (53): 17-52.

Gibson C E, Tunney H, Carton O T, et al. 1997. The dynamics of phosphorus in freshwater and marine environments. CAB International, 119-135.

Green T R, Taniguchi M, Kooi H, et al. 2011. Beneath the surface of global change: impacts of climate change on groundwater. Journal of Hydrology, 45 (3-4): 532-560.

Hantush M M, Chaudhary A. 2014. Bayesian framework for water quality model uncertainty estimation and risk management. Journal of Hydrologic Engineering, 19 (9): 1-14.

Hart B T, Davies P E, Humphrey C L, et al. 2001. Application of the Australian river bioassessment system (AUSRIVAS) in the Brantas River, East Java, Indonesia. Journal of Environmental Management, (62): 993-1001.

Hu Y K, Moiwo J P, Yang Y H, et al. 2010. Agricultural water saving and sustainable groundwater management in Shijiazhuang Irrigation District, North China Plain. Journal of Hydrology, 393 (3-4): 219-232.

Hubbell S P. 2001. The Unified Neutral Theory of Biodiversity and Biogeography(MPB-32). Princeton: Princeton University Press.

Hughes K J, Magette W L, Kurz I. 2005. Identifying critical source areas for phosphorus loss in ireland using field and catchment scale ranking schemes. Journal of Hydrology, 304 (1-4): 430-445.

Jackson C R, Meister R, Prudhomme R. 2011. Modelling the effects of climate change and its uncertainty on UK Chalk groundwater resources from an ensemble of global climate model projections. Journal of Hydrology, 399 (1): 12-28.

Jeelani G. 2008. Aquifer response to regional climate variability in a part of Kashmir Himalaya in India. Hydrogeology Journal, 16 (18): 1625-1633.

Jiang Y. 2009. China's water scarcity. Journal of Environmental Management, 90 (11): 3185-3196.

Johnes P, Moss B, Phillips G. 1996. The determination of total nitrogen and total phosphorus concentrations in freshwaters from land use, stock headage and population data: testing of a model for use in conservation and water quality Management. Freshwater Biology, 36 (2): 451-473.

Karr J R. 1995. Ecological integrity and ecological health are not the same. In Schulze P. Engineering with Ecological Constraints. Washington, DC. National Academy of Engineering national academy press.

Khan T A. 2003. Limnology of four saline lakes in western Victoria, Australia. Limnologica, 33 (4): 316-326.

Kim H, Jang C H. 2019. Reprint of "A review on ancient urban stream management for flood mitigation in the capital of the Joseon Dynasty, Korea". Journal of Hydro-environment Research, 26: 14-18.

Kovacs A, Honti M, Clement A. 2008. Design of best management practice applications for diffuse phosphorus pollution using interactive GIS. Water Science and Technology, 57 (11): 1727-1733.

Kovacs A, Honti M, Zessner M, et al. 2012. Identification of phosphorus emission hotspots in agricultural catchments. Science of the Total Environment, 433 (1): 74-88.

Ladson A R, White L J, Doolan J A, et al. 1999. Development and testing of an index of stream condition for waterway management in australia. Freshwater Biology, (41): 453-468.

Large A R G, Petts G E. 1994. Rehabilitation of river margins.

Li Z, Liu W Z, Zhang X C, et al. 2010. Assessing and regulating the impacts of climate change on water resources in the Heihe watershed on the Loess Plateau of China. Science China Earth Science, 53 (10): 710-720.

Liu J G, Diamond J. 2005. China's environment in a globalizing world. Nature, 435 (30): 1179-1186.

Lowrance R R, Altier L S, Williams R G, et al. 2000. The riparian ecosystem management model. Journal of Soil & Water Conservation, 55 (1): 27-34.

Lu B, Xu Z S, Li J G, et al. 2018. Removal of water nutrients by different aquatic plant species: an alternative way to remediate polluted rural rivers. Ecological Engineering, 110: 18-26.

Mao X S, Jia J S, Liu C M, et al. 2005. A simulation and prediction of agricultural irrigation on groundwater in well irrigation area of the piedmont of Mt. Taihang, North China. Hydrological Process, 19 (10): 2071-2084.

Mitsch W, Jørgensen S E. 1989. Ecological Engineering: an Introduction to Ecotechnology.

Mizyed N. 2009. Impacts of climate change on water resources availability and agricultural water demand in the west bank. Water Resource Manage, 23 (10): 2015-202.

Moiwo J P, Yang Y H, Li H, et al. 2010. Impact of water resource exploitation on the hydrology and water storage in Baiyangdian Lake. Hydrological processes, 24 (21): 3026-3039.

Monteith J L. 1965. Evaporation and environment//Symposia of the society for experimental biology. Cambridge: Cambridge University Press (CUP), 19: 205-234.

Muñoz-Carpena R, Parsons J E, Gilliam J W. 1999. Modeling hydrology and sediment transport in vegetative filter strips. Journal of Hydrology, 214 (1-4): 111-129.

Nash J E, Sutcliffe J V. 1970. River flow forecasting through conceptual models part I: a discussion of principles, Journal of Hydrology, 10 (3): 282-290.

Neitsch S L, Arnold J G, Kiniry J R, et al. 2002. Soil and water assessment tool (SWAT): theoretical documentation, version 2000. Texas Water Resources Institute, College Station, Texas, TWRI Report TR-191.

Norris R H, Thoms M C. 1999. What is river health? Freshwater Biology, 41: 197-207.

Ongley E D, Zhang X L, Tao, Y. 2010. Current status of agricultural and rural non-point source pollution assessment in China. Environmental Pollution, 158 (5): 1159-1168.

Ou Y, Wang X. 2011. GIS and ordination techniques for studying influence of watershed characteristics on river water quality. Water Science and Technology, 64 (4): 861.

O'Callaghan J F, Mark D M. 1984. The extraction of drainage networks from digital elevation data. Computer Vision, Graphics, and Image Processing, 27 (2): 247.

Peterjohn W T, Correll D L. 1984. Nutrient dynamics in an agricultural watershed: observations on the role of a riparian forest. Ecology, 65 (5): 1466-1475.

Randhir T O, Tsvetkova O. 2011. Spatiotemporal dynamics of landscape pattern and hydrologic process in watershed systems. Journal of hydrology, 404 (1-2): 1-12.

Rapport D J, Bohn G, Buckingham D, et al. 1999. Ecosystem health the concept the ISEH, and the important tasks ahead. Ecosystem health, 5: 82-90.

Rapport D J, Whitford W G. 1999. How ecosystem respond to stress. BioSicence, 49 (3): 193-204.

Robert C, Petersen J R. 1992. The RCE: a riparian, channel, and environmental inventory for small streams in the agricultural landscape. Freshwater Biology, (27): 295-3061.

Rogers K, Biggs H. 1999. Integrating indicators, endpoints and value systems in strategic management of the river of the Kruger National Park. Freshwater Biology, (41): 254-263.

Scherr S J, Pachico D, Hertford R, et al. 2000. A downward spiral? Research evidence on the relationship between poverty and natural resource degradation. Food Policy, 25 (4): 479-498.

Shan N, Ruan X H, Xu J, et al. 2014. Estimating the optimal width of buffer strip for nonpoint source pollution control in the Three Gorges Reservoir Area, China. Ecological Modelling, 276 (276): 51-63.

Simpson D, Eliassen A. 1999. Tackling multi-pollutant multi-effect problems: an iterative approach. Science of the Total Environment: 43-58.

Syvitski J P M, Kettner A. 2011. Sediment flux and the anthropocene. Philosophical Transactions, 369 (1938): 957-975.

Vitousek P M, Mooney H A, Lubchenco J, et al. 1997. Human domination of earth's ecosystems. Science, 277: 494-499.

Vought B M, Pinay G, Fuglsang A, et al. 1995. Structure and function of buffer strips from a water quality perspective in agricultural landscapes. Landscape & Urban Planning, 31 (1): 323-331.

Wauer G, Gonsiorczyk T, Kretschmer K, et al. 2005. Sediment treatment with a nitrate-storing compound to reduce phosphorus release. Water Research, 39 (2-3): 494-500.

Westlake D F. 1967. Some effects of low-velocity currents on the metabolism of aquatic macrophytes. Journal of Experimental Biology, (18): 187-205.

White L J, Ladson A R. 1999. An Index of Stream Condition: Field Manual. Melbourne: Department of Natural Resources and Environment, 1-33.

Williams R D, Nicks A D. 1988. Using CREAMS to simulate filter strip effectiveness in erosion control. Soviet Physics Journal, 43 (1): 108-112.

Wright J F, Sutcliffe D W, Furse M T. 2000. Assessing the biological quality of fresh waters: RIVPACS and other techniques. Ambleside: The Freshwater Biological Association, 1-241.

Xiao H S. 2005. Theoretical Discussion on Planning of Urban Ecological Corridor. Contral South Forest Inventory & Planning, 24 (2): 15-18.

Yang X, Liu Q, Luo X, et al. 2017. Spatial regression and prediction of water quality in a watershed with complex pollution sources. Scientific Reports, 7 (1): 8318.

Yang Y H, Masataka W, Zhang X Y, et al. 2006. Estimation of groundwater use by crop production simulated by DSSAT-wheat and DSSAT-maize models in the piedmont region of the North China Plain. Hydrological processes, 20 (13): 2787-2802.

Young R A, Onstad C A, Bosch D D, et al. 1989. AGNPS: A nonpoint-source pollution model for evaluating agricultural watersheds. Journal of soil and water conservation, 44 (2): 168-173.

Zarghami M, Abdi A, Babaeian I, et al. 2011. Impacts of climate change on runoffs in East Azerbaijan, Iran. Global and Planetary Change, 78 (3-4): 137-146.